大学入試

漆原 晃の

物理基礎・物理

力学・熱力学編

が面白いほどわかる本

漆原 晃
Akira Urushibara

はじめに

　本当に生徒のことを思って書かれた参考書とは，どんなものだろう？
　ボクは，**生徒が試験本番で，初めて見る問題が出たとしても，自力で合格答案が書ける力を効率よく身につけさせるモノ**だと思う。

　そのために必要なのは，「シンプル」でかつ，「万能」な解法なんだ。
　「シンプル」な解法……とは，例えば本書の「円運動なら①中心，②半径，③速さの3点セットだけで解ける」のような単純ですっと頭に入る解法のこと。
　あたり前だが，試験本番には参考書なんて見ることなんてできない。結局は，キミの頭ひとつで勝負だね。
　シンプルな解法じゃないと，自由自在に使いこなせないよね！

　「万能」な解法……とは，例えば，熱力学では，「定積変化はこう解け，定圧変化ではこう解け，等圧変化ではこう解け，……」と各変化ごとに解法をまとめてある参考書がほとんどだよね。
　でもそれじゃあ，本番の試験で初めて見るタイプの変化が出たらどうするの？
　お手上げでしょ。
　だから，本書のように，「○○変化とはまったく関係なく，いつもこの方法だけで攻める」という一定の解法で攻めないと，本番の未知の問題には，対応できないんだ。

　この本は，そのような**「シンプルな万能解法」＝「漆原の解法」**を知識ゼロ状態の超初心者から，無理なく確実にマスターできるように書かれている。
　そして，その解法によって，どのレベルの大学入試にも通用する実践力を手に入れてほしい！

漆原 晃

この本の使い方

この本は，Story，POINT，チェック問題，まとめの４つの部分から構成されています。この本をより効果的に活用するための使い方のコツは，次の３つです。

❶ **まず問題に入る前に Story の中の本文をじっくり読み込もう。**

➡ この本文の中では，まず知識ゼロの状態から始め，そして身につけたい必須知識，難解な概念，陥りやすい落とし穴を，「キャラクター」とやりとりしながら，マンツーマン感覚で学ぶことができるので，考え方をどんどん吸収できます。

➡ Story は，「漆原の解法」の導入部にもなっており，本文を読むことで，深く理解した上で解法を活用できるようになります。

❷ **POINT にくるたびに，それまでの話を振り返って確認しよう。**

➡ 「物理」は建物と同じで，１つの考えが次の考えの土台になっていきます。ですから，あわてず，じっくりと，POINT で，それまでの話の要点を確かめながら，読んでいきましょう。

❸ **チェック問題 は，単なる答えあわせに終わらせず，解説 まで読もう。**

➡ 解説 にも「キャラクター」を登場させて，ミスしやすい盲点部分や解法の根拠などを，生徒の立場に立っていっしょに考えていきます。また，別解 によって，視点を変え，物理的センスを養い，ナットクイメージによって，本番に役立つ答えの吟味法を身につけます。

➡ 問題レベルは，易，標準，やや難 および解答時間が示されているので，参考にしてください。

もくじ

はじめに……………………………………………… 2
この本の使い方……………………………………… 3

物理基礎の力学

第1章　速度・加速度……………………………… 8
　Story ① 　速　　度 ……… 8　　Story ② 　加 速 度 ……… 11
　まとめ………………………… 15

第2章　等加速度運動……………………………… 16
　Story ① 　等加速度運動の公式 16　Story ② 　等加速度運動の解法… 20
　まとめ………………………… 27

第3章　落体の運動………………………………… 28
　Story ① 　自由落下, 鉛直投げ上げ運動… 28　まとめ ………………………… 33

第4章　力のつり合い……………………………… 34
　Story ① 　力の書き方…… 34　Story ② 　注意すべき4つの力… 39
　まとめ………………………… 51

第5章　運動方程式………………………………… 52
　Story ① 　運動の法則…… 52　Story ② 　運動方程式の立て方… 56
　まとめ………………………… 65

第6章　運動方程式の応用………………………… 66
　Story ① 　等加速度運動の予言法… 66　まとめ ………………………… 75

第7章　仕事とエネルギー………………………… 76
　Story ① 　仕　　事……… 76　Story ② 　力学的エネルギー… 80
　まとめ………………………… 87

第8章　仕事とエネルギーの関係………………… 88
　Story ① 　仕事とエネルギーの関係… 88　まとめ ……………………103

物理の力学

第9章 放物運動 ………………………………… 106
- Story ① 放物運動 ……… 106
- まとめ ………………… 115

第10章 力のモーメントのつり合い ………… 116
- Story ① 力のモーメント 116
- Story ② 重　心 ………… 123
- Story ③ 転倒条件 ……… 126
- まとめ ………………… 131

第11章 力積と運動量 ………………………… 132
- Story ① 力積と運動量 … 132
- Story ② 力積と運動量の関係 … 136
- Story ③ はね返り係数 … 140
- まとめ ………………… 149

第12章 種々の衝突 …………………………… 150
- Story ① バウンドのくり返しの規則性 … 150
- Story ② 斜衝突のベクトル図法 … 155
- まとめ ………………… 159

第13章 2つの保存則 ………………………… 160
- Story ① いつどの保存則を使うのか … 160
- まとめ ………………… 171

第14章 慣 性 力 ……………………………… 172
- Story ① 慣 性 力 ……… 172
- Story ② 見かけの重力 … 182
- まとめ ………………… 184

第15章 円 運 動 ……………………………… 186
- Story ① 角速度・向心加速度 … 186
- Story ② 遠 心 力 ……… 190
- まとめ ………………… 197

第16章 万有引力 ……………………………… 198
- Story ① 万有引力と重力 … 198
- Story ② 楕円軌道とケプラーの三法則 …… 207
- まとめ ………………… 215

第17章 単 振 動 ……………………………… 216
- Story ① 単振動と円運動 216
- Story ② 単振動の「3つのデータ」…… 218
- まとめ ………………… 231

第18章 単振動の応用 ………………………… 232
- Story ① 見かけ上の水平ばね振り子 232
- まとめ ………………… 242

物理基礎の熱力学

第19章　熱と温度 …………………………………… 244
- Story ①　温度と比熱 …… 244
- Story ②　比熱の問題の解法 …… 248
- まとめ …………………… 254

物理の熱力学

第20章　気体の状態変化 …………………………… 256
- Story ①　気体の状態方程式 … 256
- Story ②　P－Vグラフ …… 264
- まとめ …………………… 268

第21章　気体分子運動論 …………………………… 269
- Story ①　気体分子運動論 … 269
- まとめ …………………… 277

第22章　熱力学 ……………………………………… 278
- Story ①　内部エネルギー … 278
- Story ②　熱力学第一法則 …… 280
- まとめ …………………… 295

第23章　熱力学の応用 ……………………………… 296
- Story ①　定積モル比熱と定圧モル比熱 … 296
- Story ②　熱効率 …… 300
- Story ③　等温変化と断熱変化 … 303
- Story ④　真空容器への膨張 …… 309
- まとめ …………………… 314

漆原晃の POINT 索引 …………………………………… 315
重要語句の索引 …………………………………………… 318

本文イラスト：中口　美保

物理基礎の力学

- 第1章 速度・加速度
- 第2章 等加速度運動
- 第3章 落体の運動
- 第4章 力のつり合い
- 第5章 運動方程式
- 第6章 運動方程式の応用
- 第7章 仕事とエネルギー
- 第8章 仕事とエネルギーの関係

※ とくに断らない限り重力加速度の大きさを g とする。

第1章 速度・加速度

▲速度と加速度で運動を表そう

Story ① 速度

▶(1) 速度って何？

いま，図1のように，右向きを正の向きにとった x 軸があるね。その上を時刻 $t=0\,\mathrm{s}$（秒）で座標 $x=0\,\mathrm{m}$ からスタートした球が，$t=1\,\mathrm{s}$ で $x=2\,\mathrm{m}$，$t=2\,\mathrm{s}$ で $x=4\,\mathrm{m}$，……と一定のペースで動いていくとする。

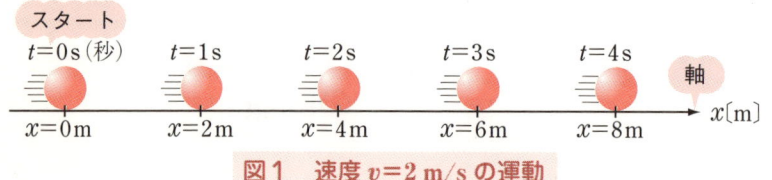

図1 速度 $v=2\,\mathrm{m/s}$ の運動

このとき，$1\,\mathrm{s}$（秒）あたりの座標 $x\,[\mathrm{m}]$ の変化のことを**速度 $v\,[\mathrm{m/s}]$** と約束するよ。

図1では，$1\,\mathrm{s}$（秒）あたりに座標 x は $2\,\mathrm{m}$ ずつ**増す**ので，$v=2\,\mathrm{m/s}$ となっているね。"1秒あたり"の"変化"を強調してね。

8　物理基礎の力学

> **POINT1 速度**
> ● 速度 v 〔m/s〕＝ 1 秒あたりの座標 x 〔m〕の変化

▶(2) $x-t$ グラフの傾きと $v-t$ グラフの面積

　次に，図1の運動を，座標 x − 時刻 t グラフと速度 v − 時刻 t グラフに表してみよう（物理では，縦軸が△，横軸が☆のグラフを，△−☆グラフのようによぶよ）。

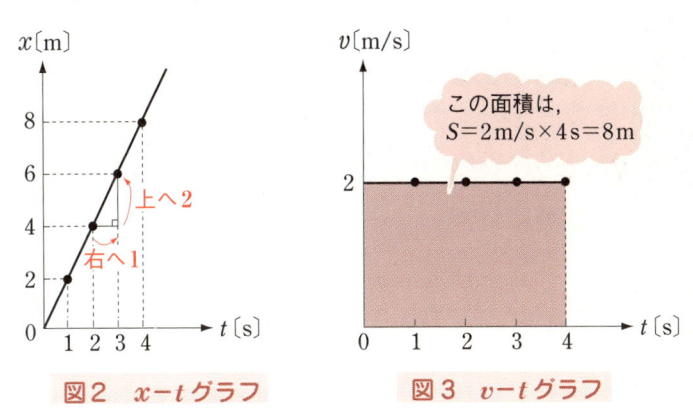

この面積は，
$S = 2\text{m/s} \times 4\text{s} = 8\text{m}$

図2　$x-t$ グラフ

図3　$v-t$ グラフ

　図2の $x-t$ グラフの傾きはいくらかな？　キミ，考えてくれる？

> えーと，右へ1いって，上へ2上がっているから……。そう2です。

　いま，「右へ1いって，上へ2上がった」と言ったね。それは，言いかえると，グラフ上で右へ1いく，つまり <u>1秒あたり</u>に，グラフ上で上へ2上がる，つまり座標が <u>2m 増える</u>ということだね。これはまさに，そう，速度 v の定義そのものだね。
　このように，<u>$x-t$ グラフの傾きは速度 v</u> を表すんだ。

　次に，図3の $v-t$ グラフのほうで，質問だ。4秒間での移動距離 S はいくら？

えーと，図3を見ると1秒に2mずつ動いて，4秒経つから，$S=2\times4=8$m ですね。

いま，ここで 2×4 をしたね。これは，図3の $v-t$ グラフの下の面積，つまり横軸との間ではさまれる長方形の面積を計算したのと同じだね。

このように，$v-t$ グラフの下の面積は移動距離を表すんだ。

POINT 2　$x-t$ グラフと $v-t$ グラフ

- $x-t$ グラフの傾きは，速度 v を表す。
- $v-t$ グラフと横軸ではさまれる面積は，移動距離 S を表す。

▶(3) 負の速度に注意

速度 v って負になることもあるんですか？

おっ！とてもいい質問だ。1秒あたりの座標の変化が負というのは，座標が減ること，つまり x 軸の負の向きに動いていくことだ。

具体的に図4で $v=-3$m/s の例を見てみようか。この例では，時刻 $t=0$ で $x=6$ から出発しているぞ。

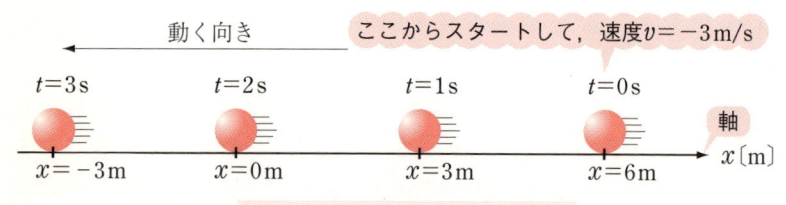

←動く向き　　ここからスタートして，速度 $v=-3$m/s

$t=3$s	$t=2$s	$t=1$s	$t=0$s
$x=-3$m	$x=0$m	$x=3$m	$x=6$m

x軸　x〔m〕

図4　速度 $v=-3$m/s の運動

POINT 3　負の速度の運動

- 負の速度をもつ ＝ x 軸の負の向きへ運動している。

物理基礎の力学

▶(4) 速さとは

　速さとは，速度の大きさ，つまり速度の絶対値のこと。速度の向きによらず，必ず正の値になる量だ。図4の例では，速度は $v=-3\mathrm{m/s}$ だけど，速さは $|-3|\mathrm{m/s}=3\mathrm{m/s}$ になるんだ。これからも，速さと速度をしっかりと区別してね。1文字違いで全然違う意味をもつんだ。

> **POINT 4　速　さ**
> - 速さ＝速度の大きさ（絶対値）　　向きによらず必ず正

Story 2　加　速　度

▶(1) 加速度って何？

　キミが駅のホームへの階段を下りていたら，電車がゆっくり走っているのが見えた。この電車がすでに出発してしまったのか，それとも，これから到着するのか，気になるね。どうやったら判定できるかな。

> 電車のスピードがどんどん増えたらもう出発後。
> 逆にどんどん遅くなっていったら，これから到着です。

　そうだよね。この例のように，運動では速度だけではなくて，その速度がどう変化していくのかも重要なことなんだ。その変化の割合を表すのが加速度 $a\,[\mathrm{m/s^2}]$ とよばれる量だ。ここで，**1秒あたりの速度 $v\,[\mathrm{m/s}]$ の変化**のことを加速度 $a\,[\mathrm{m/s^2}]$ と約束するよ。

　いま，次のページの図5のように，時刻 $t=0\mathrm{s}$ で速度 $v=3\mathrm{m/s}$ をもっていた球が，$t=1\mathrm{s}$ で $v=5\mathrm{m/s}$，$t=2\mathrm{s}$ で $v=7\mathrm{m/s}$，……と一定のペースで加速しているとする。この例では，1sあたり速度 v は2m/sずつ増すので，そう，$a=2\mathrm{m/s^2}$ となっているね。やっぱり"1秒あたり"の"変化"が大切なんだ。

第1章　速度・加速度

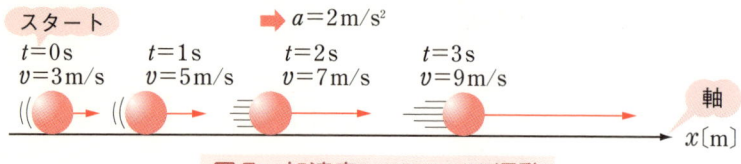

スタート
$t=0$s　$t=1$s　$t=2$s　$t=3$s　　$a=2\text{m/s}^2$
$v=3\text{m/s}$　$v=5\text{m/s}$　$v=7\text{m/s}$　$v=9\text{m/s}$

軸 x〔m〕

図5　加速度 $a=2\text{m/s}^2$ の運動

POINT 5　加 速 度

- 加速度 a〔m/s^2〕＝1秒あたりの速度 v〔m/s〕の変化

▶(2)　負の加速度には2つある

　図6の2つの運動は，どちらも加速度 $a=-3\text{m/s}^2$（1秒あたりの速度の変化が-3）の運動だ。このように，加速度が負の場合には全くイメージが異なる2つの運動があることに注意しよう。試験では特に②が狙われるぞ。

ともに加速度 $a=-3\text{m/s}^2$

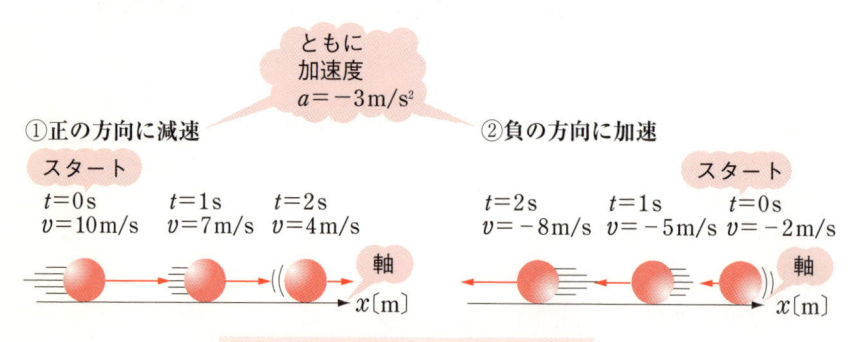

①正の方向に減速
スタート
$t=0$s　$t=1$s　$t=2$s
$v=10\text{m/s}$　$v=7\text{m/s}$　$v=4\text{m/s}$

軸 x〔m〕

②負の方向に加速
　　　　　　　　　　　スタート
$t=2$s　$t=1$s　$t=0$s
$v=-8\text{m/s}$　$v=-5\text{m/s}$　$v=-2\text{m/s}$

軸 x〔m〕

図6　加速度 $a=-3\text{m/s}^2$ の運動

POINT 6　負の加速度運動の2つのパターン

- x 軸の正の向きに速さがだんだん遅くなる。
- x 軸の負の向きに速さがだんだん速くなる。　←狙われる

物理基礎の力学

▶(3) $v-t$ グラフの傾き

再び，$v-t$ グラフに戻る。

例として，図5の初速度 $v=3$ m/s，加速度 $a=2$ m/s^2 の運動の $v-t$ グラフを書いてみよう。

すると，図7のように，右に1いって（1秒あたり），上に2上がっている（速度が2増加した）ので，その傾きは 2 m/s^2 で，ちょうど，そう，加速度 a と同じことが分かるね。

POINT2 と合わせると，次のようにまとめられるね。

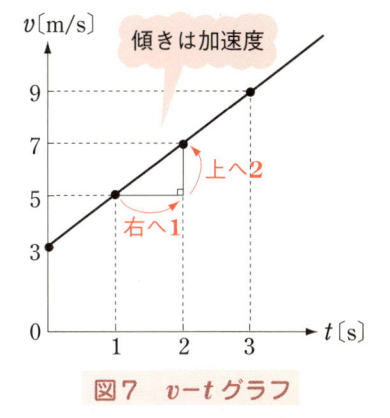

図7 $v-t$ グラフ

POINT7　$v-t$ グラフの2とおりの読み方
- $v-t$ グラフの**傾き**は，加速度 a を表す。
- $v-t$ グラフと横軸で囲まれる面積は，移動距離 S を表す。

さあ，以上の内容が理解できたか試すために次の問題にチャレンジしよう。物理では，「分かる」と「解ける」は車の両輪のようなもので，両方そろってはじめてグングンと前に進んでいくんだ。

解いたあとは解説の文章も読んでね。ますます実力が定着していくぞ。

> さあっ　いよいよ「物理基礎」の「力学」の勉強が始まったよ。楽しみながら学んでいこう！

第1章　速度・加速度

チェック問題 1　加速度，$v-t$グラフの読み方　易3分

右の図は，ある物体の$v-t$グラフである。このとき，次の量を求めよ。

(1) $t=2$sでの加速度 a_1 [m/s^2]
(2) $t=4$sでの加速度 a_2 [m/s^2]
(3) $t=0$から$t=9$sまでの移動距離 S [m]

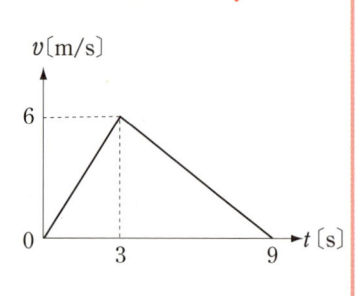

解説　(1) $t=0$から$t=3$では，3秒間で速度が$v=0$から$v=6$，つまり，6m/s増加したね。これを，**1秒あたりの速度の増加＝加速度 a_1 [m/s^2]** に直すと，

$$a_1 = \frac{6\text{m/s増加}}{3\text{秒間で}} = 2\text{m/s}^2 \cdots\text{答}$$

(2) $t=3$から$t=9$では，6秒間で速度が$v=6$から$v=0$，つまり，$0-6=-6$m/s増加（6m/s減少）するね。これより，

$$a_2 = \frac{-6\text{m/s増加}}{6\text{秒間で}} = -1\text{m/s}^2 \cdots\text{答}$$

(3) **$v-t$グラフの下の面積**が移動距離を表すんだったね。右図の色の部分の三角形の面積より，

$$S = \frac{1}{2} \times \underbrace{9}_{\text{底辺}} \times \underbrace{6}_{\text{高さ}}$$
$$= 27\text{m} \cdots\text{答}$$

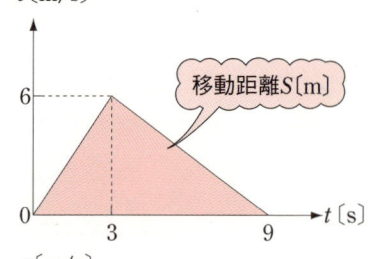

移動距離 S [m]

別解　(1)(2)は**$v-t$グラフの傾き**から求めることもできる（右図）。

(1) $t=2$での傾き $a=2$m/s^2 …答
(2) $t=4$での傾き $a=-1$m/s^2 …答

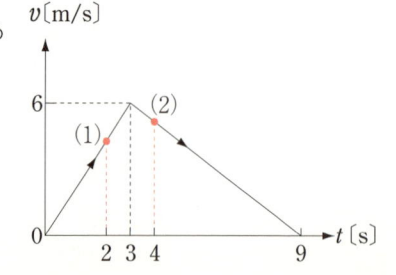

物理基礎の力学

● 第1章 ●
ま と め

1 速度 v 〔m/s〕：1秒あたりの座標 x〔m〕の変化

2 速さ＝速度の絶対値（必ず正）

3 加速度 a〔m/s^2〕：1秒あたりの速度 v〔m/s〕の変化

4 $x-t$ グラフの傾き＝速度 v

5 $v-t$ グラフの2とおりの読み方
　① $v-t$ グラフの傾き＝加速度 a
　② $v-t$ グラフと横軸で囲まれる面積＝移動距離 S

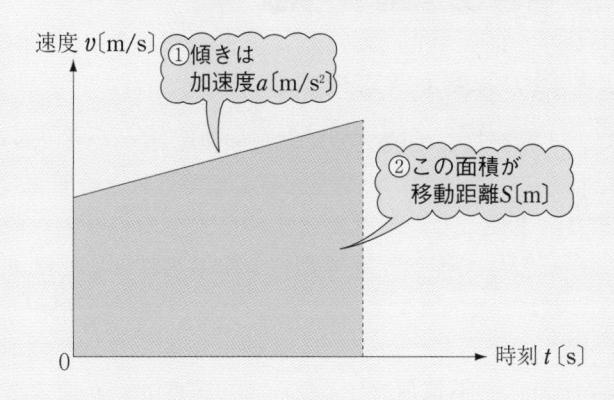

速度 v〔m/s〕

①傾きは
加速度 a〔m/s^2〕

②この面積が
移動距離 S〔m〕

時刻 t〔s〕

言葉はシンプルに
定義しようね。

第1章　速度・加速度

第2章 等加速度運動

> この3枚で
> アナタの未来が
> 見えます

▲「3点セット」で未来を予言する

Story ① 等加速度運動の公式

▶(1) t 秒後の速度 v を求めよう

前章で，1秒あたりの速度の変化が加速度 $a\,[\mathrm{m/s^2}]$ ということを見てきたね。この加速度がいつも一定になる運動を等加速度運動という。つまり，1秒ごとに速度が a ずつ，一定のペースで変化する運動だ。この章では，等加速度運動の未来の速度 v や位置 x を予言する公式を一緒につくっていこう。公式がつくれれば理解が深まるよ。

まず，図1のように，道路上に x 軸をしっかりと立てよう。ここで，時刻 $t=0$ に初期位置 $x=x_0$ から，初速度 $v=v_0$ でスタートし，一定の加速度 a で加速していく車を考えよう。

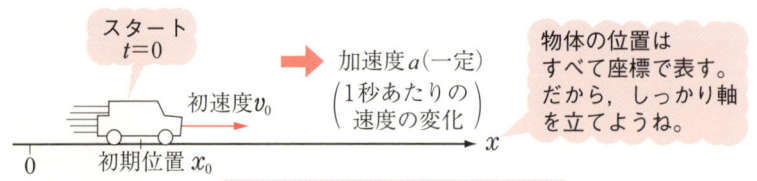

スタート $t=0$
初速度 v_0
初期位置 x_0
加速度 a（一定）
（1秒あたりの速度の変化）

物体の位置はすべて座標で表す。だから，しっかり軸を立てようね。

図1 等加速度運動スタート！

16　物理基礎の力学

さて，スタートしてから1秒後，2秒後，3秒後の車の速度はそれぞれいくらになるかな？

> 1秒ごとに，a ずつ速度が増えるから，それぞれ
> $v=v_0+a$, $v_0+a\times 2$, $v_0+a\times 3$ です。

OK！　いいイメージだ。

同様に，任意の時刻 t での速度 v は $v=v_0+a\times t$ となるね。

POINT 1　等加速度運動の[公式ア]

- t 秒後の速度 v の式：$v = \underbrace{v_0}_{\text{はじめの速度}} + \underbrace{a \times t}_{t\text{秒間での速度の増加分}}$

この式で，未来の速度が予言できることになったね。

▶(2)　**t 秒後の座標 x を求めよう**

(1)で求めた $v=v_0+a\times t$ の式を v–t グラフ上に書こう。

すると，**図2**のように，切片が v_0，傾きが a の直線のグラフになるね。

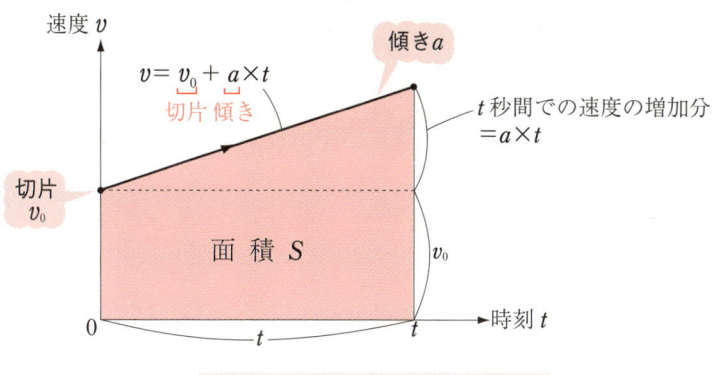

図2　図1の運動の v–t グラフ

第2章　等加速度運動

図2の v-t グラフの下の台形部分の面積 S は何を表すかな？

> 図3のように，車が t 秒間に移動した距離 S です。p.13で学習しました。

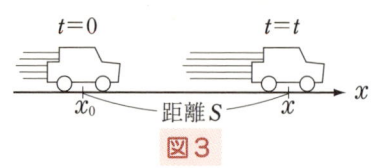

$t=0$　　　　　$t=t$

x_0　距離 S　x

図3

すると，この図3から，時刻 t での車の座標 x は，次のように求められるね。

座標 $x = \underbrace{x_0}_{\text{はじめの座標}} + \underbrace{S}_{\text{図2の台形の面積}}$

$= x_0 + \left(\boxed{}v_0 + \boxed{}at\right)$
　　　　　　t　　　　t

$= x_0 + \left(v_0 t + \dfrac{1}{2}at^2\right)$

> 図2の v-t グラフの下の台形の面積 S を長方形と三角形に分けた

POINT 2 等加速度運動の[公式イ]

- t 秒後の座標 x の式： $x = \underbrace{x_0}_{\text{はじめの座標}} + \underbrace{v_0 t + \dfrac{1}{2}at^2}_{t \text{ 秒間での座標の変化}}$

注　x はあくまでも座標であり，移動距離ではないよ。

この式で，いつ，どこにいるのかが予言できるようになったね。

▶(3) 速度の2乗の変化と座標の変化の式を求めよう

たとえば，車が $x=100$ m の地点を通過したときの速度 v_1 を求めるとき，これまでの公式だけを使うとすると，どうするかい？

> えーとまず，[公式イ]で $x=100$ となる時刻 t_1 を求めます。次に，その時刻 t_1 のときの速度 v_1 を[公式ア]で求めます。

18　物理基礎の力学

OK！　でもいちいち時刻 t を求めるのはめんどうだね。そこで，これから[公式ウ]として，時刻 t をいっさい求めることなしに直接 x と v の関係が求められる，とっても便利な式を導くよ。少し式変形が続くけど，頑張って一つひとつ追っていってね。

まず，[公式ア] $v = v_0 + at$ を，t について解くと，

$$t = \frac{v - v_0}{a} \cdots ①$$

次に，①式を[公式イ] $x = x_0 + v_0 t + \frac{1}{2} at^2$ に代入して，

$$x = x_0 + v_0 \left(\frac{v - v_0}{a} \right) + \frac{1}{2} a \left(\frac{v - v_0}{a} \right)^2$$

右辺を展開して，

$$x = x_0 + \frac{1}{2a}(2\cancel{v_0}v - 2v_0^2 + v^2 - 2\cancel{vv_0} + v_0^2)$$

$$= x_0 + \frac{1}{2a}(v^2 - v_0^2)$$

式を整理して，次の式を得る。

$$\underbrace{v^2 - v_0^2}_{\text{速度の2乗の変化}} = 2a\underbrace{(x - x_0)}_{\text{座標の変化}}$$

この式から，直接速度 v と座標 x の関係を求めることができるね。

POINT 3　等加速度運動の[公式ウ]

- （速度）^{2} の変化と座標の変化の式：$\underbrace{v^2 - v_0^2}_{\text{速度の2乗の変化}} = 2a\underbrace{(x - x_0)}_{\text{座標の変化}}$

- 注　x はあくまでも座標であり，移動距離ではないよ。

以上，ここまで3つの公式を一つひとつ導いたね。物理は公式を導ければ，得意になれるよ。次は，これら3つの式の使い方のコツを伝授するよ！

第2章　等加速度運動

Story ② 等加速度運動の解法

▶(1) 等加速度運動は「3点セット」で予言できる

Story ① で導いた3つの公式を，もう1回まとめて書くと，

[公式ア] $v = v_0 + at$

[公式イ] $x = x_0 + v_0 t + \frac{1}{2}at^2$

　　　　　　💬 xは座標だよ！移動距離じゃないからね。

[公式ウ] $v^2 - v_0^2 = 2a(x - x_0)$

この3つの式は結局，x_0, v_0, a さえ分かれば書き下せるね。

たとえば，図4の運動ならば

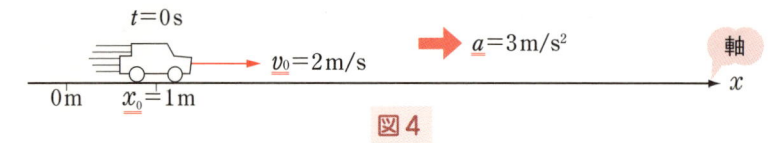

$t = 0$s　→ $v_0 = 2$m/s　→ $a = 3$m/s² 　軸
0m　$x_0 = 1$m　　　　　　　　　　　　　x

図4

[公式ア] $v = 2 + 3t$

[公式イ] $x = 1 + 2t + \frac{1}{2} \times 3t^2$

　　　　　　💬 xは座標だよ！移動距離じゃないからね。（何度もくり返すけど）

[公式ウ] $v^2 - 2^2 = 2 \times 3 \times (x - 1)$

で，完全にt秒後のvとx，さらに，vとxの関係が予言できたね。

> たった3つの量 x_0, v_0, a だけが分かればいいんですね。

そうだ！　本書では，この3つの量，

初期位置 x_0，初速度 v_0，加速度 a

を等加速度運動の「**3点セット**」とよぶことにするよ。

▶(2) 等加速度運動の解法パターン

(1)により，どんな等加速度運動でも，次の手順で解けてしまうことが分かる。

> **POINT 4 等加速度運動の解法**
>
> **Step 1** x **座標軸を立てる（原点，正の向き明記）**
> 物体の位置は座標 x で表す。だから，軸はしっかり立てるべき。
>
> **Step 2** **初期位置 x_0，初速度 v_0，加速度 a の「3点セット」を表にする。**
>
> **Step 3** **等加速度運動の［公式ア，イ，ウ］を書き下す。**
> （「$v-t$ グラフの2とおりの読み方(p.13)」も活用しよう！）

では，さっそく，この解法を使ってみよう！ 一つひとつの Step に忠実に解いていくと，いつの間にか，スラスラ解けるようになっているよ。

「解法パターン」であっても，丸暗記ではなく，理由を考えながら覚えていこうね！

第2章 等加速度運動

チェック問題 1 等加速度運動の「3点セット」 易 5分

次の等加速度運動の「3点セット」初期位置 x_0, 初速度 v_0, 加速度 a を表にせよ。さらに, 時刻 t での速度 v と座標 x を, t を使って表せ。

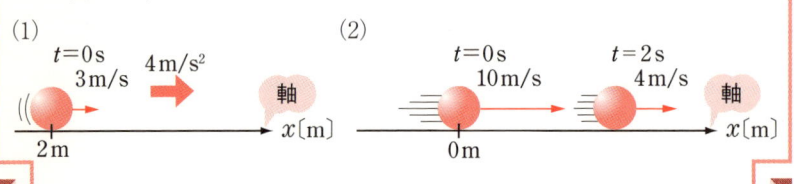

(1) $t=0$ s, 3 m/s, 4 m/s^2, 2 m, x[m]軸

(2) $t=0$ s, 10 m/s, $t=2$ s, 4 m/s, 0 m, x[m]軸

解説 (1) 《等加速度運動の解法》(p.21)で解く。

Step 1 x 軸はすでに立っている。

Step 2 与えられた図より,「3点セット」の表は,

初期位置 x_0	2 m
初 速 度 v_0	3 m/s
加 速 度 a	4 m/s^2

Step 3 [公式ア](p.17)より, $v = 3 + 4t$ ……答

[公式イ](p.18)より,

$$x = 2 + 3t + \frac{1}{2} \times 4t^2$$
$$= 2 + 3t + 2t^2 \text{ ……答}$$

（x は座標だよ! 移動距離じゃないからね。）

(2) **Step 1** x 軸はすでに立っている。

Step 2 加速度だけ不明なので, 求める必要がある。

加速度 a とは, **1秒あたり**の速度の**変化**なので,

$$a = \frac{(4-10)\text{m/s 変化}}{2 \text{秒間で}} = -3 \text{m/s}^2$$

つまり, a は負で減速運動となっている。
以上より,「3点セット」の表は,

初期位置 x_0	0 m
初速度 v_0	10 m/s
加速度 a	-3m/s^2

Step 3 ［公式㋐］より，$v=10+(-3)t=10-3t$ ……答

［公式㋑］より，

$x=0+10t+\dfrac{1}{2}\times(-3)t^2$

$=10t-1.5t^2$ ……答

> xは座標だよ！移動距離じゃないからね。

さあ，次の問題で等加速度運動の総まとめをしよう。

> いつも座標を意識している人は物理が得意になれるよ

チェック問題 ❷ 等加速度運動　　標準 7分

右向き正の x 軸の $x=5\text{m}$ の点から時刻 $t=0\text{s}$ に右向きに 12m/s の速さで出発した物体が，等加速度運動して，2秒後には正の向きに 4m/s の速さになった。このとき，次の量を求めよ。

(1) 加速度 $a\,[\text{m/s}^2]$
(2) 速さが0になるときの座標 $x_1\,[\text{m}]$，そのときの時刻 $t_1\,[\text{s}]$
(3) 時刻 $t=7\text{s}$ での物体の座標 $x_2\,[\text{m}]$
(4) $t=0\text{s}$ から $t=7\text{s}$ の間の全移動距離 $S\,[\text{m}]$

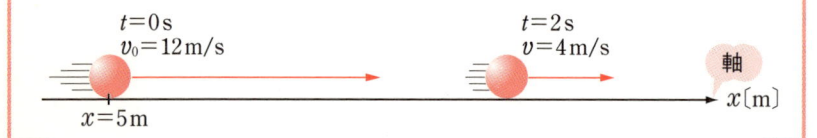

$t=0\text{s}$
$v_0=12\text{m/s}$
$t=2\text{s}$
$v=4\text{m/s}$
軸
$x\,[\text{m}]$
$x=5\text{m}$

解説　(1)《等加速度運動の解法》(p.21)で解こう。

Step 1 x 軸はもう立っている。物体の位置は，この軸上の座標 x で表そう。x はあくまでも座標だよ。

Step 2 加速度だけは与えられていない。
加速度 a とは，<u>1秒あたりの</u>速度の<u>変化</u>だから，

$$a = \frac{(4-12)\text{m/s 変化}}{2\text{秒間で}} = -4\text{m/s}^2 \cdots\cdots \text{【答】}$$

(2) (1)の結果より，次の「3点セット」の表がつくれるね。

初期位置 x_0	5m
初速度 v_0	12m/s
加速度 a	-4m/s^2

Step 3

[公式⑦]より，$v=12+(-4)t\cdots$①　　←v と t の関係

[公式⑦]より，$x=5+12t+\dfrac{1}{2}\times(-4)\times t^2\cdots$②　←$x$ 座標と t の関係

[公式⑦]より，$v^2-12^2=2\times(-4)\times(x-5)\cdots$③　←$v$ と x 座標の関係

物理基礎の力学

あとは，各問題ごとに，①，②，③のどの式を使えばいいのかを判断しよう。ポイントは何と何の関係を問われているかだ。

本問では，$v=0$ となるときの x 座標 x_1 を求める。

これは，v と x の関係を求めることなので，③式より，

$$0^2 - 12^2 = 2 \times (-4) \times (x_1 - 5)$$

よって，$x_1 = 23\,\mathrm{m}$ ……答

次に，$v=0$ となるときの時刻 $t=t_1$ を求める。

これは，v と t の関係を求めることなので，①式より，

$$0 = 12 + (-4) \times t_1$$

よって，$t_1 = 3\,\mathrm{s}$ ……答

(3) $t=7$ での x 座標 x_2 を求める。これは t と x の関係で，②式より，

$$x_2 = 5 + 12 \times 7 + \frac{1}{2} \times (-4) \times 7^2 = -9\,\mathrm{m}$$ ……答

(4) キミがやってみて！

> う〜ん。$t=0$ で，$x=5$，(3)より $t=7$ で，$x=-9$ だから，差をとって，$5-(-9)=14\,\mathrm{m}$ です。

ハイ，ドカーン！　やっちゃったね。キミが求めたのは全移動距離じゃなくて，変位（座標の変化）の大きさなんだ。

全移動距離を問われたら，途中の運動の軌跡を，とくに折り返し点の座標に注意して，軸上に図示する必要があるんだ。

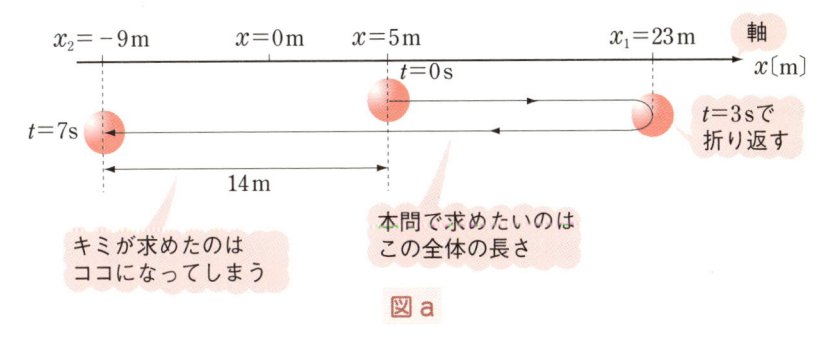

図 a

この**図a**から，正しい全移動距離 S は，
$$S = \underbrace{(23-5)}_{t=0 \text{から} t=3} + \underbrace{|23-(-9)|}_{t=3 \text{から} t=7} = 50\,\text{m} \cdots\cdots\text{答}$$

> **POINT 5　座標と移動距離**
>
> - 等加速度運動の公式で出てくる x はあくまでも，x 軸上の**座標 x** であり，**移動距離ではない**ことに注意する。
> - 移動距離を求めるには，実際に x 軸を図示して，その上に**物体の動いた軌跡の図をかく**必要がある。 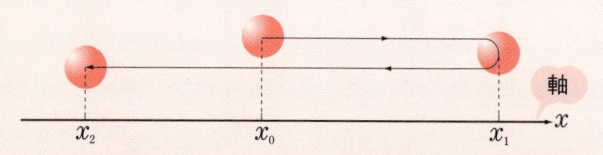
>
> 何度も言うが「公式中の x は軸上の x 座標の値であり，移動距離ではないんだ」という強い認識が必要なんだ。

別解　v–t グラフをかいてみよう。

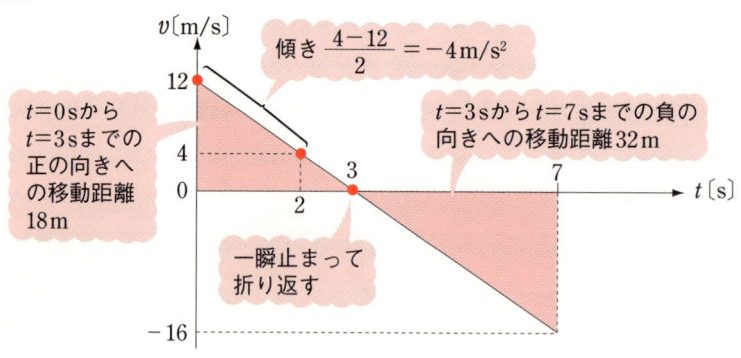

傾き $\dfrac{4-12}{2} = -4\,\text{m/s}^2$

$t=0\,\text{s}$ から $t=3\,\text{s}$ までの正の向きへの移動距離 $18\,\text{m}$

$t=3\,\text{s}$ から $t=7\,\text{s}$ までの負の向きへの移動距離 $32\,\text{m}$

一瞬止まって折り返す

よって，全面積，つまり全移動距離は，$18+32=50\,\text{m}\cdots\cdots$答
また，このグラフのように t 軸よりも下の面積は，x 軸の負の向きへの移動距離になることも覚えておこう。

● 第2章 ●
まとめ

■ **等加速度運動の解法**

Step 1 x **座標軸を立てる。**

Step 2 「**3点セット**」**の表をつくる。**

初期位置	x_0
初 速 度	v_0
加 速 度	a

> 物体の位置は座標で表すから，軸をしっかり（原点，正の向き明記）立てることが大切！ 座標で考えることができる人は，力学の点がぐんぐん伸びるよ

Step 3 等加速度運動の公式を書き下す。

[公式㋐] $v = v_0 + at$　　　←v と t の関係
[公式㋑] $x = x_0 + v_0 t + \dfrac{1}{2} at^2$ ← x 座標と t の関係
[公式㋒] $v^2 - v_0^2 = 2a(x - x_0)$ ← v と x 座標の関係

あとは，各問で何と何の関係を問われているかによって，3つの式を使い分ける。

※ 軸を立て座標で考えることは，次の章でも最重要なポイントになっていくよ。

> 次からは，「落体の運動」について勉強していくよ。
> 「3点セット」の表さえつくれれば楽勝だぜ！

第3章 落体の運動

▲「投げ上げ運動」してみよう

Story ① 自由落下，鉛直投げ上げ運動

▶(1) 自由落下とは

前章で見た等加速度運動の代表例が**落体**の運動だ。落体とは，重力のみを受けて空中を動く物体だ。この運動中の加速度は，物体の質量や飛び方によらず，必ず鉛直下向きに $g=9.8\,\mathrm{m/s^2}$ の大きさになるよ。この加速度 g を**重力加速度**というんだ。

図1のように，初速度0で落下する物体の運動を**自由落下**という。落下を始めた点を原点とし，鉛直下向きに x 軸をとると，等加速度運動の「3点セット」(p.20)は**下向き正**として，

初期位置 x_0	0
初速度 v_0	0
加速度 a	$+g$

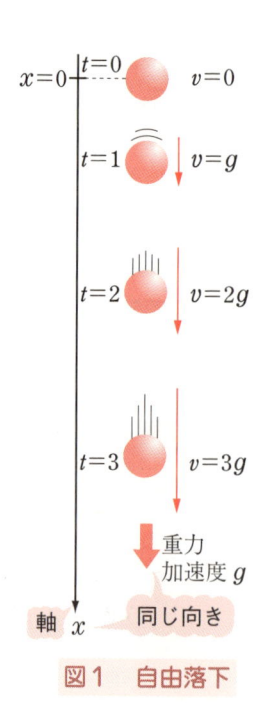

図1 自由落下

あとは《等加速度運動の解法》(p.21)で運動を予言できるね。

▶(2) 鉛直投げ上げ運動とは

物体を鉛直上方へ投げ上げたときの運動を鉛直投げ上げ運動という。このときもやはり，物体は下向きに重力を受けているので，その加速度は，下向きの重力加速度 g となる。

図2のように，上向きに軸を立てると，等加速度運動の「3点セット」は上向き正として（加速度の符号が負になることに注意！）

初期位置 x_0	0
初速度 v_0	v_0
加速度 a	$-g$

x 軸の正と逆向き！

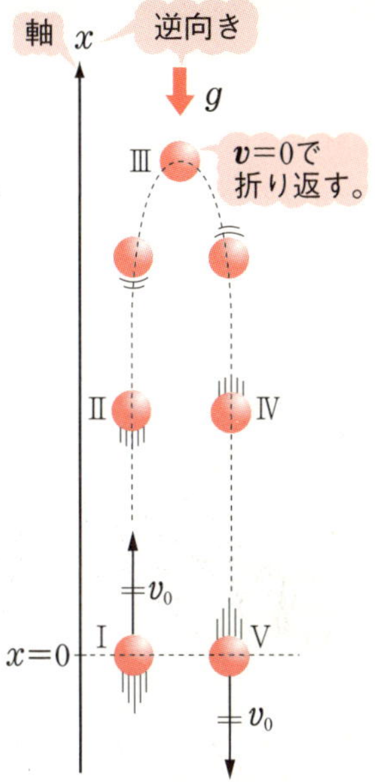

とくに，次のⅠ～Ⅴの5つのシナリオを一つひとつ順に確認してほしいな。

Ⅰ：初速度 v_0 で投げ上げ
Ⅱ：1秒に g ずつ速度が遅くなっていく（加速度 $-g$ の運動）。
Ⅲ：最高点で一瞬止まって（$v=0$）折り返す。
Ⅳ：1秒に g ずつ $-x$ 方向の速さが増していく（加速度 $-g$ の運動）。
Ⅴ：発射した点を $-x$ 方向の速さ v_0 で通過する。

行きと帰りの対称性

また，（Ⅰ～Ⅲまでの時間）と（Ⅲ～Ⅴまでの時間）は行きと帰りの対称性より同じとなる（例：10秒で上がれば10秒で下がってくる）。

図2 鉛直投げ上げ運動

POINT 自由落下，鉛直投げ上げ運動

- 自由落下：初速度 0，加速度 g（下向き正のとき）
- 鉛直投げ上げ運動：初速度 v_0，加速度 $-g$（上向き正のとき）

➡ 行きと帰りの対称性をもつ

第3章　落体の運動

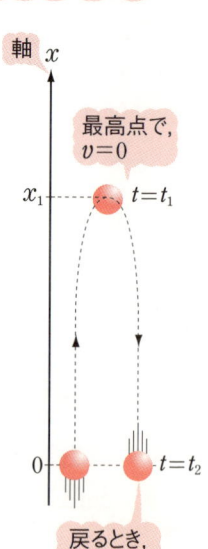

チェック問題 ① 鉛直投げ上げ運動　　易　3分

右図のように，ボールを真上に初速度 $39.2\,\text{m/s}$ で投げ上げた。

重力加速度を $9.8\,\text{m/s}^2$ とする。次の値を求めよ。

(1) 時刻 $t\,[\text{s}]$ での速度 $v\,[\text{m/s}]$ と座標 $x\,[\text{m}]$
(2) 最高点の時刻 $t_1\,[\text{s}]$ と座標 $x_1\,[\text{m}]$
(3) 投げたところに再び戻る時刻 $t_2\,[\text{s}]$

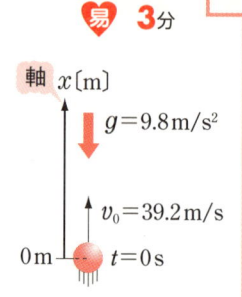

解説

(1) 《等加速度運動の解法》(p.21)で解く。

Step 1 x 軸はすでに与えられている(**原点は地面，上向き正**)。

Step 2

初期位置 x_0	0
初速度 v_0	39.2
加速度 a	−9.8

　　　　　　　　x 軸の正と逆向き

軸の向きで加速度の符号が決まるので，はっきりさせる必要があるんだ。

Step 3 等加速度運動の[公式 ㋐，㋑](p.17, 18)より，

$v = 39.2 + (-9.8)t$ …① ……答

$x = 0 + 39.2t + \dfrac{1}{2}(-9.8)t^2$ …② ……答

x はあくまでも座標だよ！移動距離じゃないよ。

(2) **最高点**とは，上下方向の**運動が一瞬止まる**点なので，①の式に $v=0$，$t=t_1$ を代入して，

$39.2 - 9.8t_1 = 0$　したがって，$t_1 = 4\,\text{s}$ ……答

また，このときの座標 $x = x_1$ は，②式より，

$x_1 = 39.2 \times 4 - 4.9 \times 4^2 = 78.4\,\text{m}$ ……答

(3) **戻るとは座標 $x=0$** にくることなので，②式より，

$0 = 39.2t_2 - 4.9 \times t_2^2$　　$t_2 = 0$ は除外

よって，$t_2 = 8\,\text{s}$ ……答

別解 対称性より，$t_2 = 2 \times t_1 = 2 \times 4 = 8\,\text{s}$ ……答

チェック問題 2　自由落下と鉛直投げ上げ運動　標準 8分

地上の点Aより，小球Pを初速度49m/sで投げ上げると同時に，Aの真上で高さ98mの点Bより小球Qを自由落下させる。重力加速度の大きさを$g=9.8\text{m/s}^2$として，次の値を求めよ。

(1) PとQが衝突するまでの時間 t_1〔s〕と衝突点の高度 h_1〔m〕

(2) 衝突時のQから見たPの速さ v_1〔m/s〕

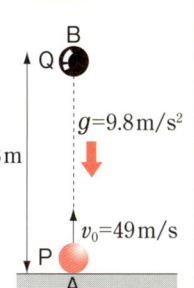

解説　(1) 《等加速度運動の解法》(p.21)で解く。

Step 1　この問題のように，x軸が与えられていない問題では，まず自分でしっかりと x 軸を立てよう。図aのように，地面を原点として，上向き正の x 軸を立てる。

すると，P, Qそれぞれの「3点セット」は，

Step 2

上向き正	P	Q
初期位置 x_0	0	98
初速度 v_0	49	0
加速度 a	$-g=-9.8$	$-g=-9.8$

x 軸の正と逆向き

Qは自由落下なのに，どうして加速度 a はマイナスで $-g=-9.8\text{m/s}^2$ なんですか？

いい質問だ。それは，Qの速度が1秒ごとに $0, -g, -2g, -3g$ と速度変化，つまり，x 軸の負の向き(下向き)の速さを増やしていくことを意味しているんだ。(p.12)を見てほしい。

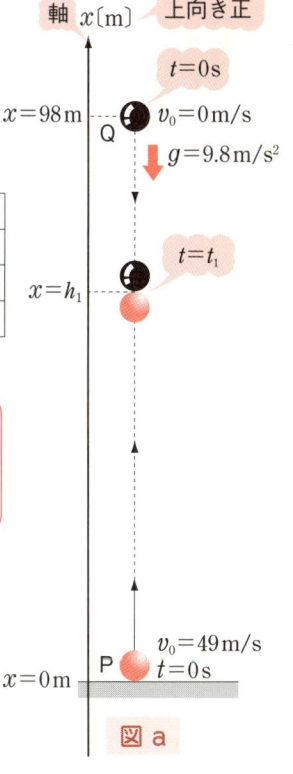

図a

Step 3 $v_P = 49 + (-9.8)t \cdots ①$

$v_Q = 0 + (-9.8)t \cdots ②$

$x_P = 0 + 49t + \frac{1}{2}(-9.8)t^2 \cdots ③$

$x_Q = 98 + 0 \times t + \frac{1}{2}(-9.8)t^2 \cdots ④$

> x は座標だよ！
> 移動距離じゃないよ。

ここで質問「PとQが衝突する」というのはどういうこと？

> え～と，PとQが同じ位置，つまり同じ座標にくることです。

OK！　そんなふうにいつでも，移動距離ではなく，座標で考える習慣をつけてね。本問では，$t=t_1$で，PもQも$x=h_1$となるので，③，④式より，

P：$h_1 = 0 + 49t_1 + \frac{1}{2}(-9.8)t_1^2 \cdots ⑤$

Q：$h_1 = 98 + 0 \times t_1 + \frac{1}{2}(-9.8)t_1^2 \cdots ⑥$

⑤，⑥式の左辺どうしが等しいので，右辺どうしも等しくなり，

$49t_1 + \frac{1}{2}(-9.8)t_1^2 = 98 + \frac{1}{2}(-9.8)t_1^2$

よって，$t_1 = 2\,\mathrm{s}$ ……**答**

これを⑤式に代入して，

$h_1 = 49 \times 2 + \frac{1}{2} \times (-9.8) \times 2^2 = 78.4\,\mathrm{m}$ ……**答**

(2)　衝突する時刻$t_1=2$でのP，Qの速度v_P, v_Qは，①，②式より，

$v_P = 49 + (-9.8) \times 2 = +29.4$
　　　　　　　　　　　上向き

$v_Q = 0 + (-9.8) \times 2 = -19.6$
　　　　　　　　　　下向き

よって，Qから見たPの相対速度v_1は，図bより，

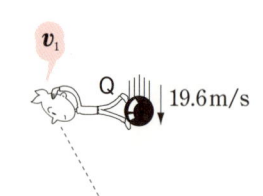

$v_1 = 29.4 + 19.6$
　　$= 49\,\mathrm{m/s}$ ……**答**

別解　この相対速度は時刻tによらず，いつも$49\,\mathrm{m/s}$

よって，(1)の$t_1 = \dfrac{(\text{はじめのPQ間の距離}98\,\mathrm{m})}{(\text{相対速度}49\,\mathrm{m/s})} = 2\,\mathrm{s}$ ……**答**

図b

● 第3章 ●
ま と め

1　落体の運動
重力のみを受けて空中を動く運動。必ず鉛直下向きの重力加速度 $g=9.8$ 〔m/s^2〕をもつ。

2　自由落下
《等加速度運動の解法》(p.21) で初速度 0，加速度 g（下向き正の軸を立てるとき）とする。

3　鉛直投げ上げ運動
① 《等加速度運動の解法》(p.21) で初速度 v_0，加速度 $-g$（上向き正の軸を立てるとき）とする。
② 行きと帰りの対称性をもつ。

ポイントは
軸をしっかりと定め
「3点セット」の表を
つくることだ！

第4章 力のつり合い

張力

垂直抗力 + 摩擦力

浮力

▲スポーツは力とのたたかいである

Story ❶ 力の書き方

▶(1) 力って何？

　力とは，物体を変形させたり，物体の運動の状態を変える原因となるものだ。**図1**のように，力は大きさと向きをもつ量（ベクトル）で，矢印で表す。力がはたらく点を<ruby>作用点<rt>さようてん</rt></ruby>といい，力の矢印を延長した線を<ruby>作用線<rt>さようせん</rt></ruby>という。力の大きさを表す単位を〔N〕（ニュートン）といい，m〔kg〕の物体にはたらく重力の大きさを$m \times g$〔N〕（$g = 9.8 \text{m/s}^2$は重力加速度）と約束する。たとえば，1kgの物体の重力は約9.8Nとなる。

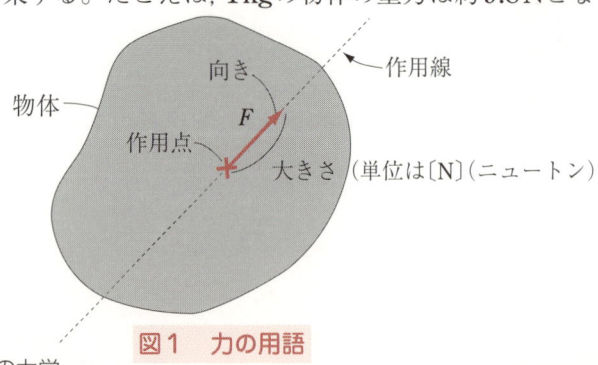

図1　力の用語

物体／向き／作用線／作用点／F／大きさ（単位は〔N〕（ニュートン））

▶(2) 2種類の力を意識しよう

身のまわりの物体は，いろいろな力を受けているが，それらの力は（慣性力や遠心力を除いて）次のたった2種類の力に分類できる。

力 ┬ 「接触力」：物体が，他の物体と接している点から受ける力
　 └ 「場の力」：物体が，重力場などの空間そのものから受ける力

たとえば今，キミが机の前でイスに座ってこの本を読んでいるとする。すると，キミの**おしりはイスに接触してるので**，イスから受けている力を感じているね。そして，キミの**足は床に接触しているので**，床から力を受けているね。さらに，キミが机にひじを乗せていると，**ひじは机に接触しているので**，机から受けている力を感じる。以上が「接触力」の例だ。

一方，キミの体は地球から下向きに引力を受けている。じつはこの引力（重力）は，先ほどまでの「接触力」とは全く異なるタイプの力なんだ。

分かりづらければ目の前の消しゴムを持ち上げて手を離してほしい。手から離れた直後，空中にある**消しゴムは地球に接触してはいないにもかかわらず**，地球から重力を受けて落下していく。これは明らかに「接触力」ではないね。

この重力は地球がそのまわりにつくりあげた，重力場という空間そのものから受ける力で「場の力」の代表例なんだ。

図2　力には2種類ある

第4章　力のつり合い

▶(3) 力をもれなく正しく書き込むコツ

力を書くときによく力を書き落としたり，余分な力を書いてしまいます。どうしたら正確に書けますか？

大丈夫。前ページで見たように「接触力」「場の力（重力）」に分けて力を書き込めば，正確に書けるよ。

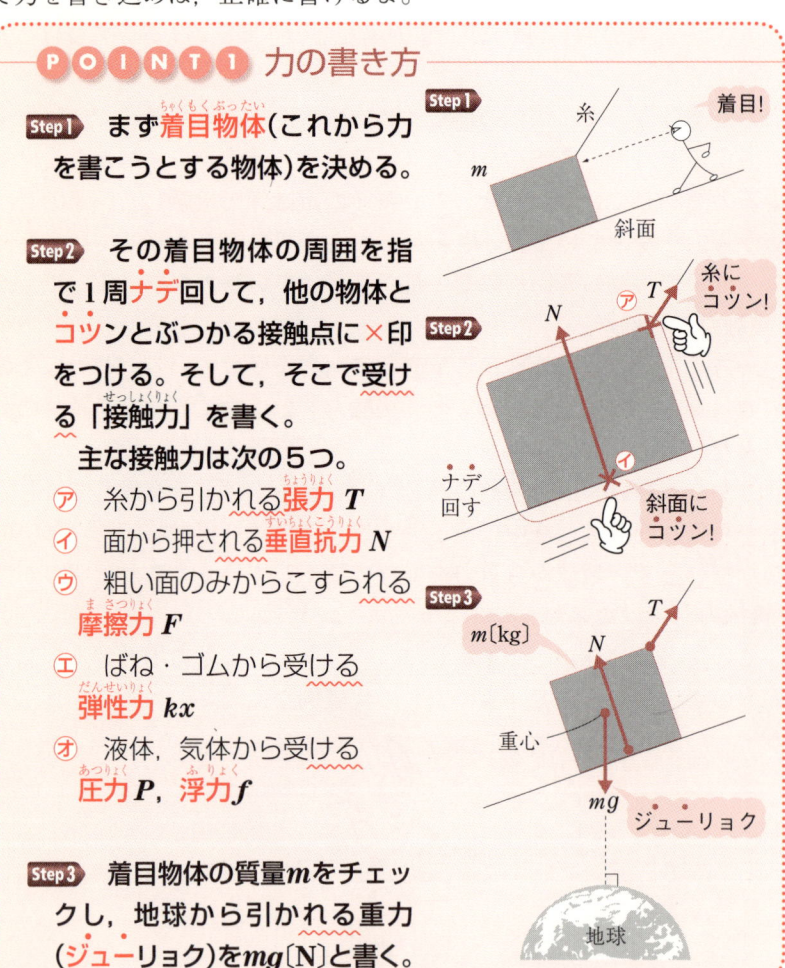

POINT1 力の書き方

Step 1 まず**着目物体**（これから力を書こうとする物体）を決める。

Step 2 その着目物体の周囲を指で1周**ナデ**回して，他の物体と**コツ**とぶつかる接触点に×印をつける。そして，そこで受ける「接触力」を書く。

主な接触力は次の5つ。
- ㋐ 糸から引かれる**張力** T
- ㋑ 面から押される**垂直抗力** N
- ㋒ 粗い面のみからこすられる**摩擦力** F
- ㋓ ばね・ゴムから受ける**弾性力** kx
- ㋔ 液体，気体から受ける**圧力** P，**浮力** f

Step 3 着目物体の質量 m をチェックし，地球から引かれる重力（ジューリョク）を mg [N] と書く。

以上の3ステップを「**ナデ・コツ・ジュー**」と本書ではよぶよ。

チェック問題 1　力の書き方「ナデ・コツ・ジュー」　易　6分

次の灰色をつけた物体が受ける力を矢印で書き込め。

(1)　なめらかな壁／棒　m〔kg〕／粗い床

(2)　糸／m〔kg〕物体／M〔kg〕台／床

解説

(1)《力の書き方》(p.36) の3ステップに忠実に力を書き込んでいこう。

Step1　着目物体は棒のみ

Step2　棒をナデ回すと，周囲に「コツン」とぶつかる接触点 ✗ は壁と床との2点のみ。

ここで，意外と見落としがちな力の作図のポイントとは

> 力はすべて受け身で書く

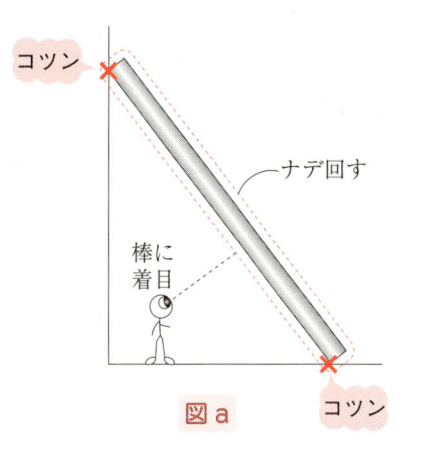

ということだ。

ここまでの話はよろしいかな？　さて，次は各接触点で受ける力について見ていこうか。

図a　コツン／ナデ回す／棒に着目／コツン

第4章　力のつり合い

図のように壁は「なめらか」なので，棒は壁から，右向きに押される垂直抗力N_1のみを受ける。
　一方，床は「粗い」ので棒は床からは上向きに押される垂直抗力N_2と左向きにこすられる摩擦力Fの2つの力を同時に受ける。
　Step 3　最後に，地球から下向きに引かれる重力mgを補って全ての力が作図できた。

図b　……答

(2)《力の書き方》(p.36)の3ステップで書くだけ。
　Step 1　着目物体は台のみ
　Step 2　台をナデ回すと床からコツンと上向きに押される力N_1と物体の底面からコツンと下向きに押される力N_2を受ける。
　Step 3　重力Mgを補っておしまい。

図c　……答

> あれ!?台はその上に乗っかっている物体の重力mgは受けないんですか？

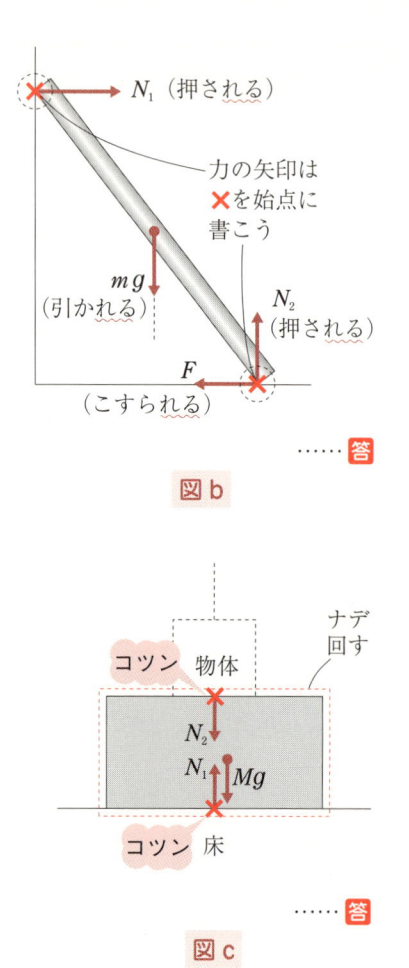

　受けはしないよ。たとえば，プロレスラーが君の頭上の天井にぶら下がっているとするよ。
　そのプロレスラーが，そっと君の頭に触れたよ。そのとき君の頭はプロレスラーの全体重を感じるかい？　感じたら首の骨はボキッ！だね。
　同じように台は物体に触れる点から押される力N_2を感じるだけなんだよ。
　このN_2は，上の物体が糸から引き上げられる力に応じて変化する。だからまず未知の数N_2と仮定しておき，N_2の具体的な値については，あとで上の物体のつりあいの式から求めるしかないのだ。

Story ② 注意すべき4つの力

力のうちで,とくに(1) **摩擦力** (2) **弾性力** (3) **水圧の力** (4) **浮力** がキミたちが苦手にしている力だね。これから,それぞれの力の攻略法のポイントを一つひとつまとめていこう。

▶(1) 摩擦力の攻略法

テストで最も狙われ,そして,キミたちが最も苦手にしているのが,この摩擦力だろう。その攻略法を伝授するぞ。

① 摩擦力の向き

摩擦力の向きは,基本的には「すべりを妨げる向き」となる。もし,判断が難しいときは,次の方法を用いて決めるといいよ。

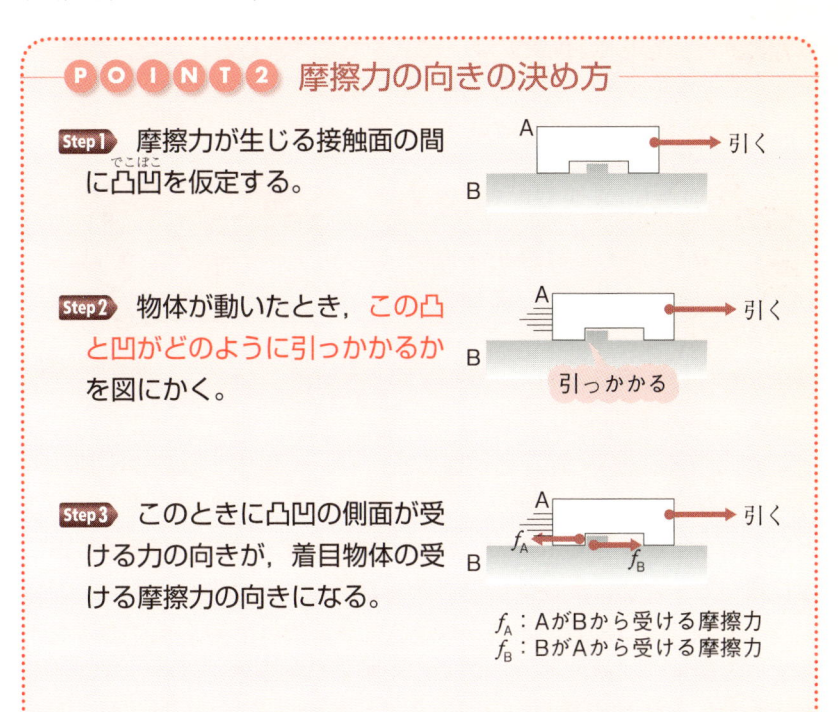

POINT 2　摩擦力の向きの決め方

Step 1 摩擦力が生じる接触面の間に凸凹を仮定する。

Step 2 物体が動いたとき,この凸と凹がどのように引っかかるかを図にかく。

引っかかる

Step 3 このときに凸凹の側面が受ける力の向きが,着目物体の受ける摩擦力の向きになる。

f_A:AがBから受ける摩擦力
f_B:BがAから受ける摩擦力

第4章 力のつり合い

② 摩擦力の大きさ

「セリフ」に応じて究極の3タイプを判定せよ。

物体を粗い面の上に置いて，引く力の大きさfをだんだんと大きくしていくと，床から受ける摩擦力の大きさFは次の3段階で変化する。

(i) 物体が「びくともしない」とき

⇒ 静止摩擦力　$F=f$
　　　　　　　左右の力のつり合いより

たとえば，引く力$f=1$のときは摩擦力$F=1$で，$f=2$にすると$F=2$となるように，引く力fを強くすると摩擦力Fも強くなるので，Fの値は**不定**。よって，Fの値は**とりあえず未知数Fと仮定**しておいて，あとで式を立てて求めるしかないのだ。

(ii) 物体が「すべる直前」のとき

⇒ 最大(静止)摩擦力$F=\mu \times N$

ここでμ(ミュー)は静止摩擦係数といい，静止物体が感じる面のザラザラ度合いを表す定数である。Nは床から受ける垂直抗力だ。

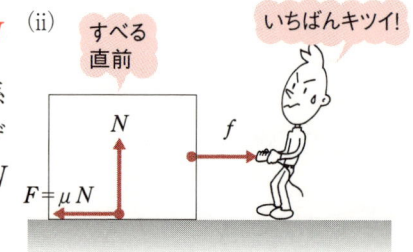

この式のイメージは，「面が粗く(μ→大)，物体と床が強く押しつけ合う(N→大)ほど，動かすのに大きな力$F=\mu \times N$が必要」というとてもナットクできるものだ。たとえば，**おすもうさんがおろし金の上に乗っていたら，動かすのはメチャクチャ大変**だよね。

ここで大切なことは，$F=\mu \times N$とできるのは，あくまでもズルッとすべる**直前**の状態という，**ごくごく限られた場合だけ**ということだ。摩擦力というと，何でもかんでも条件反射的に$F=\mu \times N$とやる人が多いよ。とっても危険だ！

(iii) 物体が「もうすべっている」とき

⇒ 動摩擦力　$F = \mu' \times N$

ここでμ'は動摩擦係数といい，動く物体の感じる面のザラザラ度合いを表す定数である。

じつはこの動摩擦力の大きさFはすべる速さによらないんだ。よく，カウボーイ映画でロープにつながれて，馬でザザザーと引かれるシーンがあるけど，動摩擦力で考えると，ジワジワとゆっくり引こうが，ザザザーと速く引こうが同じことになるんだよ。

あの〜，いまさらながら，ソボクなギモンですが，どうしてμとμ'という2つも摩擦係数が必要なんですか？

鋭い質問だね。キミが重い机を引きずるイメージで考えてみよう。

重い机もいったん引きずってしまえば，意外と軽く引きずれちゃうでしょ。

一般に，静止している物体が感じる面のザラザラ度合よりも，動いている物体が感じる面のザラザラ度合いの方が小さく，$\mu' < \mu$なので，μ'とμはキッチリ区別する必要があるんだ。

POINT 3　摩擦力の大きさの決め方

「セリフ」にあわせて，究極の3択をせよ。
　(i)　「びくともしない」；静止摩擦力　F（未知数）
　(ii)　「すべる直前」；最大静止摩擦力　$\mu \times N$
　(iii)　「もうすべっている」；動摩擦力　$\mu' \times N$

注　「すべり出した」「すべり始めた」というのも，(ii)の「すべる直前」に入る。

第4章　力のつり合い

▶(2) 弾性力は，ばねに「セリフ」を言わせよ

　伸び縮みしたばねが，もとの長さ（自然長）に戻ろうとしてはたらく力が弾性力だ。
　ばねの弾性力の大きさF〔N〕は，ばねの伸び縮みの大きさx〔m〕に比例する。これをフックの法則という。

$$F = k \times x$$

　このとき，この比例定数k〔N/m〕をばね定数とよぶ。ばね定数とは，ばねを1m伸ばしたり縮めたりするのに要する力だよ。よって，kが大きいばねほど硬いばねとなるね。
　ここで，問題だ。次のすべてのばねとおもりは，それぞれ同一のものとする。このとき，ばねの伸びが大きいのは次の(A)と(B)のどっち？

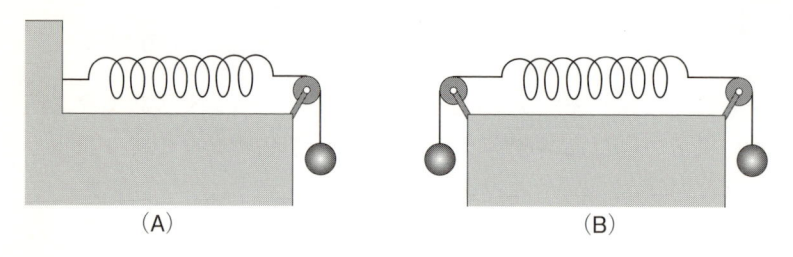

(A)　　　　　　　　　　　(B)

う～ん。(B)のほうが2つのおもりで引かれているから，2倍の伸びになっているのかなあ～。

　一見そう見えるよね。でもあくまでも基本に忠実に力を書いてごらん。それぞれのばねの伸びをx_A，x_Bと仮定することが大切だよ。

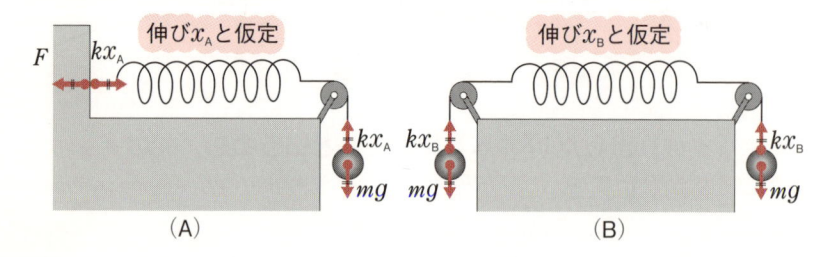

伸びx_Aと仮定　　　　　伸びx_Bと仮定

F　kx_A　　　　　　　　　　　　　　　　　　　kx_B
　　　　　　　　　kx_A　kx_B　　　　　　　　　　kx_B
　　　　　　　　　mg　mg　　　　　　　　　　mg

(A)　　　　　　　　　　　(B)

そして，次に，おもりに注目して力のつり合いを考えると，

　　(A)のおもり　　$kx_A = mg$

　　(B)のおもり（どちらでもよい）　　$kx_B = mg$

よって，$x_A = x_B$ となるのだ。よって，(A)と(B)のばねはどちらも同じ伸びなのだ。ちょっと引っかけ問題だったかな。

> ウーン，それでもやっぱり(B)のほうが両側から引いているから，伸びが大きくなるように思えるなあ。

じゃあ，こう考えたらどうだろう。つまり「(A)の壁と(B)の左側のおもりは同じ役目をしているのだ」と。(A)の壁のつけ根の力のつり合いの式は，$F = kx_A = mg$ となって，mg と同じ力をばねに与えているだろう。

弾性力で大切なのは，**ばねを見たら伸び縮みを未知数 x として仮定**して，そのばねについている物体に関する式を立てて，仮定した x の値を求めるというやり方なんだ。

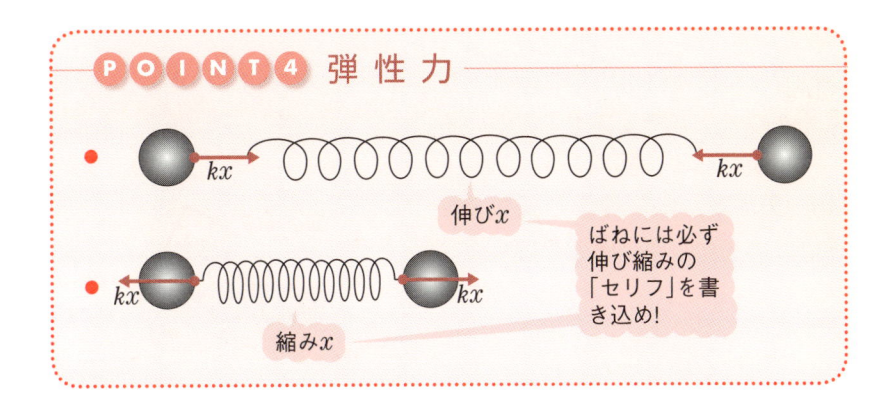

POINT 4　弾性力

- kx　　伸び x　　kx

- kx　　縮み x　　kx

ばねには必ず伸び縮みの「セリフ」を書き込め！

第4章　力のつり合い

▶(3) **力の分解法**

　物体にはたらく力を書き込んだら，他の力と平行や垂直でない力は分解する。その力の分解のコツをつかもう。図3でx軸との間にはさむ角θをもつ力Fを，x，y方向の力F_x，F_yに分解することを考える。大切なのはFの矢印の先から，x，y軸に垂線を下ろすことだ。すると，図3の右側のような直角三角形が見えてくるはずだ。

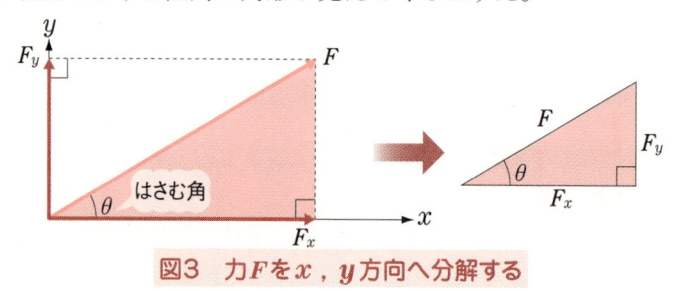

図3　力Fをx，y方向へ分解する

　ここで，三角比の定義から$\cos\theta = \dfrac{F_x}{F}$，$\sin\theta = \dfrac{F_y}{F}$。

　よって，$F_x = F\cos\theta$，$F_y = F\sin\theta$と求まる。ポイントは「**Fとθをはさみ合う成分F_xを求めるには$\cos\theta$を掛ける**」ということで **はさむと$\cos\theta$** と覚えてほしい。

　最もひんぱんに出てくるのは，傾きθをもつ斜面上での重力の分解。よくθのとり方でミスする人がいる。

　コツがあるよ。図4のように，mgの矢印と，水平線を延長して灰色で塗った**直角三角形をつくる**んだ。

　すると，図のように，$(90°-\theta)$という角度が見えてくるね。すると，図の●の角度がθということになるよ。これで，ミスは激減するはずだよ。

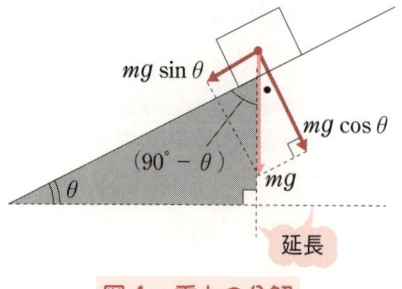

図4　重力の分解

チェック問題 2 弾性力と摩擦力　標準 10分

(1) 図1で，ばねはすべて自然長であった。図2のように，点Qを d だけ引くとき，点Pの動く距離 x はいくらになるか。

図1　ばね定数 k　ばね定数 $2k$

図2　P,Qは水平面上にある

(2) 図3で，物体と斜面との静止摩擦係数を μ とする。

(a) 張力 $T=0$ のとき，静止している物体が斜面から受ける摩擦力の大きさ F はいくらか。

(b) 糸の張力を $T=T_1$ にすると，おもりはすべり始めた。T_1 を求めよ。

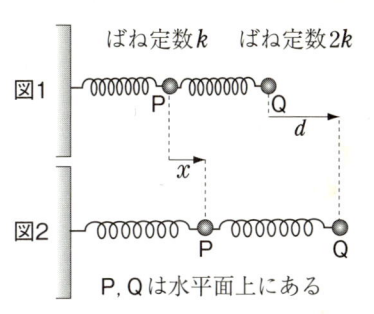

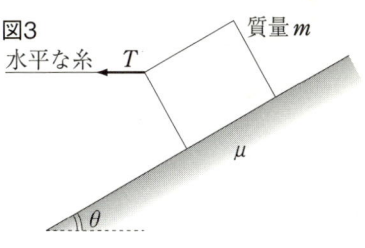

図3　水平な糸　質量 m

解説　着目物体に力を書き込み，力のつり合いの式を立てて解く。

(1) ばねには伸び縮みの「セリフ」を仮定するんだったね。(p.43)

伸び x　伸び $d-x$

kx　$2k(d-x)$

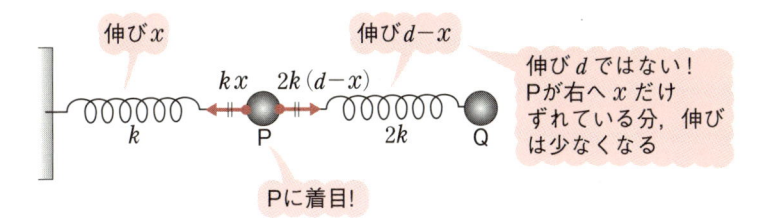

伸び d ではない！Pが右へ x だけずれている分，伸びは少なくなる

Pに着目！

図でPの力のつり合いより，

$kx = 2k(d-x)$　　したがって，$x = \dfrac{2}{3}d$ ……**答**

(2) (a)

ウ～ン。静止摩擦係数が μ ということだから，摩擦力の大きさは，$F = \mu N = \mu mg \cos\theta$ かな？

第4章　力のつり合い

ドッカ～ン！　ものの見事に落とし穴にはまってくれたね。摩擦力といえば，まず，「3つのセリフの判定」だ。問題文に何て書いてある？

> 「静止している」とある。あ！　そうか。「すべる直前」ではないね。まだ p.40 での「びくともしない」だ。

気付いたね。すると，最大静止摩擦力ではなくて，静止摩擦力だから，未知数 F としか仮定できないでしょ。

図aのように力を書き，重力を斜面と平行な x 方向，垂直な y 方向に分解。x 方向の力のつり合いから，

$F = mg \sin\theta$ ……答

と求めるのが正解。

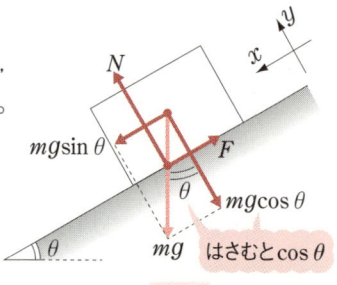

はさむと $\cos\theta$

図a

(b)　今度こそは，「すべり始めた」とあるので最大静止摩擦力だね。じゃあ，力を書き込んで，最大静止摩擦力の大きさを求めてみてね。

> よっしゃ～！　今度こそ
> $\mu N = \mu mg \cos\theta$ で～す。

何がで～すじゃ！　$N = mg \cos\theta$ と思い込んでるな。図bをよく見てごらん！

とくに y 方向の力のつり合いの式は，

$T_1 \sin\theta + N = mg \cos\theta$

となり，

$N = mg \cos\theta - T_1 \sin\theta$　だぞ。

この式を x 方向の力のつり合いの式

$T_1 \cos\theta + mg \sin\theta = \mu N$

の式に代入して，

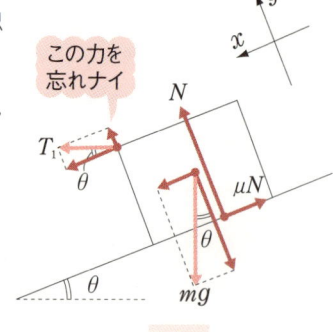

$T_1 \cos\theta + mg \sin\theta = \mu(mg \cos\theta - T_1 \sin\theta)$

T_1 について解くと，

$T_1 = \dfrac{\mu \cos\theta - \sin\theta}{\cos\theta + \mu \sin\theta} mg$ ……答

この力を忘れナイ

図b

▶(4) 水圧の考え方

　水圧とは水が，大気圧とは大気が，その中で面1m²あたりを押す力のことで，単位は〔N/m²〕（ニュートン毎平方メートル）だ。

　いま，大気圧P_0〔N/m²〕の大気の下で，水深d〔m〕の場所における水圧P〔N/m²〕がいくらになるのかを求めてみよう。ただし，水の密度（1m³あたりの質量）は$\rho_水$（ロー）〔kg/m³〕とする。

　ここで最大のポイントは，図5のように，断面積1m²を底面にもつ，水面から深さd〔m〕までの「水の柱」を書くことだ。

　この「水の柱」が底面1m²を押す力が求める水圧Pとなる。このPは図5より次の❶と❷の力を足したものになる。

❶　大気圧が「水の柱」の水面1m²を押す力

　これは大気圧の定義そのものなので，この力はP_0〔N〕となる。

❷　底面1m²を押す「水の柱」の重力

　まず，「水の柱」の体積は1m²（底面積）×d〔m〕（高さ）=d〔m³〕となる。

　次に「水の柱」の質量は$\rho_水$〔kg/m³〕（水の密度）×d〔m³〕（体積）=$\rho_水 d$〔kg〕である。

　よって「水の柱」の重力は$\rho_水 d$（質量）$\times g = \rho_水 dg$〔N〕となる。

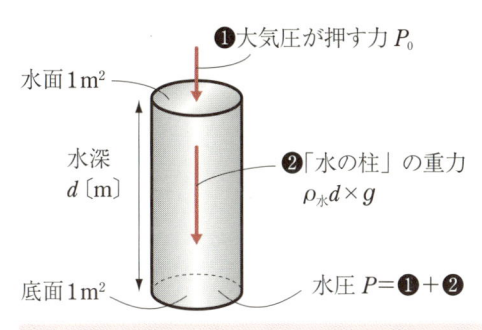

図5　水圧ときたら1m²の「水の柱」を書こう

（図：❶大気圧が押す力P_0，水面1m²，水深d〔m〕，❷「水の柱」の重力$\rho_水 d \times g$，底面1m²，水圧P=❶+❷）

図5のように以上の❶と❷の力を足して，

$$水圧 P = \underbrace{P_0}_{\text{❶の力}} + \underbrace{\rho_水 dg}_{\text{❷の力}}$$

> **POINT 5　水圧の公式**
>
> 水圧 $P = $ 大気圧 $P_0 + \underbrace{\rho_水 dg}_{\text{1m}^2\text{の断面積で深さ}d\text{の「水の柱」の重力}}$
>
> （この式を覚えてはいけない。図5を書いていちいち導くこと）

▶(5) **浮力もこれでバッチリ**

　液体中や気体中にある物体は，液体や気体から圧力を受けている。物体の各面が受ける力をすべて足し合わせると，結局，上向きの力が残る。この力を<u>浮力</u>という。この浮力も，<u>公式を導く過程</u>が大切だぞ。

　図6のように，大気圧 $P_0 [\text{N/m}^2]$ の下の密度 $\rho_水 [\text{kg/m}^3]$ の水中に沈めた，断面積 $S [\text{m}^2]$，高さ $h [\text{m}]$ の箱にはたらく浮力 $F [\text{N}]$ を導いてみよう。

大気圧 P_0
密度 $\rho_水$
深さ d
上面が受ける力 F_1
高さ h
下面が受ける力 F_2
断面積 S

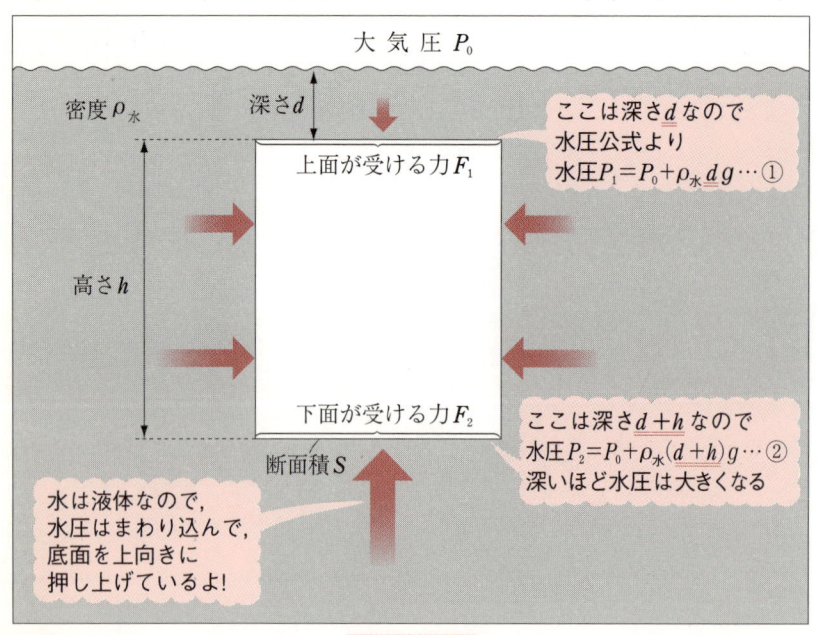

ここは深さ d なので
水圧公式より
水圧 $P_1 = P_0 + \rho_水 dg$ …①

ここは深さ $d+h$ なので
水圧 $P_2 = P_0 + \rho_水 (d+h)g$ …②
深いほど水圧は大きくなる

水は液体なので，水圧はまわり込んで，底面を上向きに押し上げているよ！

図6　浮力

図6で，箱の上面S〔m^2〕が水圧P_1〔N/m^2〕によって下向きに押される力$F_1=P_1\times S$〔N〕と，箱の下面S〔m^2〕が水圧P_2〔N/m^2〕によって上向きに押し上げられる力$F_2=P_2\times S$〔N〕を比べると，F_2の方が強い。よって，全体としては上向きの力

$$F=F_2-F_1$$
$$=P_2S-P_1S$$

が残る。この力Fのことを浮力という。

ここでP_1とP_2には図6の①，②式を代入して，

$$F=\{P_0+\rho_水(d+h)g\}S-(P_0+\rho_水dg)S$$
$$=\rho_水\times hS\times g$$

> 大気圧P_0の押す力どうしは，相殺して消えている。つまり，浮力は，大気圧P_0にはよらないのだ。

最後に，この直方体の体積$V=hS$〔m^3〕を用いて，

$$\boxed{浮力\quad F=\rho_水Vg}$$

> ここまで自力で導けるように！

ちなみに，この式の中の$\rho_水\times V$は何を表すかな？

（水の密度）×（箱の体積）　そう！　箱が押しのけた水の質量。

そのとおり。浮力は箱が押しのけた液体にかかる重力と同じ大きさだね。これを**アルキメデスの原理**という。たとえば，**満タンのおふろに，おすもうさんが入って，お湯200〔kg〕が押しのけられてあふれ出せば，その体には$200\times g$〔N〕の浮力がはたらく**というカンタンなルールだ。

POINT 6　浮力の公式（アルキメデスの原理）

アルキメデスの原理

$$浮力\ F=\underline{\rho_水V}\times g$$

　　物体が押しのけた液体の質量

注　浮力は大気圧P_0にはよらない。

チェック問題 3 　水圧と浮力　　標準 6分

右図のように，底面積 S で高さ h の箱が，密度 $\rho_\text{水}$ の水中にその下側 $\dfrac{h}{3}$ の高さだけ水に入った状態で浮かんでいる。

(1) この箱の質量 m を $\rho_\text{水}$, h, S で表せ。

(2) ここで，この箱の下に質量 M, 体積 V のおもりを軽い細いひもでつり下げるとき箱がさらに沈む距離 x を M, V, $\rho_\text{水}$, S で表せ。ただし，箱はすべて沈んでしまわないものとする。

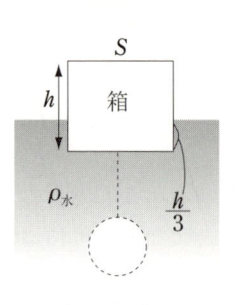

解説 (1) 箱に着目して力を書き込む。図aでアルキメデスの原理より，箱は水を体積 $\dfrac{h}{3}S$ だけ押しのけているので，浮力の大きさは，$\rho_\text{水}\dfrac{h}{3}S \times g$ となる。重力と浮力の力のつり合いの式より，

$$mg = \rho_\text{水}\dfrac{h}{3}Sg \cdots ① \quad \therefore \quad m = \dfrac{1}{3}\rho_\text{水}hS \quad \text{……答}$$

図a：浮力 $\rho_\text{水}\dfrac{h}{3}Sg$，$mg$

(2) 箱とおもり全体に着目して力を書き込む。図bでアルキメデスの原理より，箱とおもりを合わせて体積 $\left(\dfrac{h}{3}+x\right)S+V$ だけ水を押しのけているので，浮力の合計は，

$$\rho_\text{水}\left\{\left(\dfrac{h}{3}+x\right)S+V\right\}g \quad \text{となる。}$$

箱とおもり全体に着目した力のつり合いの式より，

$$mg+Mg=\rho_\text{水}\left\{\left(\dfrac{h}{3}+x\right)S+V\right\}g$$

よって，$x = \dfrac{M}{\rho_\text{水}S} - \dfrac{V}{S}$　（①式を代入した）……答

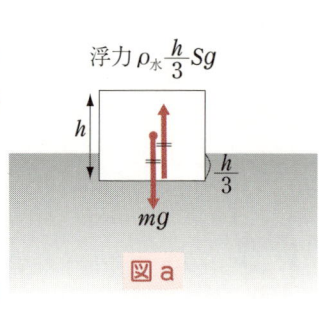

図b：浮力 $\rho_\text{水}\left(\dfrac{h}{3}+x\right)Sg$，$mg$，浮力 $\rho_\text{水}Vg$，Mg

全体に着目しているので，糸の張力は考えなくてよい

● 第4章 ●
まとめ

1 物体が受ける力の書き込み方3ステップ（**ナデ・コツ・ジュー**）
　① **着目物体**
　② **ナデ回して接触力**
　③ **重力**

2 とくに注意すべき4つの力
　① 摩擦力
　　　　向き；すべりを妨げる向き
　　　　　　（凸と凹の引っかかり方で決めよう）
　　　　大きさ；「セリフ」に応じて3タイプ
　　　(i) 「**びくともしない**」
　　　　　　→静止摩擦力　F（未知数）
　　　(ii) 「**すべる直前**」「すべり始めた」「すべり出した」
　　　　　　→最大静止摩擦力　$F=\mu \times N$
　　　(iii) 「**もうすべっている**」（$\mu' < \mu$）
　　　　　　→動摩擦力　$F=\mu' \times N$
　② 弾性力…伸び x，縮み x の「セリフ」を必ず書き込む。
　③ 水圧 $P=P_0+\rho_水 dg$　（深いほど強くなる）　｝自力で導け
　④ 浮力 $F=$（物体が押しのけた液体の質量）$\times g$　　るように

力の書き込みが力学の基本作業だ。

第4章　力のつり合い

第5章 運動方程式

重いほど動きは鈍い

軽いほど加速が良い

▲運動方程式とは日常の経験を式にしたものにすぎない

Story ① 運動の法則

▶(1) 慣性の法則って何？

　水平面をすべっている物体を考えてみよう。もし，ある瞬間の小物体の速度がv_0だったとき，その後の物体の速度は，水平面の状態によって変わってくるね。もし，水平面がアスファルトの道路のようにザラザラしていたら，その後の物体の速さはどうなっていくかな？

> だんだんと遅くなって，やがて静止してしまいます。

　そうだね。それは，物体が水平面から動摩擦力を進行方向と逆向きに受けるからだね。この摩擦力がブレーキの原因だね。
　じゃあ，もし，水平面が，スケートリンクのように，摩擦力のはたらかないなめらかな面だったら，物体の速度v_0はどうなる？

> うーん。摩擦力を受けていないから，そう，速度v_0のまま，スーとすべっていくと思います。

52　物理基礎の力学

まさにそうだ。このように，物体が力を受けない，または，受けていても，つり合っていて打ち消し合っているとき，物体は，その速度を（速度0の静止状態を含めて）保つ。これを**慣性の法則**という。

図1　力を受けなければ等速度運動を続ける

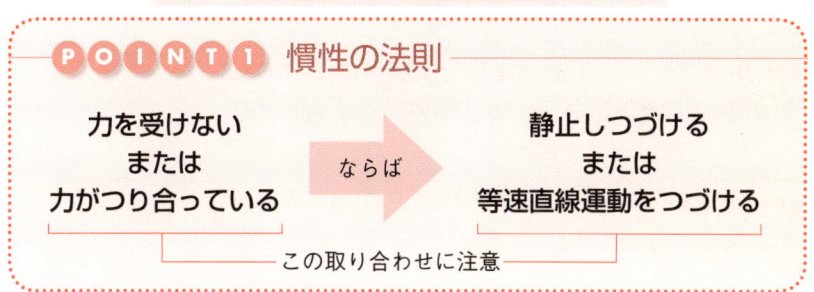

POINT1　慣性の法則

力を受けない
または
力がつり合っている

ならば

静止しつづける
または
等速直線運動をつづける

この取り合わせに注意

▶(2)　運動の法則って何？

(1)では，力を受けないときの法則を見てきたね。今度は，物体が力を受けるときの法則を見ていこう。**図2**のように，水平面上になめらかに動く質量 m 〔kg〕の台車が止まっている。いま，この台車に右向きの一定の大きさ F の力を加えつづける。すると，この台車の速度 v 〔m/s〕はどうなっていくかな？

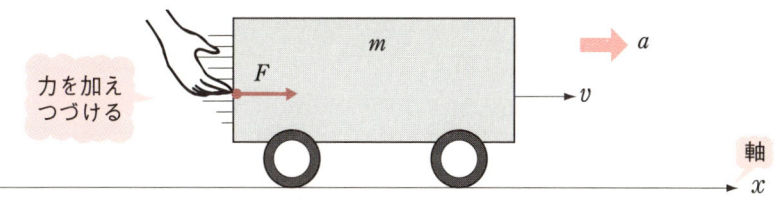

図2　力を受けると加速度が生じる

右向きに動き出してグングン速度 v は増えていくぞ〜

第5章　運動方程式

いいイメージだね。単に右に動くことだけじゃなくて，その**速度vが増加**していくことまでちゃんと見てる。つまり，加速度a〔m/s²〕（＝1秒あたりの速度v〔m/s〕の変化）が生じていることになるね。

物体に生じる加速度aは，物体が受ける力Fと物体の質量mによって決まる。実験をしてみると，次の①，②，③の３つの事実が分かるんだ。これを**運動の法則**という。

① 力$\vec{F}$を加えた向きに加速度$\vec{a}$は生じる。
（右向きに力を加えたのに上向きに動き出したらコワイでしょ）

② 加速度の大きさaは力の大きさFに比例する。
（力を強く加えるほど，よく加速しますね）

③ 加速度の大きさaは質量mに反比例する。
（重いほど加速は鈍くなるね）

> すべて日常で経験しているあたりまえのことだね

▶(3) **運動方程式が出てきたぞ！**

(2)で見た運動の法則①，②，③を１つの式にまとめると，次のようになるね。

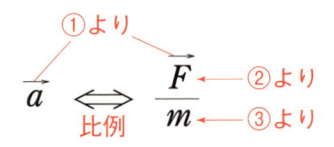

$$\vec{a} \underset{比例}{\Longleftrightarrow} \frac{\vec{F}}{m}$$

（①より，$\vec{F}$←②より，m←③より）

いつも，いちいち$\underset{比例}{\Longleftrightarrow}$の記号を使うのはめんどうだね。そこで，次のように力の単位を約束するよ。

$m=1$kgの物体に$a=1$m/s²の加速度を生じさせる力の大きさを$F=1$N（ニュートン）とする。

すると，すべてが1にそろうので，左ページの式の⟺（比例）は＝（イコール）となるね。つまり，$\vec{a} = \dfrac{\vec{F}}{m}$　よって，$m \times \vec{a} = \vec{F}$ が出てきた。

> **POINT 2　運動方程式**
>
> $$m \times \vec{a} = \vec{F}$$
>
> （質量が大きいほど加速は鈍くなり，力を強めるほど加速度は増すということ）

> 次からは，「力学」の学習のヤマ場である"運動方程式の具体的な立て方"について勉強していくよ。楽しみだね〜！

第5章　運動方程式

Story ❷ 運動方程式の立て方

▶(1) 運動方程式の立て方

　物体が受ける力を「ナデ・コツ・ジュー」(p.36)と書き終えたとき，物体がある方向に加速度をもっていたら，その方向の運動方程式を立てよう。運動方程式を立てる手順は，次のようにまとめられる。

POINT ❸　運動方程式の立て方

Step 1 運動をイメージして加速度 $\vec{a}$ の矢印を書き込む。

　この加速度 a は原則として〔慣性力(p.175)や遠心力(p.191)を用いないとき〕，大地や床から見たものを用いる。

　とくに，箱内の物体や台上の加速度を書くときには「対大地」を強く意識してほしい。

Step 1　上向きにグングン加速しているな!

Step 2 加速度と同じ向きに x 軸，それと垂直な方向に y 軸を立てる。

　そして，軸と斜めの力は x，y 方向に分解する。

　各方向ごとに完全に独立して分けることが大切なのだ。右の例では，重力 mg を分解することになるね。

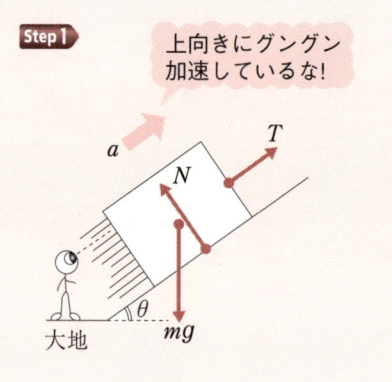

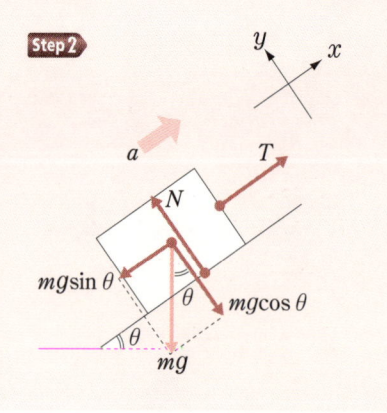

Step 3 x 軸方向には運動方程式を，y 軸方向には力のつり合いの式を立てる。

運動方程式の右辺の力の符号がポイント。
加速度と同じ向きの力は加速度を増すので正の力，逆向きの力は加速度を減らすので負の力とするのだ。

Step 3
x 軸方向の運動方程式
$$ma = +T - mg\sin\theta$$

$\vec{a}$ と同じ向きの力は正の力
$\vec{a}$ と逆向きの力は負の力

y 軸方向の力のつり合いの式
$$N = mg\cos\theta$$

念のため，もう一度，運動方程式を立てる上で，陥りやすい「3つの落とし穴」をまとめておこう。

POINT 4 運動方程式 $m\vec{a} = \vec{F}$ の3つの落とし穴

- m には，着目している物体のみの質量を書くこと。
  （とくに，上に物体が乗っていたり，2物体全体に着目するとき，要注意）

- $\vec{a}$ は，原則として大地（床）から見た加速度を用いること。
  （とくに，箱内や台上にある物体の加速度のとき注意）

- $\vec{F}$ には，$\vec{a}$ と同じ向きのとき正の符号，逆向きのときは負の符号をつけて足し合わせる。
  （加速度を増す力は正，減らす力は負とイメージしよう）

第5章　運動方程式

▶(2) 運動方程式の例

① 重力加速度 g

落体の運動(p.28)で見てきたように，重力のみを受ける物体は，どんな質量 m をもっていようとも，どんな飛び方をしていようとも，必ず鉛直下向きに加速度 g をもっていたね。これを証明してみよう。

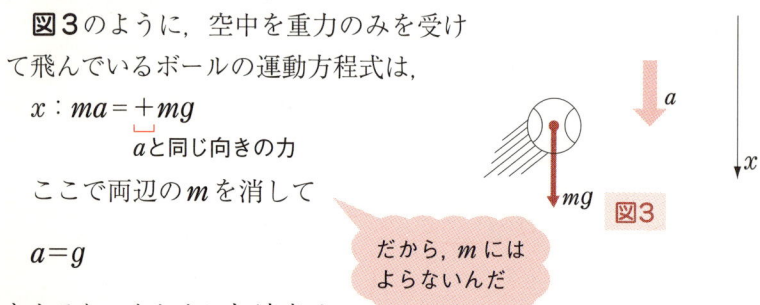

図3のように，空中を重力のみを受けて飛んでいるボールの運動方程式は，

$x : ma = +mg$
　　　　　↑
　　　a と同じ向きの力

ここで両辺の m を消して

$a = g$

となるね。たしかに加速度は，必ず g となるね。

（だから，m にはよらないんだ）

② 軽い糸の両端の張力

まず，質量 m の糸の両端に，図4のような張力 T_1，T_2 がはたらいている状態を考えよう。このとき，右向きに加速度 a が生じるとし，糸に着目して，運動方程式を立ててみよう。

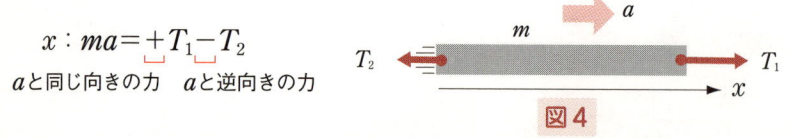

$x : ma = +T_1 - T_2$
　　　　　↑　　　↑
　a と同じ向きの力　a と逆向きの力

この式で糸が軽い（$m=0$）とすると，T_1 と T_2 の関係はどうなるかな？

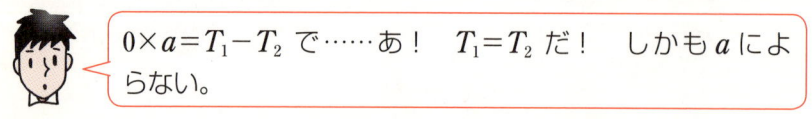

（$0 \times a = T_1 - T_2$ で……あ！　$T_1 = T_2$ だ！　しかも a によらない。）

そうだ。だから，軽い糸の両端の張力は，いつでも a によらず，必ず等しいんだ。

このことは，次の チェック問題❶ でも使っていくよ。

チェック問題 1　運動方程式の立て方　標準 10分

右の図のように，傾き θ が自由に変えられる板の上に質量 M の物体Aを乗せ，軽い糸でなめらかな滑車を通し質量 m のおもりBをつるした。物体Aと斜面との静止摩擦係数を μ_0，動摩擦係数を μ として，次の問いに答えよ。

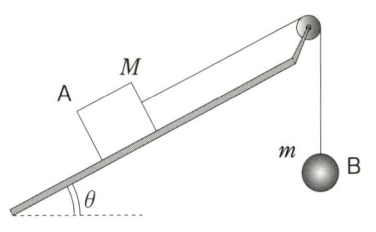

(1) $\theta=0$ つまり板を水平としたとき，Bは下降した。その加速度の大きさ a_1 を求めよ。

(2) $\theta=\theta_1$ のとき，Aが斜面下方へすべり始めた。μ_0 を求めよ。

(3) $\theta>\theta_1$ のときのBの上昇加速度の大きさ a_2 を求めよ。

解説　(1) 図aで，糸は軽いので，両端の張力 T は等しい。

Aは「もうすべっている」(p.41)ので，動摩擦力 μN を受ける。

《運動方程式の立て方》(p.56)で，

Step 1　Aは右向き，Bは下向きの同じ大きさ a_1 の加速度をもつ。

Step 2　図のように軸を立てる。

Step 3　Aについて，

　x：運動方程式：$Ma_1=+T-\mu N$ …①

　y：力のつり合いの式：$N=Mg$ …②

Bについて，

　X：運動方程式 $ma_1=+mg-T$ …③

①+③より，（T を消すためのおきまりの式変形♪）

　$(M+m)a_1=mg-\mu N$

②を代入して，a_1 について解くと，

　$a_1=\dfrac{m-\mu M}{M+m}g$ ……**答**

必ず等しい

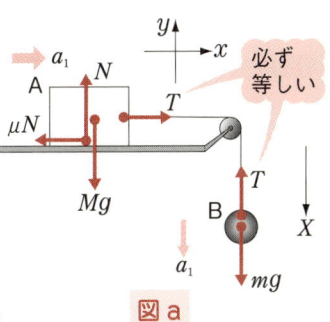

a_1 と同じ向きの力は正，逆向きの力は負

図a

• ナットクイメージ •

$m \Rightarrow \infty$ にもっていくと，
$a_1 \Rightarrow g$
つまり，
Bの自由落下に近づく

第5章　運動方程式

(2) 図bのように，力を書く。Aは「すべる直前」(p.41)なので，斜面上向きに最大静止摩擦力 $\mu_0 N$ を受ける。

まだかろうじて静止しているので，各方向ごとの力のつり合いの式より，
Aについて，
$x : T + \mu_0 N = Mg \sin\theta_1 \cdots$ ④
$y : N = Mg \cos\theta_1 \cdots$ ⑤
Bについて，
$X : T = mg \cdots$ ⑥

⑤，⑥を④に代入して，
$mg + \mu_0 Mg \cos\theta_1 = Mg \sin\theta_1$

よって，$\mu_0 = \tan\theta_1 - \dfrac{m}{M\cos\theta_1}$ ……**答**

図b

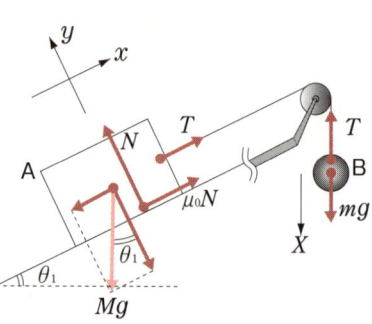

(3) 図cで，Aは「もうすべっている」(p.41)なので，斜面上向きに動摩擦力 μN を受ける。

《運動方程式の立て方》で，

Step 1 Aは斜面下向き，Bは上向きの加速度 a_2 をもつ。

Step 2 図のように軸を立てる。

Step 3 Aについて，
　x：運動方程式：
　　$Ma_2 = +Mg\sin\theta - \mu N - T \cdots$ ⑦
　y：力のつり合いの式：$N = Mg\cos\theta \cdots$ ⑧
Bについて，
　X：運動方程式：$ma_2 = +T - mg \cdots$ ⑨

辺々⑦+⑨して，おきまり♪ ⑧を代入して，a_2 について解くと，

$a_2 = \dfrac{(\sin\theta - \mu\cos\theta)M - m}{M + m} g$ ……**答**

図c

> **チェック問題 ❷ 重ねた2物体の運動**　標準 15分
>
> なめらかな床の上に，質量 M の板Aと質量 m の物体Bが重ねて置かれている。板Aと物体Bの間は粗く，その静止摩擦係数は μ，動摩擦係数は μ' であるとする。加速度の正の向きを右向きとする。
>
> (1) 板Aを大きさ F_1 の力で右向きに引いたら，板Aと物体Bは一体となって加速度 a_1 で動いた。a_1 を求めよ。
>
> (2) 板Aを大きさ F_2 の力で右向きに引いたら，物体Bは板Aの上をすべり始めた。そのときの加速度 a_2 と F_2 を求めよ。
>
> (3) 今度は，物体Bを大きさが F_3 の力で右向きに引いたら，板Aと物体Bはそれぞれ異なる加速度 a_A，a_B で動いた。a_A，a_B をそれぞれ求めよ。

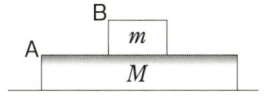

解説　このタイプの問題を苦手にしている人は多いね。大切なのは「摩擦力の向きと大きさを正しく決めること」と，「床から見たA, Bの加速度を正しく仮定できること」の2つなんだ。

(1) Aを右へ引いたときの摩擦力の向きは，図aのように，AとBの間に**凸と凹を考えて**，その側面が受ける力の向きによって判定しよう（p.39）。すると，Aは左へ，Bは右へ，摩擦力を受けることが分かるね。

次に，摩擦力の大きさだ。問題文に「一体となって動いた」とあるね。そこで「**びくともしない**」（p.41）と見て，静止摩擦力なので，未知数 f と仮定しよう。これで，摩擦力が正しく作図できた（図b）。

次は，AとBの加速度を決めるけど，Bはどちら向きの加速度をもっているかな？

第5章　運動方程式

ちょっと待って！　BはAの上で「びくともしない」から，静止で，加速度0じゃないですか。Bは力のつり合いですよ。

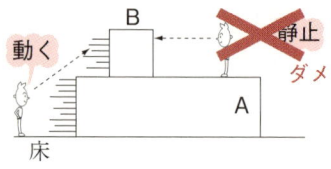

アチャー！　見事に落とし穴にはまっているよ。キミは，BをAの上から見ちゃってるね。そして，静止しているというイメージをもっているんだね。いいかい！　**あくまでも，床から見た**Bの動きを考えるんだよ。

あ！　そうすると，BはAと一体となって，同じ加速度a_1で右へ動いています。

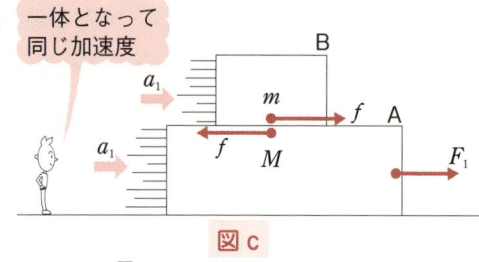

そうだ。すると，正しい加速度は，図cのように書けるね。

運動方程式は，

A：$Ma_1 = F_1 - f$ … ①
B：$ma_1 = f$ … ②

①＋②より，おきまり♪

$(M+m)a_1 = F_1$　　よって，$a_1 = \dfrac{F_1}{M+m}$ ……答

別解

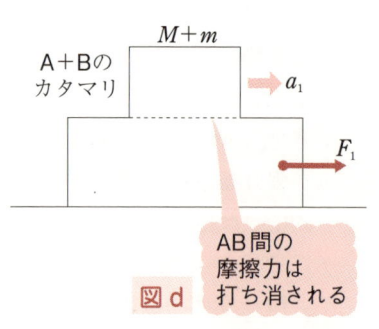

本問では，とくに，AB間の静止摩擦力については求められてはいないね。だから，一体となって動くAとB全体を，質量$M+m$のカタマリと見て，全体としての運動方程式を立ててもいいよ。全体に着目すると，AB間の摩擦力は必ず作用・反作用の法則で打ち消されるので，図dのように，水平方向はF_1のみになる。運動方程式は，

A＋B全体：$(M+m)a_1 = F_1$

よって，$a_1 = \dfrac{F_1}{M+m}$ ……答　ととってもカンタンに計算できるね。

(2) Bは，Aの上を「すべり始めた」とあるけど，「すべり始めた」というのは，「すべる直前」かな？　それとも「もうすべっている」？

> う～ん，「すべり始めた」と，過去形になっているから，「もうすべっている」んじゃないの？

ブブー！　そこが，物理の問題文独特の読み取り方なんだ。あくまでも「すべり始めた」の「始め」に注目して，ギリギリ直前と見るんだ。要は，すべるすべらないの境界に近い言い回しは，すべて「すべる直前」とするんだ。「疑わしきは罰せず」ならぬ「疑わしきは『すべる直前』」と考えてほしい。

すると，本問では，最大静止摩擦力 $f = \mu N = \mu mg$（$N = mg$ より）がAB間にはたらいていることになるね。その力の向きは，(1)で見た図a・図bと全く同じやり方で決めればいいね。

次は，AとBの加速度を決めるけれど，Bは，どちら向きの加速度をもっているかい？

> 床から見るんでしたね。そして「すべる直前」だから，かろうじてBは，Aと一体となって右へ加速度もっているぞ。

スバラシイ！　そう！　Bは，図eのように右へ，Aと同じ加速度をもっているよ。だって，まだすべる直前だもんね。

以上より，A, Bの運動方程式は，

A：$Ma_2 = F_2 - \mu mg$ …③

B：$ma_2 = \mu mg$ …④

④より，$a_2 = \mu g$ …⑤　……答

⑤を③に代入して，

$M\mu g = F_2 - \mu mg$

よって，$F_2 = \mu(m + M)g$ ……答

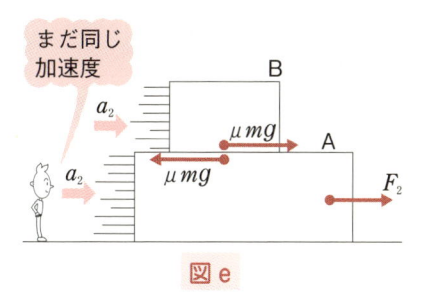

図e

まだ同じ加速度

③と④は，a_2 と F_2 の2つの未知数の連立方程式とみよう

(3) 今度はBを引く。すると，摩擦力の向きと大きさはどうするかな？

> ハイ！　AとBの間は「もうすべっている」ので，動摩擦力 $\mu'N = \mu'mg$ です。その向きは，**図f**のように凹凸で考えます。

もうコツはつかんだようだね。摩擦力の大きさは「**3つのセリフ**」(p.41)で判定し，向きは「**凸凹の引っかかり**」(p.39)で決める。これが摩擦力攻略の2本柱だね。

さて，A，Bの加速度は床から見て，それぞれ右へ a_A, a_B となるので，**図g**より，運動方程式は，

A：$Ma_A = \mu'mg$
B：$ma_B = F_3 - \mu'mg$

よって，$a_A = \mu'\dfrac{m}{M}g$ ……**答**

$a_B = \dfrac{F_3}{m} - \mu'g$ ……**答**

図f

図g

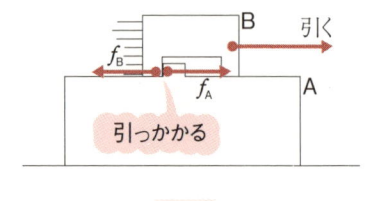

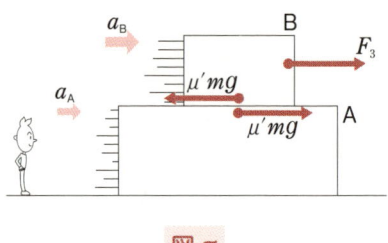

本問には，運動方程式と摩擦力の重要ポイントがすべてつまっているので，くり返し解いて完全にマスターしてほしい！！！

> 「運動方程式」を立てるには問題文をしっかり読んで大地（床）から見た加速度を正しくとらえることが必要だ。

物理基礎の力学

● 第5章 ●
ま と め

1 慣性の法則
合力＝0のとき，静止しつづける，または，**一定速度**を保つ。

2 運動方程式の意味
$$\vec{a} = \frac{\vec{F}}{m} \quad \text{よって，} \quad m\vec{a} = \vec{F}$$
（①　②　③）

① 力$\vec{F}$を加えた向きに加速度$\vec{a}$は生じる。
② 力の大きさ$\vec{F}$が大きいほど，加速度$\vec{a}$は大きくなる。
③ 質量mが大きいほど，加速度$\vec{a}$は小さくなる。

3 運動方程式の立て方
① 加速度$\vec{a}$の向きの決定
② $\vec{a}$と同じ方向にx軸，垂直方向にy軸，力の分解
③ x方向には運動方程式，y方向には力のつり合いの式

4 運動方程式の3つの落とし穴
$$m \times \vec{a} = \vec{F}$$
（①　②　③）

① mには，着目物体のみの質量。
② $\vec{a}$は，原則として**大地（や床）から見た**加速度。
③ $\vec{a}$と**同じ**向きの力には**正**の符号，**逆**向きの力には**負**の符号をつける。

これまでの5つの章は，ある1つのストーリーにまとめることができるんだ。それを次の章で見ていくよ。楽しみだね。

第6章 運動方程式の応用

手順に忠実,忠実

▲手順に忠実にしたがおう

Story ① 等加速度運動の予言法

じつは,これまでの章で力学の大きなストーリーが完成したんだ。

POINT 1 等加速度運動の予言法

Step 1 力の書き込み「ナデ・コツ・ジュー」(p.36)
Step 2 運動方程式を立てる (p.56)。そして,加速度 $\vec{a}$ を求める。
Step 3 座標軸を立て 超大切 ,等加速度運動の「3点セット」
(初期位置 x_0, 初速度 v_0, 加速度 a)を表にする(p.21)。
Step 4 等加速度運動の3公式(p.20)で,t 秒後の速度 v と座標 x を求める。

v と t の関係を問う → 〔公式㋐〕 $v = v_0 + at$

x と t の関係を問う → 〔公式㋑〕 $x = x_0 + v_0 t + \dfrac{1}{2}at^2$

v と x の関係を問う → 〔公式㋒〕 $v^2 - v_0^2 = 2a(x - x_0)$

物理基礎の力学

ということは，結局，なんと！

> 力さえ書ければ，運動の未来を予言できる！

ということになる。本章では，この《等加速度運動の予言法》の手順に忠実にしたがって，問題をどんどん解いていこう。

チェック問題 ① なめらかな斜面上の往復運動　標準 **7**分

傾き θ の斜面上の点Oから，質量 m の小物体を，斜面上向きに初速度 v_1 ですべり上がらせる。斜面はなめらかなものとする。

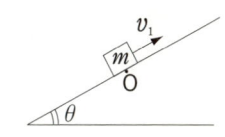

(1) 運動を開始してから，物体の達する最高点までの距離 l を求めよ。

(2) 運動を開始してから，物体が元の点まで戻ってくるまでの時間 T を求めよ。

解説 (1) **Step 1** 力の書き込み「ナデ・コツ・ジュー」(p.36)で，力を書き込む。垂直抗力を N とする。

Step 2 斜面上向きに加速度 a を仮定。
図aのように，x，y 軸をとり，x 方向の運動方程式を立てると，

$x : ma = \underset{a と逆向きの力}{-mg\sin\theta}$

よって，$a = -g\sin\theta$ ←負なので，減速運動

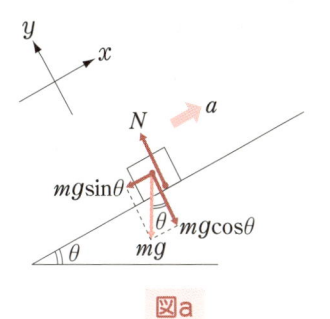

図a

第6章　運動方程式の応用

Step 3 図bで点Oを原点としたx軸上の等加速度運動の「3点セット」(p.20)は，

初期位置 x_0	0
初速度 v_0	v_1
加速度 a	$-g\sin\theta$

図b

Step 4 本問では，最高点で一瞬止まる。つまり，速度$v=0$のときの座標$x=l$を問われているので，これは速度vと座標xの関係なので，〔公式❷〕(p.19)より，

$$0^2 - v_1^2 = 2(-g\sin\theta)(l-0)$$

よって，$l = \dfrac{v_1^2}{2g\sin\theta}$ ……答

(2) 下降中に物体が受ける力は，やっぱり上昇中と同じ，Nとmgだけ。よって，上昇中から一瞬止まって折り返して下降していく運動は，全体として一連の投げ上げ運動と見なせる。

そこで，**Step 1**〜**Step 3**までは(1)と全く同じなので省略し，**Step 4**から入る。

Step 4 図cで，座標$x=0$に戻る時刻Tを問われている。これはxとtの関係なので，〔公式❶〕(p.18)より，

$$0 = 0 + v_1 t + \frac{1}{2}(-g\sin\theta)t^2$$

よって，$t=0, \dfrac{2v_1}{g\sin\theta}$

ここで，$t=0$は，出発時に$x=0$にしたことを意味するだけなので，カット。よって，求める時刻は，

$t = \dfrac{2v_1}{g\sin\theta}$ ……答

ここまでできたら，次のチェック問題❷に入ってほしい。

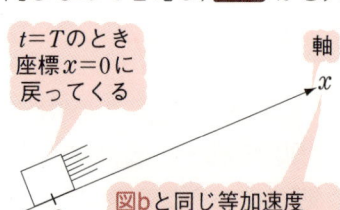

チェック問題 2　粗い斜面上の往復運動　標準 9分

チェック問題 ❶ で斜面が粗く，物体との動摩擦係数が μ のとき，
(1) 最高点までの距離 l' を求めよ。
(2) 物体が元の位置に戻ってきたときの速さ v' を求めよ。

解説　(1)　**Step1**　「もうすべっている」(p.41)ので，物体の受ける力は斜面下向きの動摩擦力 μN になる。

Step2　斜面上向きに加速度 a をとり，x, y 方向に重力を分解する。
x 方向：運動方程式
$$ma = -mg\sin\theta - \mu N$$
y 方向：力のつり合いの式
$$N = mg\cos\theta$$
よって，$a = -(\sin\theta + \mu\cos\theta)g$　…①

図a

Step3　点Oを原点とした x 軸上の等加速度運動の「3点セット」は，

初期位置 x_0	0
初速度 v_0	v_1
加速度 a	a（①式）

図b

Step4　$v=0$ のときの x 座標 $= l'$ を求めたいので，〔公式❷〕(p.19) より，
$$0^2 - v_1^2 = 2a(l' - 0)$$
よって，$l' = -\dfrac{v_1^2}{2a}$

①を代入して，
$$l' = \dfrac{v_1^2}{2(\sin\theta + \mu\cos\theta)g} \cdots ② \quad \cdots\cdots \text{答}$$

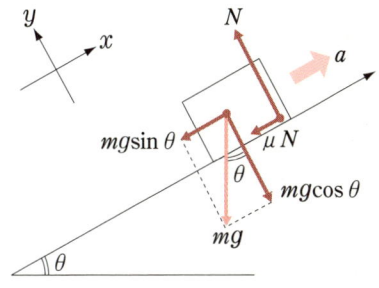

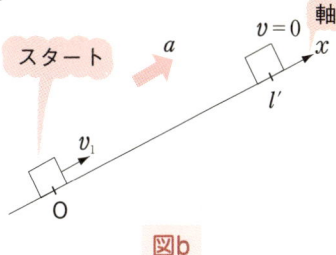

ナットクイメージ
$\mu = 0$ とすると，チェック問題 ❶ の l と一致するよ！

(2) さて，今回も チェック問題 ❶ (p.67)と同じように，上昇中と下降中を共通の加速度をもつ一連の投げ上げ運動としていいかな？

> え～と，あ！ 今回は粗い斜面だから，動摩擦力の向きが行きと帰りで逆向きになっている！ つまり，加速度が変わる！

Good！ よく気付いた。すると，(1)とは全く別運動として，Step 1 からやり直す必要があるね。動摩擦力の向きは，運動方向によって変わるから要注意。

Step 1 物体は，下降中は斜面上向きに動摩擦力 μN を受ける。

Step 2 斜面下向きに加速度 a' をとり，x，y 方向に重力を分解する。
　　x 方向：運動方程式
　　　$ma' = +mg\sin\theta - \mu N$
　　y 方向：力のつり合いの式
　　　$N = mg\cos\theta$
　よって，$a' = (\sin\theta - \mu\cos\theta)g$ …③

図c

Step 3 図dで，最高点を原点として，斜面下向きを正とした x 軸をとり直すと，「3点セット」の表は，

初期位置 x_0	0
初速度 v_0	0
加速度 a	a'（③式）

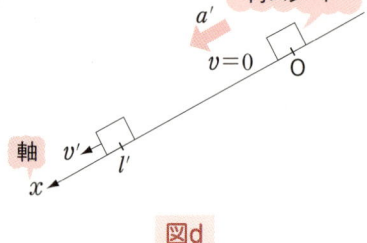

Step 4 x 座標 $= l'$ のときの $v = v'$ を求めたいので，〔公式❸〕(p.19)より，
　　$v'^2 - 0^2 = 2a'(l' - 0)$
　よって，$v' = \sqrt{2a'l'}$
　　　　　　$= \sqrt{\dfrac{\sin\theta - \mu\cos\theta}{\sin\theta + \mu\cos\theta}} \times v_1$ ……**答**
　②, ③より

図d

> ・ナットクイメージ・
> $\mu = 0$ とすると，
> $v' = v_1$ で，同じ速さで戻るね

チェック問題 3　重ねた2物体の運動　やや難 14分

図のように，水平でなめらかな床の上に質量 $3m$ の板Aを置き，時刻 $t=0$ に質量 m の物体Bを初速度 v_0 ですべらせる。すると，Aは動き出し，やがてBはAに対して静止した。AとBの間の動摩擦係数を μ とする。右向き正とする。

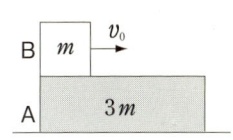

(1) BがA上をすべっている間のA，Bの加速度 α，β をそれぞれ求めよ。
(2) BがAに対し静止するときの時刻 t_1 を求めよ。
(3) BがAに対し静止したときの，Aの速度 v_1 を求めよ。
(4) BがAの上をすべった距離 l を求めよ。

解説　(1) **Step 1**　図aのように，Aの凸，Bの凹が引っかかる様子を拡大して動摩擦力 $\mu N = \mu mg$ の向きを決める。

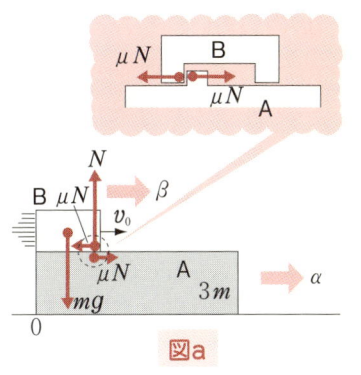

Step 2　運動方程式は，図aより，

　A：$3m\alpha = \mu mg$
　B：$m\beta = -\mu mg$

よって，$\alpha = \dfrac{1}{3}\mu g$ …①　……**答**
　　　　$\beta = -\mu g$ …②　……**答**

念のために聞いておくけど，α，β はだれから見た加速度かい？

図a

もちろん，慣性力を使わない限り，床から見たものです。

そうだ！　その見方をしっかり忘れないでちょうだい。

(2) **Step 3** $t=0$ の左端を原点とした x 軸上の等加速度運動の「**3 点セット**」の表は，

	A	B
初期位置 x_0	0	0
初速度 v_0	0	v_0
加速度 a	α	β

となる。

Step 4 「BがAに対して静止」というのは，どんなイメージかな？

> う～ん，AとB両方動くと，どうも，イメージしづらいなあ。

そうだねぇ。じゃあ，一緒に考えていこう。

図bでAは $t=0$ で $v=0$ だったのが，だんだん速くなっていく。Bは $t=0$ で $v=v_0$ だったのが，だんだん遅くなる。

すると，ついにAとBとが同じ速度 $v=v_1$ になるでしょ。その時刻が $t=t_1$ というわけだ。

図b

$t=t_1$ のときのA，Bの速度はともに $v=v_1$ なので，〔公式⑦〕(p.17)より，

A： $v_1 = 0 + \alpha t_1$
B： $v_1 = v_0 + \beta t_1$

この2式より，v_1 を消して，t_1 について解くと，

$$t_1 = \frac{v_0}{\alpha - \beta} = \frac{3 v_0}{4 \mu g} \cdots ③ \quad \text{……} \boxed{答}$$

①，②より

(3) 上のAの速度の式より，

$$v_1 = \alpha t_1 = \alpha \times \frac{3 v_0}{4 \mu g} = \frac{1}{4} v_0 \cdots ④ \quad \text{……} \boxed{答}$$

③より　　①より

(4) $t=t_1$ のときのA,Bの座標をそれぞれ $x=l_A$, l_B とすると,〔公式❶〕(p.18)より,

$$l_A = 0 + 0 \times t_1 + \frac{1}{2}\alpha t_1^2$$

$$l_B = 0 + v_0 t_1 + \frac{1}{2}\beta t_1^2$$

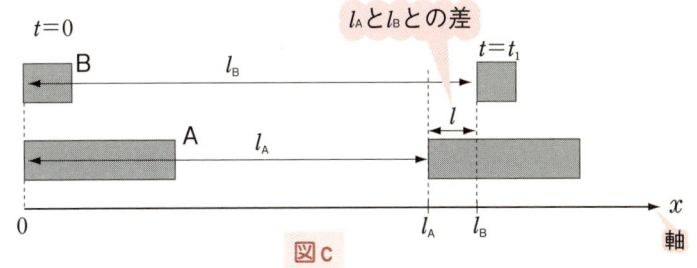

図c

ここで求めたいのは,あくまでも「Aに対する」Bの移動距離 l なので,図cより,

$$l = l_B - l_A$$

$$= v_0 t_1 + \frac{1}{2}(\beta - \alpha)t_1^2$$

$$= \frac{3v_0^2}{4\mu g} + \frac{1}{2}\left(-\mu g - \frac{1}{3}\mu g\right) \times \left(\frac{3v_0}{4\mu g}\right)^2$$

①,②,③

$$= \frac{3v_0^2}{8\mu g} \cdots\cdots \text{答}$$

じつは(4)には一瞬で解ける別解があるんだ。次のページが楽しみだね。

第6章 運動方程式の応用

別解 このような問題では，v-t グラフを書かされることが多い。(3)が終わった段階で，v-t グラフを書いてみよう。

等加速度運動なので傾き（加速度）は一定。よって，**図d**のような直線のグラフになる。ここでAの v-t グラフは実線で，Bの v-t グラフは破線で表そう。

速度 v（対床，右向き正）

v_0　Bがスタート

$\frac{1}{4}v_0$　AとBが一体になる

0　Aがスタート　t_1　時刻 t

図d

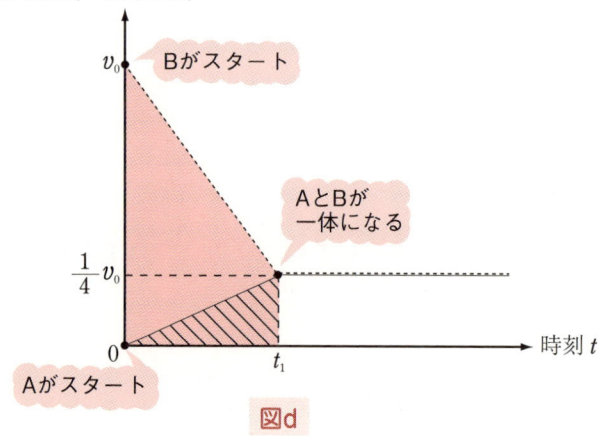

ここで，**図c**で見たように，

$l = l_B - l_A$
　　　Bのグラフの下の面積　Aのグラフの下の面積
　　　（ピンク色の部分）　　（斜線部分）

よって，$l =$（AとBのグラフで囲まれた三角形の面積 S）

$= \dfrac{1}{2} \times \underbrace{v_0}_{底辺} \times \underbrace{t_1}_{高さ}$

$= \dfrac{3v_0{}^2}{8\mu g}$ ……**答**
　　③

となって，はるかに計算量が少なくなってラクに出るね。

● 第6章 ●
まとめ

★ 等加速度運動の予言の手順

Step 1 力を書き込む。

Step 2 運動方程式を立て，加速度 a を求める。

Step 3 **座標軸を立て**（じつは一番大切），等加速度運動の「3点セット」を表にする。

初期位置	x_0
初速度	v_0
加速度	a

Step 4 等加速度運動の3公式を書く。
v と t の関係を問う ➡ 〔公式㋐〕 $v = v_0 + at$
x と t の関係を問う ➡ 〔公式㋑〕 $x = x_0 + v_0 t + \dfrac{1}{2}at^2$
v と x の関係を問う ➡ 〔公式㋒〕 $v^2 - v_0^2 = 2a(x - x_0)$

x は座標だよ

これで等加速度運動については自由自在に予言できるようになったネ！次は，等加速度運動以外の運動でも解ける強力な武器を導入しよう。

第6章 運動方程式の応用

第7章 仕事とエネルギー

▲エネルギーとは相手に仕事をする能力

Story ① 仕　事

▶(1) 仕事って何？

　物体に力を加えて動かす。この効果を**仕事**という。より大きな力で，より長く押せば押すほど，仕事は大きくなるね。とくに，一定の大きさの力 F を加えて，その向きに距離 x 動かしたときの仕事 W は，

　　　　（仕事 W〔J〕）＝（力 F〔N〕）×（距離 x〔m〕）
　　　　　　　　J（ジュール）＝ N・m

となるよ。ただし，次の3つの場合には注意しよう。

① 力 F が一定でない場合

　その場合は**図1**のように，**$F-x$ グラフ**をかいて，その横軸と囲まれる面積が仕事 W となる（各微小区間動かしたときの仕事が各長方形の面積になるから，それらの総和が W になる）。「**変化する力の仕事は，グラフで求める**」が合言葉だ。

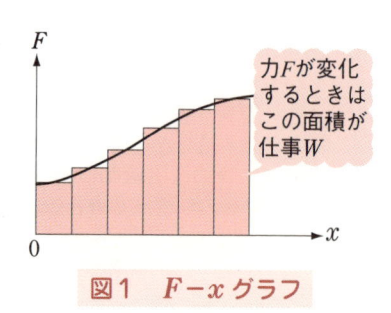

図1　$F-x$ グラフ

力 F が変化するときはこの面積が仕事 W

76　物理基礎の力学

② 力Fの向きと，動かす向きが，異なる場合

　この場合の説明として，引っ越しのアルバイトの例を考えよう。キミが引っ越し会社の社長としよう。そして，3人のバイト君（A君，B君，C君）を使って荷物を右へx〔m〕動かすという仕事をさせよう（**図2**）。

　このとき，キミはA君，B君，C君それぞれに，どのような評価を下すだろうか。A君はF_A，B君はF_B，C君はF_Cの力をそれぞれ加えたとする。

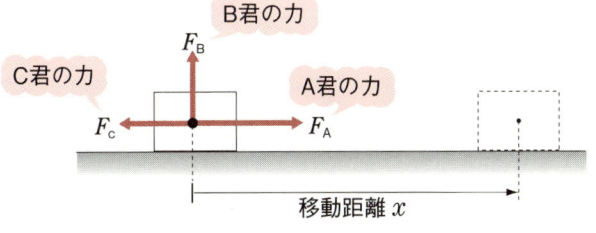

図2　仕事は符号が命

(i) A君には，どう言おうか？

「よし！　力を荷物を動かす向きに加えた。プラスの効果だ」とホメます。

そのとおり。だから，A君は，
$$W = +F_A \times x$$
　　　プラス

という**正の仕事**をしたと言えるのだ。

(ii) B君には，どう言う？

「キミは上向きに力を加えたけど物体は上向きなんかにひとつも動いていない。ムナシイね。バイト代はゼロだ」と言う。

　そうだ。よって，B君は全く仕事をしていない（$W=0$）。つまり，力を加えても，その力の向きが**移動方向と90°のときは仕事をしない**のだ。

(iii) C君には，どう言いわたそうか？

「コリャ～ッ！　じゃますんな！　マイナスの効果だ！　逆にこっちが給料もらいたいぐらいだ！」

まさにそうだね(笑)。だから，C君の仕事はマイナスで，
$$W = -F_C \times x$$
　　　　マイナス

となる。つまり，じゃますると負の仕事になるのだ。

③　力Fの向きと，動かす向きが，斜めになる場合

図3のように，力Fを，動かす向きの力$F\cos\theta$と，それと垂直の力$F\sin\theta$に分解しよう。そして，仕事をしない$F\sin\theta$はポイッと捨て，$F\cos\theta$のみ考え，
$$W = F\cos\theta \times x$$
としよう。

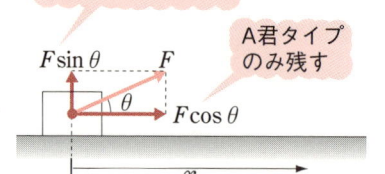

B君タイプは捨てる
A君タイプのみ残す

図3　斜めの力の場合

以上，まとめると，

POINT1　仕事の5大ポイント

仕事W〔J〕は，基本的に力F〔N〕と移動距離x〔m〕の積だけども，
- $\vec{F}$と$\vec{x}$が同じ向き　　$W = +Fx$　　←A君タイプ
- $\vec{F}$と$\vec{x}$が直角　　　　$W = 0$　　　←B君タイプ
- $\vec{F}$と$\vec{x}$が逆の向き　　$W = -Fx$　　←C君タイプ
- $\vec{F}$と$\vec{x}$が斜め　　　　$W = F\cos\theta \cdot x$
  　　　　　　　　　　　　(θは$\vec{F}$と$\vec{x}$のはさむ角)
- $\vec{F}$が$\vec{x}$によって変化する　$W = (F-x$グラフの下の面積$)$

▶(2)　仕事率とは

短い時間で多くの仕事ができるほど仕事の能率が大きいといえるね。とくに，1秒あたりにする仕事を仕事率P〔W〕(W(ワット)＝J/s)という。

ここで，(1秒あたりの移動距離)＝(速さv)なので，仕事率PはPOINT1で距離$\vec{x}$ ➡ 速度$\vec{v}$とおきかえたものとして計算することもできるね。

チェック問題 1 仕事 易 3分

質量 m の物体が傾き θ の粗い斜面に沿って，距離 x だけすべり降りる。このとき，物体にはたらく
(1) 重力の仕事 W_g
(2) 垂直抗力の仕事 W_N
(3) 動摩擦力の仕事 W_F

をそれぞれ求めよ。ただし，動摩擦係数を μ' とする。

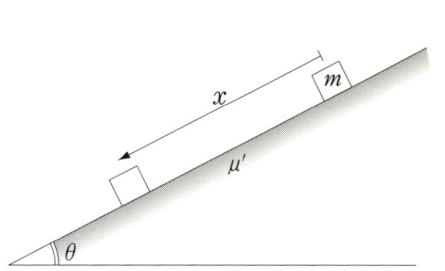

解説 まずは，図aで，重力を物体の移動方向と，それに垂直な方向に分解する。そして，斜面に垂直な方向の力のつり合いより，

$$N = mg\cos\theta \cdots ①$$

これで準備完了！

(1) 重力は斜面と斜めの力なので，分解し，斜面と平行方向成分の $mg\sin\theta$ のみ考える。この成分は，移動方向と同じ向きなので，

$$W_g = +mg\sin\theta \times x \cdots 答$$

A君タイプ

(2) 垂直抗力は移動方向と直角なので，仕事をしない。

$$W_N = 0 \cdots 答$$

B君タイプ

(3) 動摩擦力は，移動方向と逆向きなので，

$$W_F = -\mu'N \times x = -\mu' mg\cos\theta \times x \cdots 答$$

C君タイプ　①より

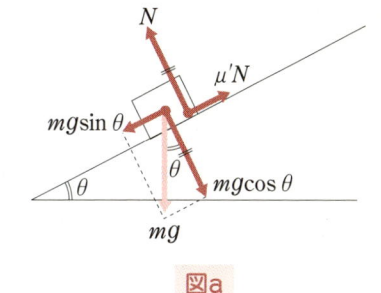

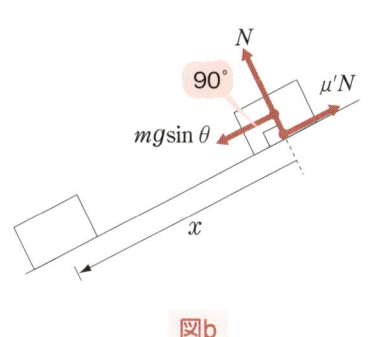

図a

図b

第7章 仕事とエネルギー　79

Story ❷ 力学的エネルギー

▶(1) エネルギーって何？

「あっ危ない！ だれかが投げてきた剛速球がキミの顔にぶつかってきた。」(図4)「ゴン！ググググ〜。キミの顔はボールから力を受け押されていく〜。」(図5)

図4

図5

この例でのボールのように，相手に対して仕事をする(力を加えて押せる)能力をもつことを，エネルギーをもっているという。

上の例のほかに，「あっ危ない！ 頭上からお米の袋が落ちてきた。」(図6)「ググググーと縮んだばねがキミの顔の横にある〜！」(図7)など，いろいろな場面で物体はエネルギーをもっているのだ。

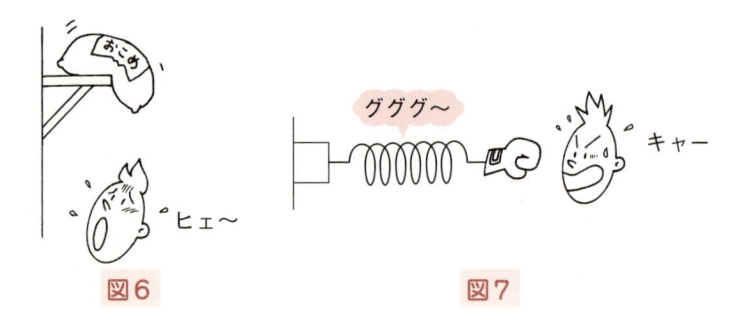

図6

図7

いずれにしても，エネルギーとは相手に仕事をする能力で，次のように定義できる。

> **POINT 2　エネルギー E の定義**
>
> 物体が今の状態から，基準点で静止するまでに，他の物体に対して W [J] の仕事ができる能力をもつとき，その物体はエネルギー E [J] をもっているという。

▶(2)　運動エネルギー K

(1)の剛速球の例からも分かるように，速くて，重い物体ほど相手により多くの仕事をする能力＝エネルギーをもつ。このように速くて重い物体がもつエネルギーを運動エネルギー K [J] という。

図8

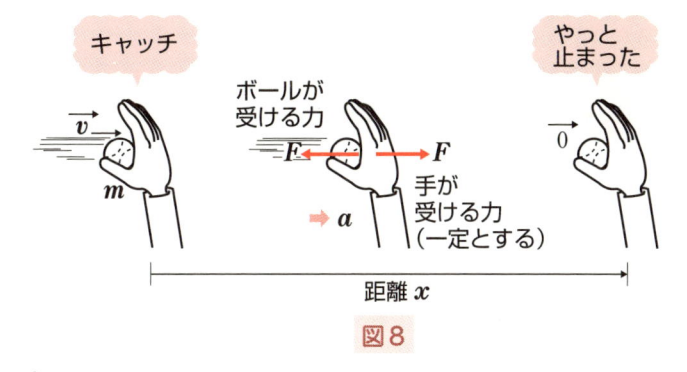

図8で，速さ v で飛ぶ質量 m のボールが止まるまでに手にする仕事は，

$$W = \underbrace{F}_{力} \times \underbrace{x}_{距離}$$

（ボールについての運動方程式 $ma = -F$ より）

$$= -ma \times x$$

（等加速度運動の〔公式❷〕(p.19)で，$0^2 - v^2 = 2a(x-0)$ より）

$$= -m\left(\frac{-v^2}{2x}\right)x$$

$$= \frac{1}{2}mv^2$$

となる。したがって，運動エネルギー K は，

$$K = \frac{1}{2} \times (質量 m) \times (速さ v)^2$$

となる。K は，物体の質量 m に比例し，速さ v の 2 乗に比例する。

第7章　仕事とエネルギー

だから，車のスピードの出し過ぎは怖いんだ。時速40kmと120kmでは，速さvは3倍違うだけだけど，事故の規模を表す運動エネルギーは何倍になるかな？

> 3×3=9倍　ヒェ〜グシャグシャだ〜！

大学に入って免許を取っても，ゼッタイにスピードを出し過ぎるんじゃないぞ！

▶(3) 重力による位置エネルギー U_g

図6のお米の袋の例からも分かるように，重くて，高いところにある物体ほど，相手により多くの仕事をする能力(エネルギー)をもつ。

このように，重くて，高いところにある物体がもつエネルギーを重力による位置エネルギー U_g〔J〕という。

図9で，高さhにある質量mの物体には，mgの重力がはたらいている。

いま，物体がゆっくりと，高さ0の基準点まで動く間に，この重力mgは，

$W = \underline{mg} \times \underline{h}$ の仕事をする。
　　　力　距離

よって，重力による位置エネルギーU_gは，

$$U_g = (質量 m) \times g \times (高さ h)$$

となる。「重力mgを加えて，距離h押し込む能力」と覚えよう。

▶(4) 弾性力による位置エネルギー U_k

図7のばねの例からも分かるように，より硬くて，より伸びている(または縮んでいる)ばねほど，相手により多くの仕事をする能力＝エネルギーをもつ。このように，伸びたり縮んだりしたばねがもつエネルギーを，弾性力による位置エネルギー U_k〔J〕という。

ばね定数 k　弾性力 kx

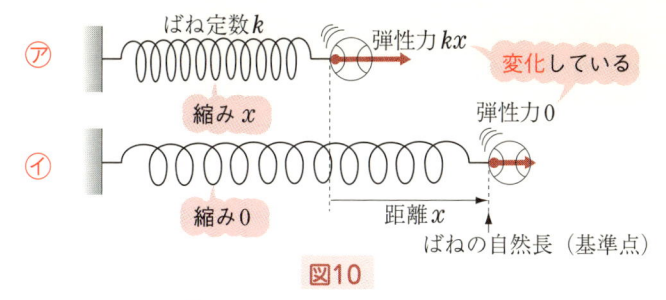

ア　縮み x　変化している

イ　縮み 0　弾性力 0　距離 x　ばねの自然長（基準点）

図10

図10で，はじめのアで縮みが x のときのばねの弾性力の大きさは kx だね。このアから自然長（基準点）のイの状態まで距離 x だけ移動する間に，ばねの弾性力がした仕事 W はいくらになるかな？

> う～ん？　弾性力が kx で，距離が x だから，$W = kx \cdot x$ かな？

ほーら，やっぱり間違えた。弾性力 F は，たしかにはじめアでは $F = kx$ だ。しかし，その後，ばねが自然長に近づくと，弾性力 F はばねの縮みが減るのに伴って，小さくなっていく。そして，自然長イに達すると，弾性力は $F = 0$ となってしまうね。

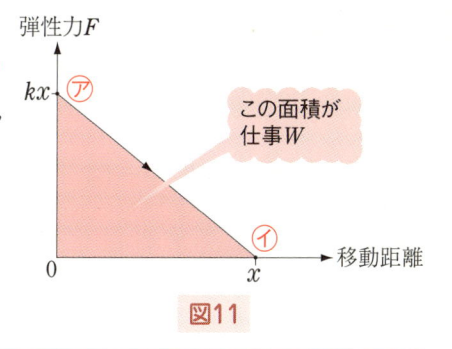

弾性力 F　ア　kx　この面積が仕事 W　イ　移動距離　x

図11

> そうか！　弾性力は減っていくんだ。変化する力のする仕事は，p.76のように**図11**の $F-x$ グラフの下の面積で求めるんだ！

気づいたね！　だから，求める仕事は，**図11**の $F-x$ グラフの下の三角形の面積 W で，

$$W = \frac{1}{2} \times \underbrace{x}_{底辺} \times \underbrace{kx}_{高さ} = \frac{1}{2} kx^2$$

となる。

第7章　仕事とエネルギー

よって，弾性力による位置エネルギー U_k は，

$$U_k = \frac{1}{2} \times (ばね定数\ k) \times (ばねの縮みまたは伸び x)^2$$

となる。

> あの〜。バネが x 縮んでいるときのエネルギーは $\frac{1}{2}kx^2$ で，ばねが x 伸びているときのエネルギーは $-\frac{1}{2}kx^2$ じゃないんですか。

いいえ，図12のように，伸びたばねの場合でも，自然長に戻るまでの間に弾性力 F は必ず正の仕事をする能力＝正のエネルギーをもつんだ。

運動エネルギーと弾性エネルギーは必ず正の値をとるんだ（重力によるエネルギーは基準点より低ければ負になるよ）。

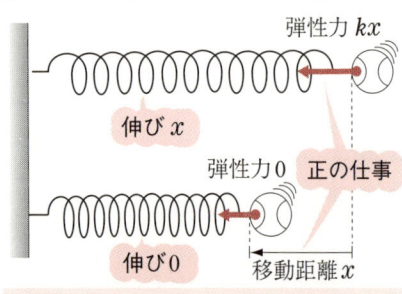

図12　伸びたばねも正の仕事をする

▶(5)　力学的エネルギーは「3要素」で決まる

図13のように，質量 m のボールが，速さ v で，高さ h の位置から，x だけ縮んだばね定数 k のばねによって発射されたとする。

運動エネルギーの効果と，重力による位置エネルギーの効果と，弾性力による位置エネルギーの効果がいっぺんに積み重なる。各エネルギーを合わせたもの

$$E = \frac{1}{2}mv^2 + mgh + \frac{1}{2}kx^2$$

を力学的エネルギーという。

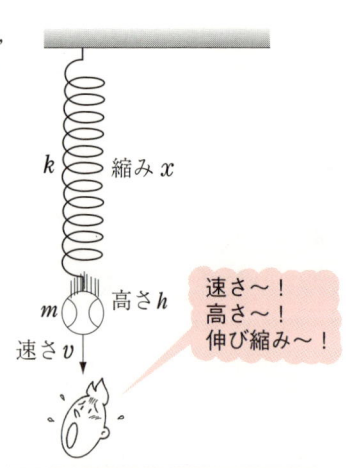

図13　力学的エネルギーの「3要素」

速さ〜！
高さ〜！
伸び縮み〜！

この式から，力学的エネルギーは次の3つの量＝「3要素」だけで決まってしまうことが分かるね。

POINT 3　力学的エネルギー E の「3要素」

（速さ v，高さ h，伸び縮み x）の「3要素」によって，

$$E = \frac{1}{2}mv^2 + mgh + \frac{1}{2}kx^2 \quad \text{と書ける。}$$

- $\frac{1}{2}mv^2$：運動エネルギー
- mgh：重力による位置エネルギー
- $\frac{1}{2}kx^2$：弾性力による位置エネルギー

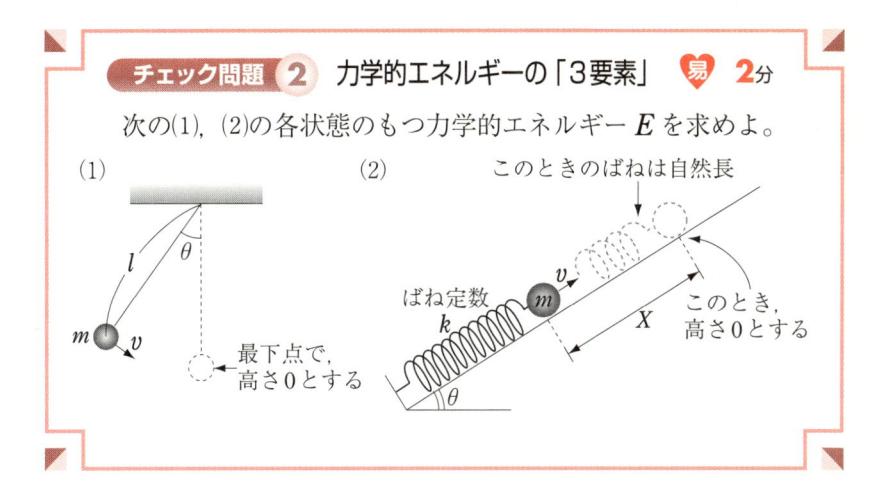

チェック問題 2　力学的エネルギーの「3要素」　易　2分

次の(1)，(2)の各状態のもつ力学的エネルギー E を求めよ。

(1) 振り子：長さ l，角度 θ，質量 m，速さ v，最下点で，高さ0とする。

(2) 斜面上のばね：ばね定数 k，質量 m，速さ v，自然長からの伸び X，斜面角 θ，このときのばねは自然長，このとき，高さ0とする。

解説　（速さ v，高さ h，伸び縮み x）の「3要素」で力学的エネルギーは決まる。とくに，高さ h については次に注意しよう。

POINT 4　高さ h についての注意点

- 高さ0の基準点が与えられていなければ**勝手に仮定**してよい。
- 高さ0よりも低ければ，高さは**負（マイナス）**となる。

第7章　仕事とエネルギー

(1)「3要素」は,
　（速さ v）,（高さ $l-l\cos\theta$）,（ばねナシ）
　　　　　　　図aより

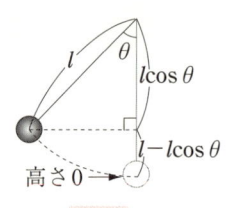

$$E=\frac{1}{2}mv^2+mgl(1-\cos\theta)\quad\cdots\cdots\text{答}$$

(2)「3要素」は,
　（速さ v）,（高さ $-X\sin\theta$）,（縮み X）
　　　　　　図bで高さ0よりも
　　　　　　低いのでマイナス

$$E=\frac{1}{2}mv^2+mg(-X\sin\theta)+\frac{1}{2}kX^2$$
$$=\frac{1}{2}mv^2-mgX\sin\theta+\frac{1}{2}kX^2\quad\cdots\cdots\text{答}$$

図a

図b

「3要素」の明記を怠ると,入試本番で痛い目に遭ってしまうよ！　差がつくのは,むしろこういう習慣だからね〜。

物理基礎の力学

● 第7章 ●
まとめ

1 仕事 W は力 F と移動距離 x の積であるが,
① $\vec{F}$ と $\vec{x}$ が同じ向きのとき　　$W = +Fx$
② $\vec{F}$ と $\vec{x}$ が直角のとき　　　　$W = 0$
③ $\vec{F}$ と $\vec{x}$ が逆の向きのとき　　$W = -Fx$
④ $\vec{F}$ と $\vec{x}$ が斜めのとき　　　　$W = F\cos\theta \cdot x$
　　　　　　　　　　　　　　　　　(θ は $\vec{F}$ と $\vec{x}$ のはさむ角)
⑤ $\vec{F}$ が変化するとき　　　　　$W = (F{-}x$ グラフの下の面積$)$

2 力学的エネルギー E ＝相手に仕事をする能力

3 まず (速さ v), (高さ h), (伸び縮み x) の「3要素」をはっきりと明記せよ(高さ0の点を1つ決めよ)。
　すると，力学的エネルギーは次のように決まる。

$$E = \frac{1}{2}mv^2 \; + \; mgh \; + \; \frac{1}{2}kx^2$$

　　　運動　　　重力による　　弾性力による
　　エネルギー　位置エネルギー　位置エネルギー

　必ず正　　正または負　　必ず正

いよいよこれで，次の強力な武器《仕事とエネルギーの関係》を使える準備が整ったよ！

第8章 仕事とエネルギーの関係

▲貯金箱の中のお金の流れと同じ

Story ① 仕事とエネルギーの関係

▶(1) 仕事とエネルギーの関係はお金の流れと同じ

まず例として、キミの貯金箱に100万円（わーい！）入っていたとしよう。このお金を増やしたかったら、どうするかい？

> お金よ増えよ〜と祈る、というのは冗談で、マジメにバイトしてお金を投入します。

たとえば、20万円のお金を投入したら、合計100＋20＝120万円になるね。

$$\begin{pmatrix} はじめ（前）の \\ 貯金 \\ 100万円 \end{pmatrix} + \begin{pmatrix} 途中（中）で \\ 投入したお金 \\ 20万円 \end{pmatrix} = \begin{pmatrix} あと（後）の \\ 貯金 \\ 120万円 \end{pmatrix}$$

上の式は、当たり前のことだね。貯金というのは、何もしないのに勝手に増えたり、減ったりしない量だね。物理では、このような量のことを**保存量**というんだ。主な保存量としては、前章でやった力学的エネルギー、その他、運動量、電気量などがあるよ。

ここで，（貯金100万円）＝（お金を100万円使うことができる能力）といいかえることができるので，前の式は次のように書けるね。

$$\begin{pmatrix} \text{前} \\ \text{お金を使える能力} \\ 100万円 \end{pmatrix} + \begin{pmatrix} \text{中} \\ \text{投入したお金} \\ 20万円 \end{pmatrix} = \begin{pmatrix} \text{後} \\ \text{お金を使える能力} \\ 120万円 \end{pmatrix}$$

つまり，お金を使える能力は，お金を投入した分だけ増えるというわけだ。ここからが本題だ！　ここで試しに「お金」を「仕事」におきかえると，

$$\begin{pmatrix} \text{前} \\ \text{仕事をする能力} \end{pmatrix} + \begin{pmatrix} \text{中} \\ \text{投入した仕事} \end{pmatrix} = \begin{pmatrix} \text{後} \\ \text{仕事をする能力} \end{pmatrix}$$

この**仕事をする能力**は，前章でもやったけど，何のことか覚えているかな？

> ハイ！　覚えてます！
> （仕事をする能力）＝（力学的エネルギー）です！

では，そのように上の式を書きかえると，次の式が出てくるね。

POINT 1　仕事とエネルギーの関係

$$\begin{pmatrix} \text{前の力学的} \\ \text{エネルギー} \end{pmatrix} + \begin{pmatrix} \text{中で重力・弾性力} \\ \text{以外のした仕事} \end{pmatrix} = \begin{pmatrix} \text{後の力学的} \\ \text{エネルギー} \end{pmatrix}$$

＝
運動エネルギー　$\dfrac{1}{2}mv^2$
＋
重力による位置エネルギー　mgh
＋
弾性力による位置エネルギー　$\dfrac{1}{2}kx^2$

> 重力・弾性力のする仕事は，すでに前後の位置エネルギーの形で計算されてしまっている。（(2)で見る）
> だから，ダブルカウントを防ぐために，中では重力・弾性力のする仕事はわざと除外してある。

どうして途中では，重力・弾性力のする仕事を除外するんですか？　かわいそうじゃないですか！

まあまあ落ち着いて。その点については次の(2)で具体的に確かめてみよう。

▶(2) 仕事とエネルギーの関係の「具体的証明」

(1)では貯金にたとえて，仕事とエネルギーの関係のおおまかなイメージをつかんだね。ここでは，より具体的にこの関係式を導いてみよう。
一つひとつの式の変形を追ってみてね。

図1で，手の力Fが重力mgに逆らって物体を持ち上げるとしよう。
前で高さh_1から速さv_1で上げはじめ，
中で一定の手の力Fで距離h_2-h_1だけ一定の加速度aで持ち上げて，
後で高さh_2を速さv_2で通過させる。

まず，前後での等加速度運動の〔公式❷〕(p.19) より，

$$v_2{}^2 - v_1{}^2 = 2a(h_2 - h_1)$$

この式の両辺に$\frac{1}{2}m$をかけて

$$\frac{1}{2}mv_2{}^2 - \frac{1}{2}mv_1{}^2 = ma(h_2 - h_1)$$

右辺に中の運動方程式

$$ma = +F - mg$$

を代入すると，

$$\frac{1}{2}mv_2{}^2 - \frac{1}{2}mv_1{}^2 = (F - mg)(h_2 - h_1)$$

左右の辺を入れかえて展開すると，

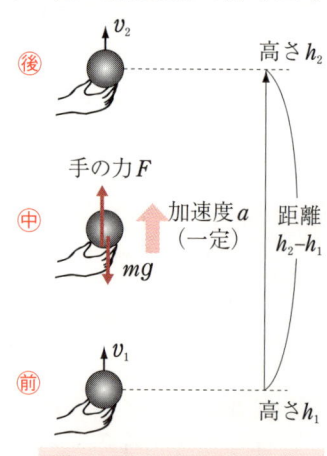

図1　ボールを持ち上げる

$$\therefore \quad \frac{1}{2}mv_1^2 + F(h_2 - h_1) \underline{- mg(h_2 - h_1)} = \frac{1}{2}mv_2^2$$

$$\therefore \quad \left(\frac{1}{2}mv_1^2 + \underline{mgh_1}\right) + F(h_2 - h_1) = \left(\frac{1}{2}mv_2^2 + \underline{mgh_2}\right)$$

　　　　（前）の力学的　　　　（中）で手の　　　　（後）の力学的
　　　　エネルギー　　　　　　した仕事　　　　　　エネルギー

ここで，注目してほしいのは最後の式変形で，重力のする仕事 $-mg(h_2 - h_1)$ が，重力による位置エネルギー mgh_1 と mgh_2 へと姿を変えてしまっていることだ。だから，（中）では重力のする仕事は除外されることになるんだね。

全く同様に，（中）で弾性力のする仕事も弾性力による位置エネルギーへと姿を変えてしまい，（中）から除外されてしまうんだ。

▶(3) 力学的エネルギー保存の法則の成立条件

(2)で（力学的エネルギー）が，（中）で入った（重力・弾性力 以外 の仕事）分だけ変化することを見たね。ならば，もし（中）で（重力・弾性力 以外 の仕事）がなかったら，（力学的エネルギー）はどうなるかな？

> 途中で何も入ってこないので，（前）（後）の力学的エネルギーは，変わりようがないですよ。（前）と（後）で等しくなるはずです！

POINT 2　力学的エネルギー保存則

ポイント

もし，（中）で重力・弾性力 以外 の仕事がなければ，

（（前）の力学的エネルギー）＝（（後）の力学的エネルギー）

まとめると，このようになるね。

$\begin{pmatrix} （中）の重力・弾性力 \\ 以外 の仕事 \end{pmatrix}$ → あり ⇒ 《仕事とエネルギーの関係》
　　　　　　　　　　　　→ なし ⇒ 《力学的エネルギー保存則》

▶(4) 仕事やエネルギーはいつ使うのか？

あの〜，そもそも，この仕事やエネルギーというのは，どんな問題で使うんですか？

おお！いいぞ！「いつ使うのか？」というのは，すごくいい質問だ。答えはズバリ！

> **POINT 3** エネルギーによる解法はいつ使うのか
>
> 力学的エネルギーの「3要素」(p.85)(速さ v)，(高さ h)，(伸び縮み x)や(すべった距離 l)を問われたとき

となる。理由はカンタン。たとえば，速さ v を問われたら，《仕事とエネルギーの関係》を書いて，その式を「$\frac{1}{2}mv^2=$」の形にし，それを v について解けば， v は求まるね。

高さ h も同じように，「$mgh=$」の形にして，その式を h について解けばいいし，伸び縮み x も「$\frac{1}{2}kx^2=$」の形にして，その式を x について解けば求められる。すべった距離 l は動摩擦力の仕事，「$-\mu N\cdot l=$」の形にもっていき，その式を l について解けば求められるね。

要は，求めるものを含む式を立てればいいんだ。では，さっそくこの解法を使ってみよう。

次の問題にトライだ！！！

さっそく使ってみよう！

チェック問題 ① 仕事とエネルギーの関係　　易　6分

㋐ x だけ縮んだ、ばね定数 k のばねで打ち出された質量 m の物体が、㋑自然長で速さ v_1 でばねから外れ、㋒傾き θ の斜面の動摩擦係数 μ の部分を l だけ登って、高さ h で止まった。
（l 以外はなめらか）

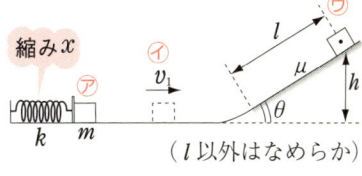

(1) v_1 を、x, k, m を使って表せ。
(2) l を、v_1, h, μ, g, θ を使って表せ。

解説　速さ v_1、距離 l を問うので、仕事とエネルギーを使った解法で解こう。(1)では㋐〜㋑、(2)では㋑〜㋒に注目する。

(1) ㋐〜㋑では、重力・弾性力以外の仕事はあるかな？

いいえ。弾性力の仕事のみです。

ということは、《力学的エネルギー保存則》(p.91) で解くね。

図aで、エネルギーの「**3要素**」(p.85) は
㋐（速さ0）、（高さ0とする）、（縮み x）、
㋑（速さ v_1）、（高さ0）、（縮み0）。
よって、
《力学的エネルギー保存則》は、

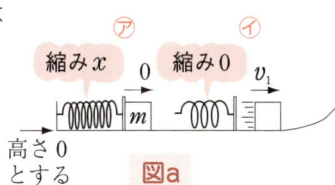

$$\underset{㋐}{\frac{1}{2}kx^2} = \underset{㋑}{\frac{1}{2}mv_1^2}$$

よって、$v_1 = \sqrt{\dfrac{k}{m}} \cdot x$ ……**答**

(2) イ〜ウでは重力・弾性力以外の仕事はあるかな？

> あります！ 動摩擦力が負の仕事 $-\mu N \cdot l = -\mu mg\cos\theta \cdot l$ をしています！

ということは，《仕事とエネルギーの関係》(p.89)で解くね。
図bで，エネルギーの「**3要素**」は，

　イ（速さ v_1），（高さ0とする），（縮み0），
　ウ（速さ0），（高さ h），（ばねなし）

よって，
《仕事とエネルギーの関係》の式は，

$$\underbrace{\frac{1}{2}mv_1^2}_{\text{イ}} + \underbrace{(-\mu mg\cos\theta \cdot l)}_{\text{中の動摩擦力の仕事}} = \underbrace{mgh}_{\text{ウ}}$$

よって，$l = \dfrac{v_1^2 - 2gh}{2\mu g\cos\theta}$ ……**答**

図b

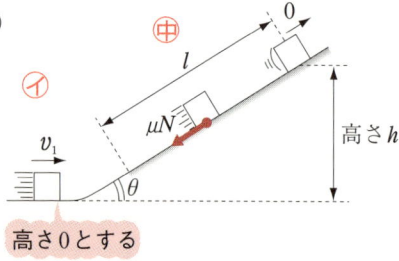

> 1つつっこみを入れていいですか。p.90の(2)で等加速度運動の公式から導いた仕事とエネルギーの関係を，どうして本問のような等加速度運動ではない運動にまで使っていいのですか。

ドキッ！鋭いね。たしかにそう思えるよね。
　たとえば，**図c**のような曲線経路をすべっていくボールは，全体としては等加速度運動はしていない。
　しかし，経路を細かく分割して，1, 2, 3, ……, N の微小区間に分ければ，一つひとつの区間ごとはほぼ直線と見なせ，**各区間内では等加速度運動**と見なせる。

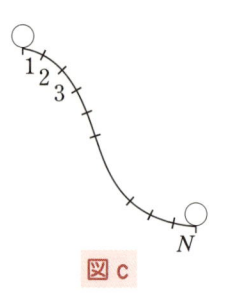

図c

そこで各区間ごとに《仕事とエネルギーの関係》
（前のエネルギー）＋（中の重力・弾性力以外の仕事）＝（後のエネルギー）
を立てると，

区間1：前$_1$＋中$_1$＝後$_1$
区間2：前$_2$＋中$_2$＝後$_2$
区間3：前$_3$＋中$_3$＝後$_3$
　⋮　　⋮　　⋮　　⋮
区間N：前$_N$＋中$_N$＝後$_N$

ここで各辺を足すと，

後$_1$＝前$_2$，後$_2$＝前$_3$，……，後$_{N-1}$＝前$_N$だから，

左右の辺で打ち消し合って，結局残るのは，

前$_1$＋（中$_1$＋中$_2$＋中$_3$＋……＋中$_N$）＝後$_N$

つまり，**全体の区間としては，全く等加速度運動ではないにもかかわらず，等加速度運動の公式から導いた《仕事とエネルギーの関係》が使えてしまうのだ。**つまり図dのイメージだ。

《仕事とエネルギーの関係》(p.88)
等加速度運動以外の一般運動

《等加速度運動の予言法》(p.66)
等加速度運動

図d　各解法が扱える運動の範囲

さあ！　次からは物理基礎の総仕上げ問題だ。最高の気合いで臨め！

第8章　仕事とエネルギーの関係

チェック問題 2 鉛直ばね振り子　やや難　12分

ばね定数 k，自然長 l の軽いばねの両端に，ともに質量 m の小球A，Bがつけられており，Bは天井からつるした軽い糸の先についている。x 軸は，Bの位置を原点にして，鉛直下向き正にとる。

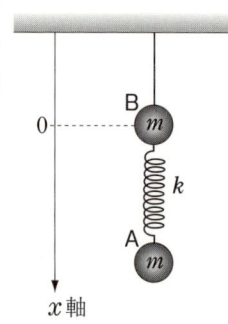

(1) Aをつり合いの位置で静止させたとき，
　(ア) 糸の張力 T を求めよ。
　(イ) Aの座標 x_1 を求めよ。

(2) (1)の状態からばねの自然長の位置まで，Aを持ち上げ，静かに放した。
　(ア) Aを持ち上げた外力のした仕事 W を求めよ。
　(イ) Aが(1)のつり合いの位置を通過するときの速さ v_1 を求めよ。
　(ウ) 糸は張力が $2.5mg$ になると切れる。糸が切れる直前のばねの伸び d_1 を求めよ。
　(エ) 運動中に糸が切れるかどうか判定せよ。

解説 (1) (ア) 糸の張力 T が問われているので，力のつり合いの式を考える。図aで，2つの小球に着目した力のつり合いの式より（ばねの弾性力どうしは相殺），

$$T = mg + mg = 2mg \quad \cdots\text{答}$$

(イ) つり合いの位置でのばねの伸びを d とする。図aで，Aのみに着目した力のつり合いの式より，

$$kd = mg \quad\text{よって，}\quad d = \frac{mg}{k} \cdots ①$$

よって，求める座標 x_1 は，

$$x_1 = l + d = l + \frac{mg}{k} \quad\cdots\text{答}$$

ここまで，まだエネルギーは使っていないよ。

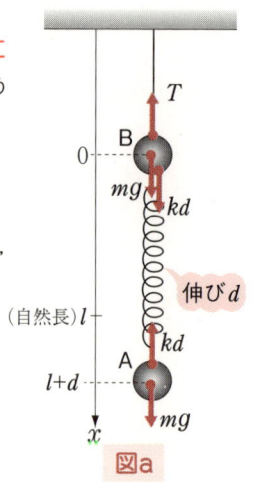

(2) (ア) **仕事が問われている**から，原則として（力×距離）でいくけれど，今の場合，少し注意が必要。それは，小球を持ち上げる外力 F の大きさが**変化**することだ。Aを持ち上げていくと，ばねの力は弱くなってしまう。よって，Aを支えなければならない外力 F は，**図b**のように，$F=0$ から $F=mg$ まで大きくしていく必要がある。

このように，**変化する力 F のする仕事**を計算するには何が必要かな？

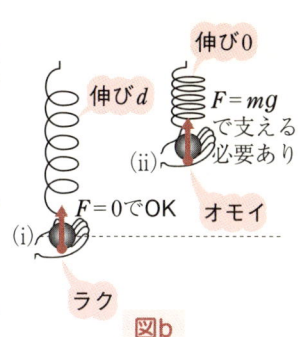

> p.76の $F-x$ グラフの下の面積です。

そのとおり！ **図c**の **$F-x$ グラフ**の下の面積により，求める仕事 W は，

$$W = \frac{1}{2}dmg$$ ←図cの三角形の面積

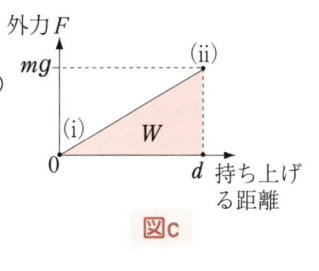

$$= \frac{(mg)^2}{2k} \cdots\cdots \text{答}$$
①より

(イ) **速さ v が問われている**ので，さあ，いよいよエネルギーを用いるね。重力・弾性力以外の仕事はないので，《力学的エネルギー保存則》が使える。「3要素」(p.85) は**図d**で，

⓪前では（速さ0），（高さ0とする），（伸び0）
⓪後では（速さ v_1），（高さは⓪前よりも d だけ低いので，$-d$），（伸びは d）となる。

> なぜ⓪後の高さがマイナスになるの？ x 軸は下向き正なんだから，下に d いくことは，x 座標としてはプラスじゃないんですか？

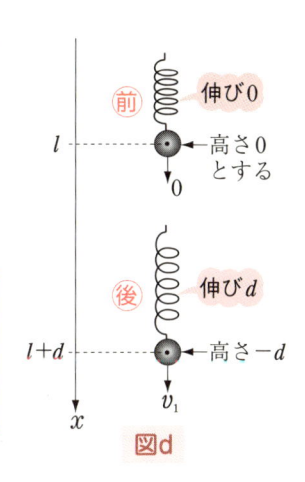

第8章 仕事とエネルギーの関係

いいかい。**たとえ座標がプラスになろうとも**，高さが0よりも低ければ**必ずマイナスになる**んだよ。

よって，

$$0 = \underbrace{}_{\text{前}} \underbrace{\frac{1}{2}mv_1^2 + mg(-d) + \frac{1}{2}kd^2}_{\text{後}}$$

①式 $d = \dfrac{mg}{k}$ を代入して整理すると

$$0 = \frac{1}{2}mv_1^2 - \frac{(mg)^2}{2k}$$

したがって，$v_1 = g\sqrt{\dfrac{m}{k}}$ ……**答**

(ウ) これは一見伸びが問われているように見えるけれど，結局は，糸の張力が$2.5mg$になるときの弾性力kd_1が問われているので，**力の問題**。図eで，Bのみに注目した力のつり合いの式より，

$$2.5mg = kd_1 + mg$$

よって，$d_1 = \dfrac{3mg}{2k}$ …② ……**答**

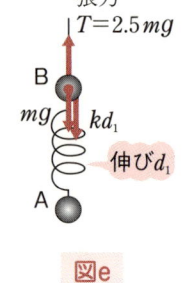

図e

(エ) 最下点の**伸び d_2** が問われている問題で，エネルギーで解く。$d_2 > d_1$ なら糸は切れる。

㊥では，重力・弾性力以外の仕事はないので，《力学的エネルギー保存則》で解く。

「3要素」(p.85)は，図fより，

㊗前 (速さ0)，(高さ0とする)，(伸び0)
㊗後 (速さ0)，(高さ$-d_2$)，(伸びd_2)

より，

$$0 = \underbrace{}_{\text{前}} \underbrace{mg(-d_2) + \frac{1}{2}kd_2^2}_{\text{後}}$$

よって，$d_2 = \dfrac{2mg}{k}$ …③ ($d_2 = 0$ は除外)

②，③より，$d_2 > d_1$ となるので，運動中に糸は切れてしまう。……**答**

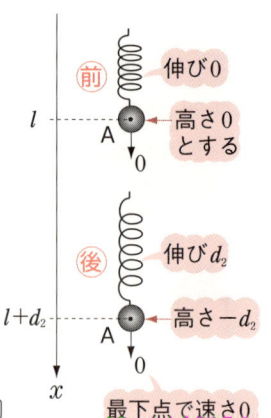

図f

チェック問題 ③ 滑車と放物運動　やや難 15分

図のように，上端に滑車のついた傾角30°の粗い斜面がある。質量 m の台車Aの上に質量 m の球Bを乗せ，軽い糸で滑車を通して質量 $4m$ のおもりCにつなげ，全体を静かに平板上に置いた。台車は，動摩擦係数 $\dfrac{\sqrt{3}}{3}$ の斜面上 L だけ登り，滑車に衝突すると，球はそのときの初速度で空中に飛び出していって最高点に達した。

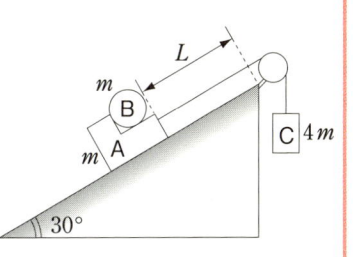

(1) 球が飛び出す速さ v_1 はいくらか。

(2) 球が飛び出した位置からはかった，最高点の高さ h_1 はいくらか。ただし，最高点での球の速さは $\dfrac{\sqrt{3}}{2}v_1$ となる。

解説 (1) 速さを問うので，エネルギーで解こう。まずは，動摩擦力から出してみよう。

図aで，台車と球の斜面と垂直方向の力のつり合いの式により，垂直抗力 N は，

$$N = 2mg\cos 30° = \sqrt{3}\,mg$$

よって，動摩擦力の大きさ F は，

$$F = \dfrac{\sqrt{3}}{3}N = \dfrac{\sqrt{3}}{3} \times \sqrt{3}\,mg = mg \cdots ①$$

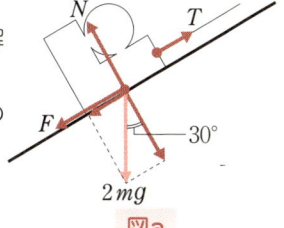

ここで，台車と球に注目して《仕事とエネルギーの関係》を立てると，「3要素」は(ばねナシ)，

- 前 (速さ0)，(高さ0とする)
- 後 (速さ v_1)，(高さは $L\sin 30° = \dfrac{1}{2}L$)で，

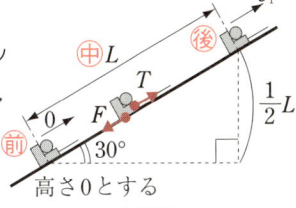

$$\underbrace{0}_{前} + \underbrace{(-F \times L) + (張力T) \times L}_{中} = \underbrace{\dfrac{1}{2}2m{v_1}^2 + 2mg \times \dfrac{1}{2}L}_{後}$$

（未知）

となるね。

この式から v_1 は求まるかい？

ダメ！　張力Tが未知なんだから，v_1について解いてもムリ！

そうだね。糸の張力Tがジャマだね。そうすると，全体に着目して，糸の張力の仕事どうしを相殺させてしまうしかないね。

図cで，「台車と球」そしておもり全体に着目して，「3要素」は(ばねナシ)，

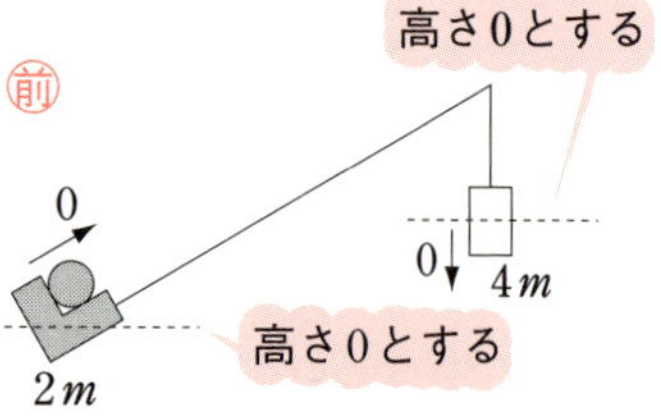

前　(「台車と球」とおもりすべての速さ0)，
(「台車と球」とおもりのそれぞれの位置を高さ0とする)

後　(「台車と球」とおもりすべての速さv_1)，
(「台車と球」の高さは$L\sin30^\circ=\frac{1}{2}L$でおもりの高さは$-L$)。

前で，「台車と球」とおもり，それぞれ独自に，高さ0としてしまっていいんですか？

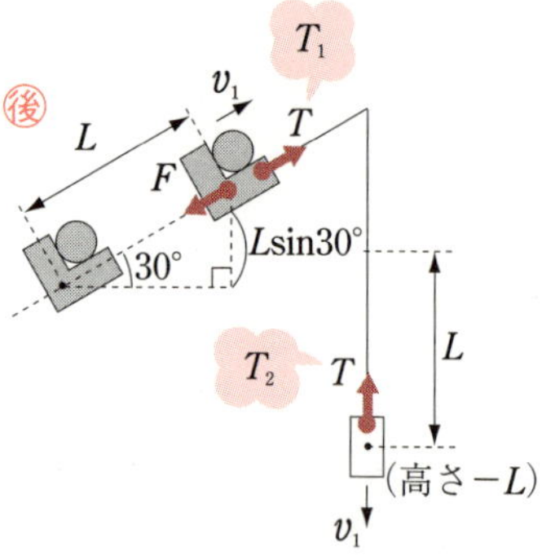

図c

いいんだよ。なぜなら，エネルギーの式では，結局前後の高さの差だけが残るからね。どこを高さ0の点に選んでも答えは同じだ。各物体ごとに，それぞれ一番分かりやすい所を高さ0とすればいいんだ。

全体に着目した《仕事とエネルギーの関係》より，

$$\underbrace{0}_{前}+\overbrace{\underbrace{(-F\times L)}_{Fの仕事}+\underbrace{T\times L}_{T_1の仕事}+\underbrace{(-T\times L)}_{T_2の仕事}}^{中}$$

$$=\overbrace{\frac{1}{2}\times2mv_1^2+\frac{1}{2}\times4mv_1^2+2mg\times\frac{1}{2}L+4mg(-L)}^{後}$$

①を代入して，
$$0 = +mgL + \frac{1}{2} \times 6mv_1^2 - 3mgL$$
よって，
$$v_1 = \sqrt{\frac{2}{3}gL} \cdots ② \quad \cdots\cdots \text{答}$$

(2) <u>高さが問われている</u>のでエネルギーで解こう。詳しくは次の章で見るけれど，放物運動の命は水平方向と鉛直方向に分けること。

ここで初速度 v_1 を水平方向 $\frac{\sqrt{3}}{2}v_1$，鉛直方向 $\frac{1}{2}v_1$ に分けると，水平方向には重力を受けないので，速度の水平成分は $\frac{\sqrt{3}}{2}v_1$ で，一定のままだ。

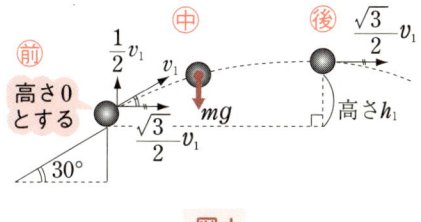

図d

最高点では，純粋に水平方向のみの速さ $\frac{\sqrt{3}}{2}v_1$ をもつ。ここで，図dの 中 では，<u>重力のみしか受けないので</u>，《力学的エネルギー保存則》が成り立つね。

図dで，「3要素」(ばねナシ) は，

前 (速さは斜面方向の v_1)，(高さは0とする)

後 (速さは水平方向の $\frac{\sqrt{3}}{2}v_1$)，(高さは h_1 とする)

$$\overbrace{\frac{1}{2}mv_1^2 + mg \times 0}^{\text{前}} = \overbrace{\frac{1}{2}m\left(\frac{\sqrt{3}}{2}v_1\right)^2 + mgh_1}^{\text{後}}$$

よって，$h_1 = \dfrac{v_1^2}{8g} = \dfrac{1}{12}L$ ……答
　　　　　　　　②より

[別][解]

詳しくは次の章で見るように，放物運動では，水平方向の等速運動と，鉛直方向の投げ上げ運動に完全に分けて考えることが大切なんだ。そこで，図eのような**鉛直方向の投げ上げ運動のみ**を考えて，

「**3点セット**」(p.20)の表は，

初期位置 x_0	0
初速度 v_0	$\dfrac{1}{2}v_1$
加速度 a	$-g$

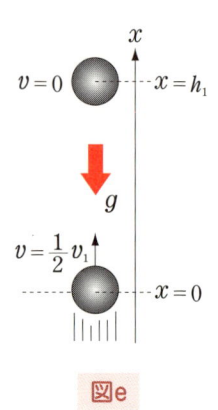

ここで等加速度運動の〔公式ウ〕(p.19)より，

$$0^2 - \left(\dfrac{1}{2}v_1\right)^2 = 2(-g)(h_1 - 0)$$

よって，$h_1 = \dfrac{v_1{}^2}{8g} = \dfrac{1}{12}L$ ……**答**

②より

手ごわい問題だから，解ききった達成感も強いよね！お疲れさま!!

● 第8章 ●
ま と め

1 「**3要素**」**速さ** v, **高さ** h, **伸び縮み** x **やすべった距離** l **を問うとき。**

⬇

2 前㊥後の図をかき「**3要素**」をそろえる。

⬇

3 もし，㊥で重力・弾性力**以外**の仕事が，

あり 《仕事とエネルギーの関係》

$$\begin{pmatrix}前の力学的\\エネルギー\end{pmatrix} + \begin{pmatrix}㊥で重力・弾性力\\以外のした仕事\end{pmatrix} = \begin{pmatrix}後の力学的\\エネルギー\end{pmatrix}$$

$$= \left(\frac{1}{2}mv^2 + mgh + \frac{1}{2}kx^2\right)$$

なし 《力学的エネルギー保存則》

(前の力学的エネルギー) = (後の力学的エネルギー)

⬇

4 v, h, x, l を求める。

㊟ 2物体以上が張力どうし，垂直抗力どうしをおよぼしあいながら運動しているときは，**なるべく全体に着目**して，それらの力どうしの仕事を相殺させよ。

次からはいよいよ「物理」の内容に入っていくよ。引き続きヨロシク！！

物理の力学

- 第9章 放物運動
- 第10章 力のモーメントのつり合い
- 第11章 力積と運動量
- 第12章 種々の衝突
- 第13章 2つの保存則
- 第14章 慣性力
- 第15章 円運動
- 第16章 万有引力
- 第17章 単振動
- 第18章 単振動の応用

※ とくに断らない限り重力加速度の大きさを g とする。

第9章 放物運動

▲カキーン！「打球は放物軌道を描いてスタンドに吸いこまれていきます！」

Story ① 放物運動

▶(1) 等加速度運動の復習

まずは「物理基礎」のp.21で扱った《等加速度運動の解法》の3ステップをもう一度おさらいしよう。

Step 1 座標軸を立てる

なるべく原点は運動のスタート点にとる。そして物体が動き出す向きを軸の正の向きにとろう。

Step 2 初期位置 x_0、初速度 v_0、加速度 a の「3点セット」(p.20) を表にする。

初期位置	x_0
初速度	v_0
加速度	a

Step3 等加速度運動の〔公式**ア****イ****ウ**〕(p.20) を書き下す。

〔公式**ア**〕　$v = v_0 + at$　　　　　←vとtの関係

〔公式**イ**〕　$x = x_0 + v_0 t + \dfrac{1}{2}at^2$　←x座標とtの関係

〔公式**ウ**〕　$v^2 - v_0^2 = 2a(x - x_0)$　←vとx座標の関係

あとは，各問いで何と何の関係を問われているかによって3つの式を使い分ければよかったんだよね。

さて，「物理基礎」ではp.28の落体の運動として，鉛直下向きに重力加速度gをもつ，自由落下や鉛直投げ上げ運動などの直線運動を扱ったね。さらに「物理」では曲線を描いて飛んでいく放物運動を見ていこう。

▶(2)　放物運動に関する2つのナヤミ

> 放物運動って，どーもあの曲線の軌道が苦手です。
> それと，公式がいっぱい出てきて覚えきれないなあ〜。

なるほどね〜。キミのように，放物運動を苦手にする人が抱える悩みを，ボクなりに分析すると，次の2つにまとめられる。

❶　曲線の軌道がイメージしづらく，扱いにくい。
❷　公式が数多く出てきて，覚えにくい。

今から，この2つに対する解決法を伝授しよう。

第9章　放物運動

▶(3) 水平投射運動

まず，❶曲線の軌道の扱いにくさを解決しよう。そのカギを握るのは運動の独立性だ。運動の独立性とは難しく聞こえるけど，要するに，運動を x，y 方向に完全に分けて考えられるということだ。

図1の水平にボールを投げる運動を x，y 方向に完全に分けてごらん。

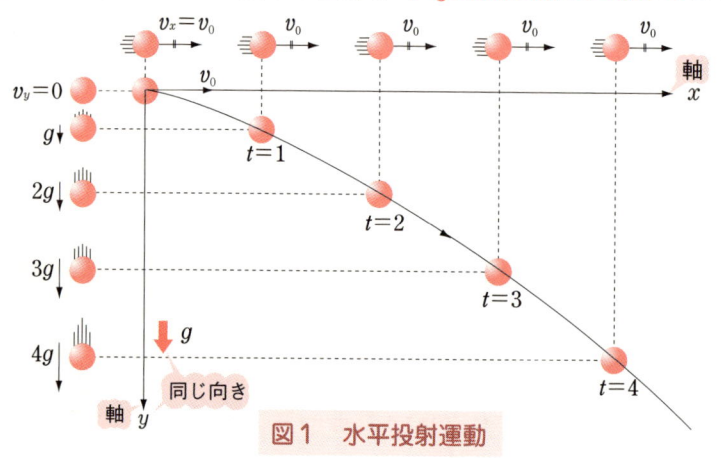

図1 水平投射運動

> x 方向は初速度 v_0 の等速度運動で，y 方向は自由落下しているぞ。

そうだね。x 方向には重力を受けないから一定速度 v_0 を続けるね。一方，y 方向にはズンズン重力を受けてるから自由落下だね。

すると話はカンタンで，x，y 方向それぞれの「3点セット」は，

3点セット	x 成分	y 成分
初期位置 x_0	0	0
初 速 度 v_0	v_0	0
加 速 度 a	0	$+g$

x成分：一定速度なので
y成分：y軸の正と同じ向き

あとは，等加速度運動の［公式㋐，㋑，㋒］(p.20) で自由自在に x，y 方向それぞれの運動を予言できるね。これで❷の「式の暗記」も全くいらなくなるね。だって，「3点セット」だけ押さえればいいんだから。

▶(4) 斜方投射運動

次は,図2の斜めにボールを投げる斜方投射運動の例だ。ここでもやはり, **x, y 方向に完全に分けて**運動を考えてね。

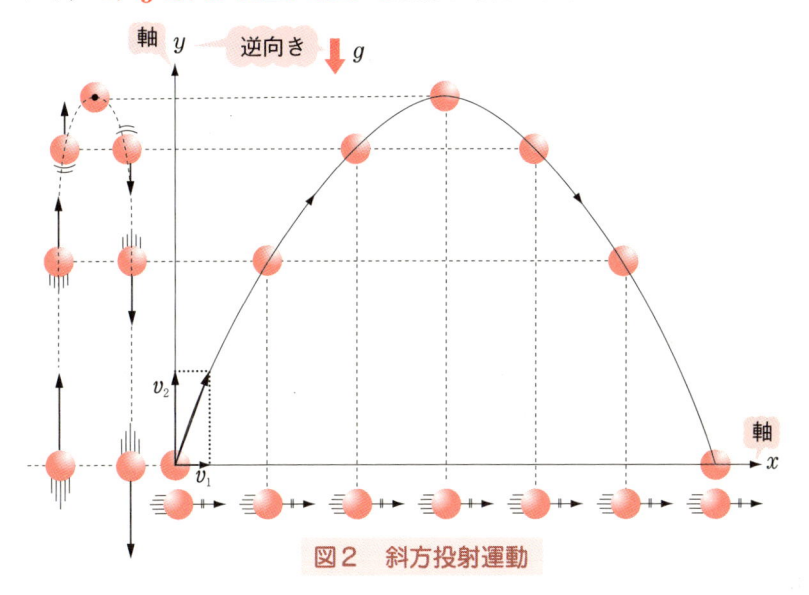

軸 y　逆向き ↓g

軸 x

図2　斜方投射運動

> x 方向は初速度 v_1 の等速度運動で,今度は, y 方向は初速度 v_2 で投げ上げ運動をしているぞ。

OK！ x, y 方向それぞれの「3点セット」は,

3点セット	x 成分	y 成分
初期位置 x_0	0	0
初速度 v_0	v_1	v_2
加速度 a	0	$-g$

　　　　　　　　　　一定速度　　 y 軸の正と
　　　　　　　　　　なので　　　 逆向き

のようになるね。

第9章　放物運動

ちなみに，t秒後の速度のx，y成分v_x，v_y，そして座標x，yは，等加速度運動の［公式㋐，㋑］(p.20)より，次のように書けるよ。

$v_x = v_1 + 0 \cdot t = v_1$

$v_y = v_2 + (-g)t = v_2 - gt$

$x = 0 + v_1 t + \dfrac{1}{2} \times 0 \times t^2 = v_1 t$

$y = 0 + v_2 t + \dfrac{1}{2}(-g)t^2 = v_2 t - \dfrac{1}{2}gt^2$

> あくまでも座標だよ！ 移動距離ではないからね

言うまでもなく，上の4つの式はいっさい暗記不要！ 何度もくり返すけど，「3点セット」の表と［公式㋐，㋑，㋒］(p.20)だけ押さえれば済むんだ。

以上，放物運動のポイントと解法は，次のようにまとめられるね。

POINT 1　放物運動の解法

Step 1　x，y軸を立てる（原点，正の向き明記）。
Step 2　x，y軸方向に初速度を分解する。
Step 3　x，y方向別々に「3点セット」(p.20)を表にする。
Step 4　x，y方向別々に［公式㋐，㋑，㋒］(p.20)を書き下す。

> ココが最も大切！

チェック問題 1　水平投射　　　　　標準 7分

右の図のように，地面から高さhの位置で，時刻$t=0$でボールを水平に投げた。

(1) 地面に落下する時刻t_1を求めよ。
(2) 地面に落下するとき，図のように，水平となす角度θとなるための初速度の大きさv_0を求めよ。

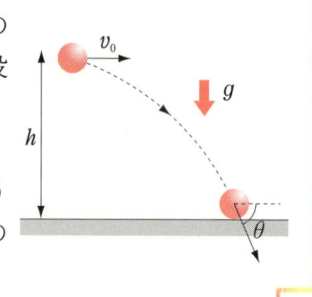

解説 (1) 《放物運動の解法》(p.110)で解こう。

Step 1 初期位置を原点にとり，初速度の方向に x 軸をとる。y 軸はこれからボールは落下していくので，下向きにとる。今後，完全に x, y に分けて考える。

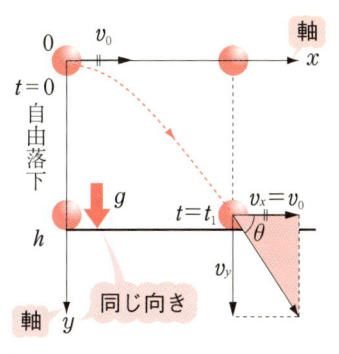

Step 2 初速度は x 軸のみ。

Step 3

3点セット	x 成分	y 成分
初期位置 x_0	0	0
初 速 度 v_0	$+v_0$	0
加 速 度 a	0	$+g$

y 軸の正と同じ向き

Step 4 $t=t_1$ で地面（y 座標$=h$）なので，完全に y 方向の自由落下のみを考えよう。[公式㋑]（p.20）より，

$$h = 0 + 0 \times t_1 + \frac{1}{2}g t_1^2$$

よって，$t_1 = \sqrt{\dfrac{2h}{g}}$ …① ……**答**

(2) 角度 θ とくると，「もうワカンナイ！」とパニくる人がいるけど，完全に x, y に分ければ，難しいことはないよ。

$t=t_1$ で x 方向の速度は，$v_x = v_0$

y 方向の速度は，[公式㋐]（p.20）より，$v_y = 0 + g t_1$ となるね。

図の v_x と v_y でつくる直角三角形の $\tan\theta$ を考えるのがコツ。

$$\tan\theta = \frac{v_y}{v_x} = \frac{g t_1}{v_0}$$

$\therefore\ v_0 = \dfrac{g t_1}{\tan\theta} = \dfrac{\sqrt{2gh}}{\tan\theta}$ ……**答**

①より

チェック問題 ❷ 放物運動 標準 10分

右の図の放物運動で，初速度の大きさを v_0，重力加速度を g とする。次の量を求めよ。
(1) 最高点の高さ H
(2) 滞空時間 T
(3) 飛距離 L
(4) 破線の位置に傾き30°の斜面を置いたときの発射点Oから衝突点Pまでの距離 l

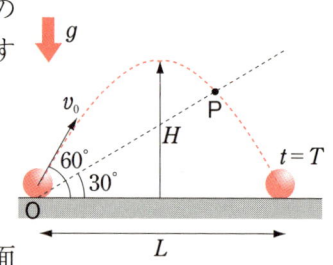

解説 (1) 《放物運動の解法》（p.110）で解こう。

Step 1 図aのように，発射点を原点にとった x，y 軸を立てる。y 軸方向には投げ上げ運動になるので，上向きを正にとる。

Step 2 初速度 v_0 を分解する。

Step 3

3点セット	x 成分	y 成分
初期位置 x_0	0	0
初速度 v_0	$+\dfrac{1}{2}v_0$	$\dfrac{\sqrt{3}}{2}v_0$
加速度 a	0	$-g$

y 軸の正と逆向き

Step 4 y 座標＝H で，最高点（y 方向の速度＝0）より，**完全に y 方向の投げ上げ運動のみを考えて**，［公式❷］(p.20)より，

$$0^2 - \left(\frac{\sqrt{3}}{2}v_0\right)^2 = 2(-g)(H-0)$$

よって，$H = \dfrac{3{v_0}^2}{8g}$ ……**答**

(2) $t=T$ で地面に着く（y 座標 $=0$ だよ。あくまでも座標で考えるんだ）ので，**完全に y 方向の投げ上げ運動のみを考えて**，[公式❶] (p.20) より，

$$0 = 0 + \frac{\sqrt{3}}{2}v_0 T + \frac{1}{2}(-g)T^2$$

よって，$T = \dfrac{\sqrt{3}\,v_0}{g} \cdots ①$ ……**答**

> $T=0$ の解も出るけど，これは発射時の刻なので，除外

別解 投げ上げ運動の対称性より，最高点までの時間は滞空時間 T の半分の $\dfrac{1}{2}T$。よって，$t=\dfrac{1}{2}T$ で y 方向の速度 $=0$ で，[公式㋐] (p.20) より，

$$0 = \frac{\sqrt{3}}{2}v_0 + (-g)\frac{1}{2}T \quad \text{よって，} T = \frac{\sqrt{3}\,v_0}{g} \text{……答}$$

(3) $t=T$ で $x=L$ より，**完全に x 方向の速さ $\dfrac{1}{2}v_0$ の等速度運動のみを考えて**，

$$L = \frac{1}{2}v_0 \times T = \frac{\sqrt{3}\,v_0{}^2}{2g} \text{……答}$$

①より

(4) **図b**より，斜面上の衝突点の座標は，

$$\left(\frac{\sqrt{3}}{2}l,\ \frac{1}{2}l\right)$$

ここで，「$t=t_1$ で点Pに着く」と，t_1 を勝手に仮定しておくのがコツ。

x 方向の等速度運動のみを考えて，

$t=t_1$ で，$x=\dfrac{\sqrt{3}}{2}l$ より，

$$\frac{\sqrt{3}}{2}l = \frac{1}{2}v_0 \times t_1$$

よって，$t_1 = \dfrac{\sqrt{3}\,l}{v_0} \cdots ②$

y 方向の投げ上げ運動のみを考えて，$t=t_1$ で $y=\dfrac{1}{2}l$ より，[公式❶]で，

$$\frac{1}{2}l = 0 + \frac{\sqrt{3}}{2}v_0 t_1 + \frac{1}{2}(-g)t_1{}^2 \cdots ③$$

図b: $l\sin 30° = \dfrac{1}{2}l$，$l\cos 30° = \dfrac{\sqrt{3}}{2}l$，$t=t_1$

第9章 放物運動

②式を③式に代入して，
$$\frac{1}{2}l = \frac{\sqrt{3}}{2}v_0 \times \frac{\sqrt{3}l}{v_0} - \frac{1}{2}g\left(\frac{3l^2}{v_0^2}\right)$$
よって，$l = \dfrac{2v_0^2}{3g}$ ……**答**　（$l=0$ の解は除外したよ）

別解

図cのように斜面と平行に X 軸，斜面と垂直に Y 軸を立てると，Y 軸の座標が斜面との距離を表すので簡単になる。

ただし，初速度 v_0 と加速度 g のベクトルを X，Y 軸のそれぞれの方向に分ける必要がある。

3点セット	X 成分	Y 成分
初期位置 x_0	0	0
初速度 v_0	$\dfrac{\sqrt{3}}{2}v_0$	$\dfrac{1}{2}v_0$
加速度 g	$-\dfrac{1}{2}g$	$-\dfrac{\sqrt{3}}{2}g$

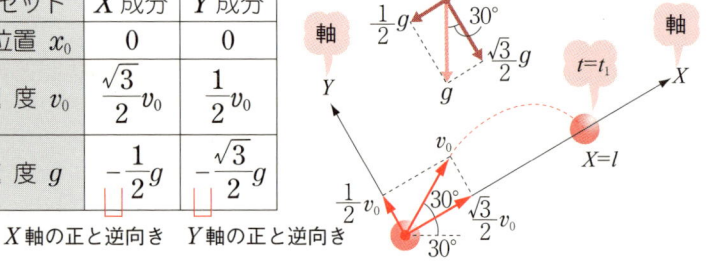

　　　　　　　　X 軸の正と逆向き　Y 軸の正と逆向き

図c

$t=t_1$ で斜面に衝突するので，$Y=0$
よって，〔公式❹〕より，
$$0 = 0 + \frac{1}{2}v_0 t_1 + \frac{1}{2}\left(-\frac{\sqrt{3}}{2}g\right)t_1^2$$
∴　$t_1 = \dfrac{2v_0}{\sqrt{3}\,g}$ …④　（$t_1=0$ の解は除外したよ）

$t=t_1$ での X 座標が l なので，〔公式❹〕より，
$$l = 0 + \frac{\sqrt{3}}{2}v_0 t_1 + \frac{1}{2}\left(-\frac{1}{2}g\right)t_1^2 = \frac{2v_0^2}{3g}$$ ……**答**
　　　　　　　　　　　　　　　　④より

p.113と比べて計算量がずいぶんと減少したね。

● 第9章 ●
ま と め

1 放物運動の解法

Step 1 x, y 軸を立てる。初期座標 (x_0, y_0) を求める。
(物体の位置は座標で表すから，**しっかり軸を立てる**ことが大切だよ)

Step 2 x, y 軸方向に初速度を (v_x, v_y) と分解する。

Step 3 x, y 軸別々に「**3点セット**」(p.20) を求める。

3点セット	x 成分	y 成分
初期位置	x_0	y_0
初 速 度	v_x	v_y
加 速 度	0	$\pm g$

y軸の正が下向きなら，$+g$
y軸の正が上向きなら，$-g$

Step 4 **x, y 方向に完全に分けて,**
それぞれの方向の直線運動におきかえて，等加速度運動の[公式ア，イ，ウ] (p.20) を使う。

2 キーワード

① 最高点 ➡ y 方向の速度が 0
② 床につく ➡ y 座標 = 0
③ AとBが衝突 ➡ AとBの座標が一致
④ 水平となす角 θ ➡ $\tan\theta = \dfrac{v_y}{v_x}$
⑤ 斜面と衝突 ➡ 斜面と平行，垂直に X, Y 軸を立て $Y = 0$

完全に x, y に分ければカンタンだ。

第9章 放物運動

第10章 力のモーメントのつり合い

▲身近ないたるところで，力のモーメントが利用されているのだ

Story ① 力のモーメント

▶(1) 「力のモーメント」って何？

　大きさはもつが，力を加えても変形しない理想的な物体を**剛体**という。大きさをもたない**質点**では，運動としては位置の変化のみを考えた。しかし，剛体では物体の回転運動まで考える必要があるんだ。

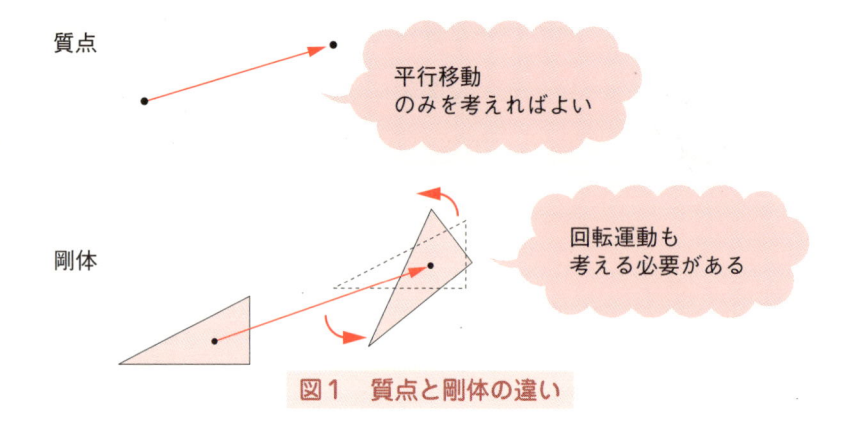

質点　　平行移動のみを考えればよい

剛体　　回転運動も考える必要がある

図1　質点と剛体の違い

116　物理の力学

すると，剛体を完全に止めるには，平行移動だけじゃなくて，回転も止める必要があるのですね！

　そのとおり。だから，剛体のつり合いを考えるには，この**回転が止まるという条件**も必要になるんだよ。

　そこで，この「回転が止まるという条件」とは何かを考えるために，キミが小学校で習った「てんびん」を思い出してみよう。

　次の図で，各おもりは3kgと1kg，棒は軽いとする。このとき，指でどこを支えると，バランスがとれるかな？

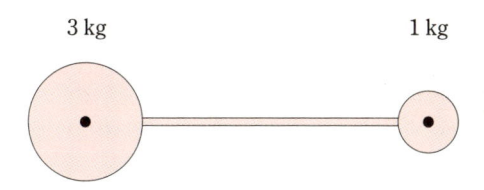

ええと，真ん中じゃバランスが悪いから，次の図のように重い3kgの方へずれたところかな？

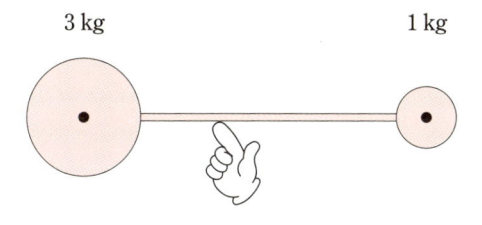

　よーし！　いいセンスだ。物理ではそういう感覚的なところが大切になってくるからね。

　もう少し補わせてもらうと，指の位置は，3kgのおもりの重心の位置と，1kgのおもりの重心の位置を結ぶ線分に対し，**質量の逆比**である **1：3** に内分した点となるんだ。こうなる理由を次にもう少し詳しく考えてみよう。

第10章　力のモーメントのつり合い

反時計回り　　　　1 : 3　　　　時計回り

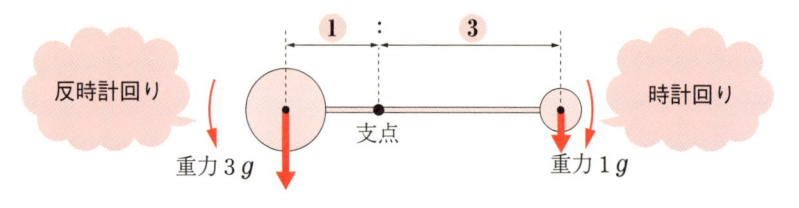

支点

重力3g　　　　　　　　　　重力1g

　このとき，上の図では支えている点（支点）を中心に，3kgのおもりにはたらく重力3gは反時計回りに，1kgのおもりにはたらく重力1gは時計回りに棒を回転させようとしているね。
　このとき，支点の左右で何が等しくなっているかな？

> う〜ん，うでの長さは1：3で等しくないし，それから力の大きさも3gと1gで違うし……

　ある量とある量のかけ算でもいいよ。

> あ！　重力3gとうでの長さ1のかけ算と，重力1gとうでの長さ3のかけ算は，どちらも3g×1と1g×3で，同じだ！

　そのとおり。この**（力）×（うでの長さ）**のことを，**力のモーメント**というんだ。「回転が止まる条件」というのは，支点を中心にして，反時計回りの力のモーメントと，時計回りの力のモーメントが等しくなることなんだ。このことを「力のモーメントのつり合い」というよ。

POINT 1　力のモーメントと剛体

- 力のモーメント＝力×うでの長さ
- 剛体の回転が止まる条件；支点を中心にして，
  （反時計回りの力のモーメント）＝（時計回りの力のモーメント）

　次は，この力のモーメントのつり合いの式を立てる前に必要となる作図について見ていこう。

▶(2) 力のモーメントの作図法

　力のモーメントの分野の攻略法は，作図法を押さえることだ。いっぺんに作図しようとするのではなくて，手順どおりに行えば，カンタンだ。
　物体に右図のような力がはたらいているとき，力のモーメントのつり合いの式を立ててみよう。

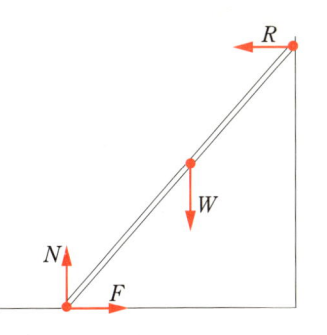

▶▶▶　力のモーメントのつり合いの式の立て方　◀◀◀

Step 1

支点を1つ選び，「グリグリ」と点⊙を打つ。

　原則として支点はどこに選んでもよいが，なるべく未知の力 N，F が集中している下端にとると，N と F の力のモーメントが 0 になって考えなくて済むので，楽だ。

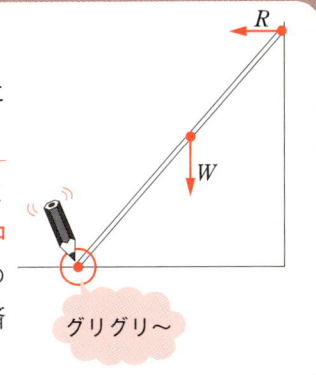

グリグリ～

Step 2

力の作用線を「テンテン」と引いていく。

　力の作用線というと難しく聞こえるが，単に力の矢印を延長した線だ。
　この力の作用線の作図をしっかりすることが，最大のポイントなんだ。

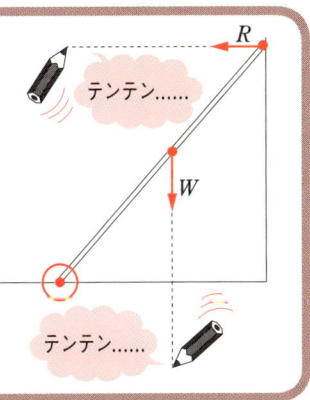

テンテン……

テンテン……

第10章　力のモーメントのつり合い

Step 3

支点⊙から力の作用線に向けて，垂線を「ピューンポコン」と下ろし，うでの長さ l を求める。

この垂線を「うで」といい，この長さを「うでの長さ」という。

支点から作用線に垂線を落としていく感覚だ。R，W のうでの長さをそれぞれ l_1，l_2 としよう。

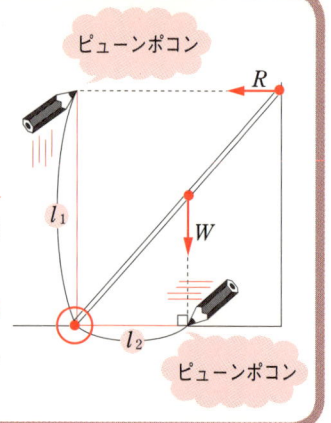

Step 4

力をうでの位置までずらして，時計回り，反時計回りを判定する。

力の矢印は，作用線上を動かしても，その効果は変わらない。

そこで，R と W をうでの位置までずらすと，R は反時計回り，W は時計回りのモーメントと判定できる。

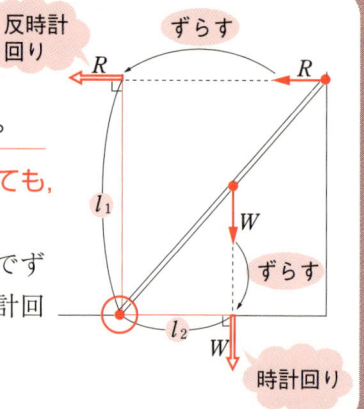

以上より，力のモーメントのつり合いの式は，

$$\odot \quad \underbrace{R}_{力} \times \underbrace{l_1}_{うでの長さ} = \underbrace{W}_{力} \times \underbrace{l_2}_{うでの長さ}$$

（反時計回りのモーメント ＝ 時計回りのモーメント）

となる。

以上の作図を，

「グリグリ♪テンテン♪ピューンポコン♪」

とリズミカルに覚えようね(笑)。

チェック問題 1　剛体のつり合い　　標準 8分

次の図で，棒ABは長さ $2l$ で，質量 m の一様な棒である。糸は水平から60°の角度で張っている。

(1) 棒が糸から受ける張力 T，床から受ける垂直抗力 N，静止摩擦力 F の大きさを求めよ。

(2) 棒と床との間の静止摩擦係数 μ がいくら以下になると，棒はすべり始めるか。

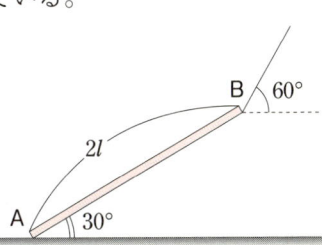

解説　(1) まずは，力を《力の書き方》(p.36)で「ナデ・コツ・ジュー」と書き込もう。

このとき，床から受ける静止摩擦力 F（まだ「すべる直前」ではないので，決して $F=\mu N$ とはしないこと(p.40)！）の向きは，棒が右へすべってしまうのを妨げようとする向きなので，左向きとなる。

また，「一様な棒」なので，重心は中央で，その位置に重力 mg を書く。

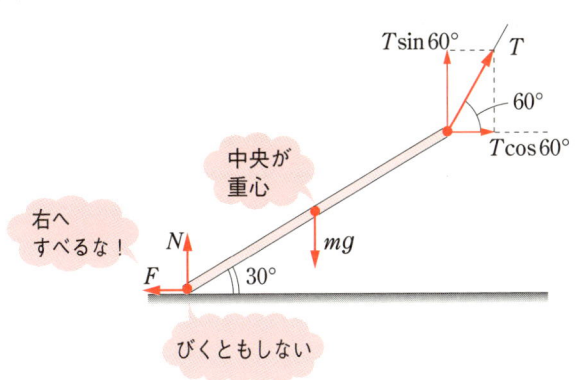

次に，張力を上，右方向に分解したら，力のつり合いより，

上下： $T\sin 60°+N=mg$ ……①
左右： $T\cos 60°=F$ ……②

第10章　力のモーメントのつり合い

前ページの２つの式の中に，未知数は何個入っているかな？

そう，T，N，F の３つだね。すると，この①，②式だけでは解けないので，あと１つの式を，力のモーメントのつり合いの式から求めよう。

いまみたいに，<u>いちいち未知数の個数のチェック</u>をして，力のモーメントのつり合いの式の必要性を確かめることが，実戦上ものすごく大切だ。

ここで《力のモーメントのつり合いの式の立て方》(p.119)より，

Step 1 支点⊙は，未知の力の集中するA点に「グリグリ」ととる（N，F は考えずに済む）。

Step 2 T，mg の力の延長線（力の作用線）を「テンテン」と引く。

Step 3 支点⊙から力の作用線の点線まで「ピューンポコン」と垂線を下ろし，うでをつくる。

Step 4 図のように，T，mg の位置をうでの位置までずらす。

すると，T は反時計回り，mg は時計回りと判定できるね。

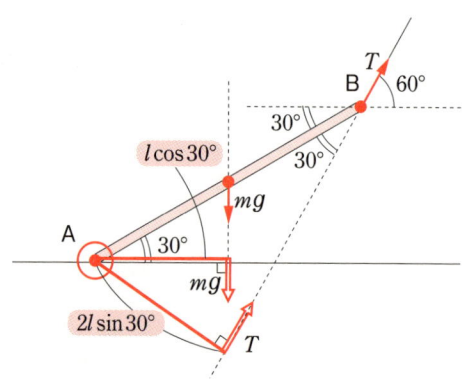

力のモーメントのつり合いの式は，上の図より，

⊙ $\underbrace{T \times 2l\sin 30°}_{\text{反時計回りのモーメント}} = \underbrace{mg \times l\cos 30°}_{\text{時計回りのモーメント}}$ …③

③より，$T = \dfrac{\sqrt{3}}{2}mg$，①，②より，$F = \dfrac{\sqrt{3}}{4}mg$，$N = \dfrac{1}{4}mg$ ……**答**

(2) すべる直前 ⟷ $F = \mu N$ より，

$$\mu = \frac{F}{N} = \frac{\frac{\sqrt{3}}{4}mg}{\frac{1}{4}mg} = \sqrt{3}$$ ……**答**

Story ❷ 重　心

▶(1)　重心って何？

　剛体には，その点を支えるとバランスがとれる点がある。その点を**重心**という。

> じゃあ，Story ❶で見た「てんびん」の場合では，図2のように重心Gの位置はちょうどバランスがとれた支点のところですね。

　まさに，そういうことだ。

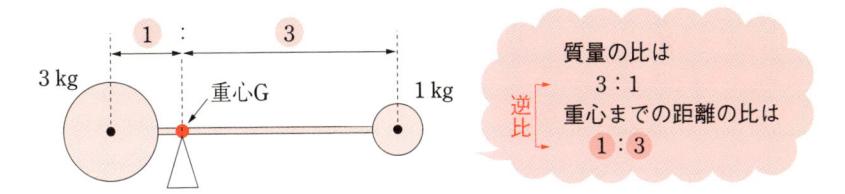

質量の比は
　　3：1
逆比
重心までの距離の比は
　　1：3

図2　重心でバランスがとれる

　一般に，2物体の重心は，**質量の逆比に内分する点**（質量が3kgと1kgだと，**1：3**に内分する点）にあるんだ。
　また，重心とは，その点に物体のすべての質量がギュッと集中した点と見なすことができるぞ。

> 「質量が集中した点と見なせる」というのは，一体どういうことですか？

　そうだね……
　たとえば，やじろべえで遊んだことはあるよね。どうしてやじろべえが倒れないのか，考えたことはあるかな？

第10章　力のモーメントのつり合い

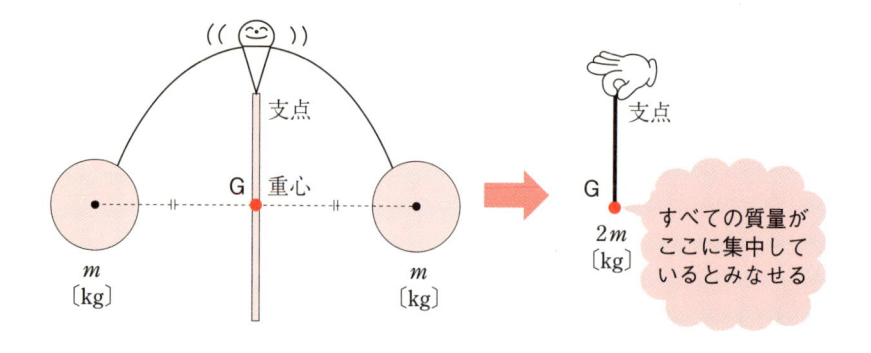

図3　やじろべえは結局，振り子と同じ安定性

　図3でやじろべえの2つのおもり全体の重心は，その中間点Gにあるよね。そのG点に，2つのおもりの質量$2m$〔kg〕がすべて集中しているものとみなそう。
　すると，図3の右側の図のように，上方の支点からぶら下げた振り子と同じ状態になる。この振り子を左右に振っても，必ず真ん中に戻ってくるように，やじろべえも，倒れても必ずまた起き上がるんだ。

▶(2)　代表的な重心の例は3つのみ

① 　2物体に分けられる場合➡2物体を質量の逆比に内分する点。
② 　「一様な」物体➡棒；中央，円・球；中心，三角形；重心。

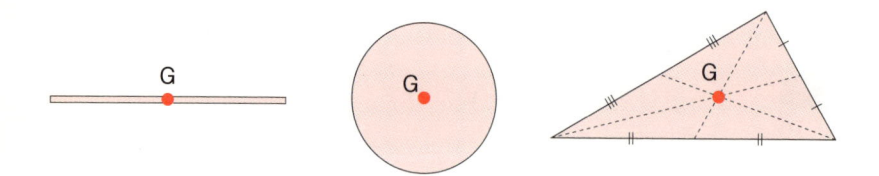

③ 　「一様でない」物体➡重心の位置は不明。重心位置を仮定して，力のモーメントのつり合いの式で求める。
　①が最も入試で狙われる。②か③かは，文章中に「一様な」という言葉があるかどうかで判定しよう。

チェック問題 ❷ 重　心　　　　標準 5分

図のABCは，全長 $3l$ の一様な全質量 $3m$ の細い針金を，直角に折り曲げたものである。

(1) この針金の重心Gの位置を図示せよ。
(2) この針金を，B点に糸をつけて天井からつり下げたときにとる形を図示せよ。

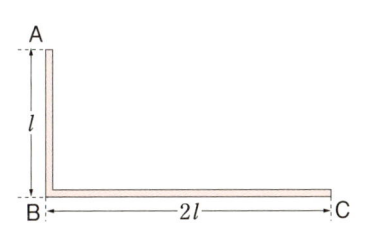

解説 (1) **ABとBCの2物体に分ける**ことがポイントだよ。

図aでAB，BCの質量は m，$2m$ で，それぞれの中央が重心位置P，Qとなる。

2物体の重心Gは，質量の比 $m:2m=1:2$ の逆比にあたる **2：1** にP，Qを内分した点にある。

(2) 重心Gに，ABCの全質量 $3m$ が集中していると考えよう。

すると，安定したつり合いとなるのは，**図b**のように，支点Bの真下に重心Gが「**ぶら下がっている**」状態だよね。

また，このとき，Bを支点としたときの点Pの重力 mg と点Qの重力 $2mg$ の力のモーメントが

$$2mg \times 1 = mg \times 2$$

となって，つり合っていることも分かるね。

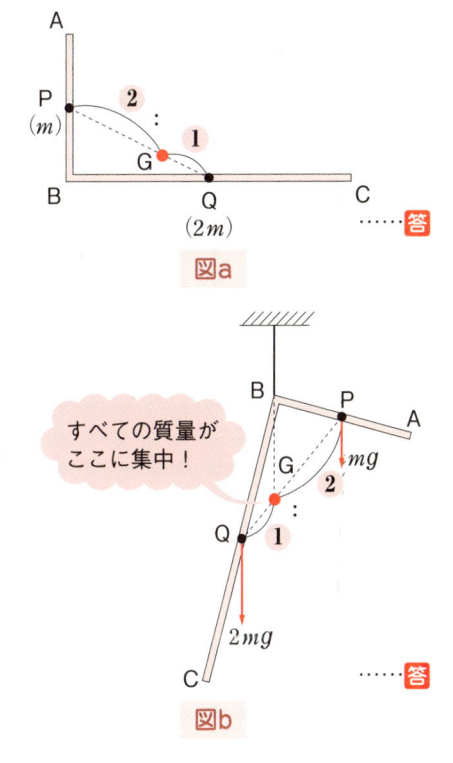

図a

図b（すべての質量がここに集中！）

Story ③ 転倒条件

▶(1) 平行でない3力がつり合うための必要条件

まず，イキナリ2択の問題から。

次の図の中のAの板とBの板には，どちらも3つの力$\vec{F_1}$, $\vec{F_2}$, $\vec{F_3}$がはたらいているけど，どちらか一方だけ，つり合いの状態にあるとすれば，それはどちらだろうか？

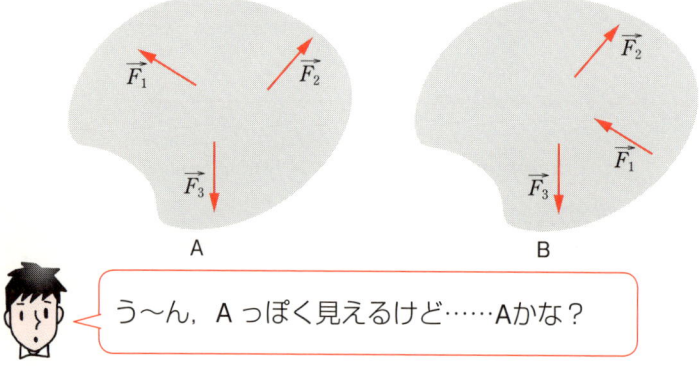

う〜ん，Aっぽく見えるけど……Aかな？

ブブー。正解はBだ。じつは，一瞬で判定する方法があるんだ。

それは，次の図のように**3つの力の作用線を引くこと**。もし引いた3本の作用線が1点で交わらなければ，それら3つの力はつり合うことはできない。で，今の場合，Aはつり合いの状態じゃないんだ。

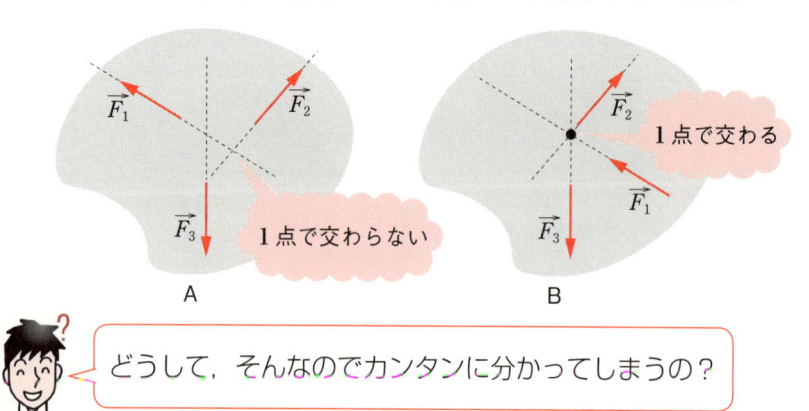

どうして，そんなのでカンタンに分かってしまうの？

うん，それは，次の図のように3力のうち，$\vec{F_1}$，$\vec{F_2}$を作用線上にずらして，それらの合力$\vec{F_{1+2}}$をつくってみると分かるんだ。

$\vec{F_{1+2}}$と残る$\vec{F_3}$がつり合うには，それらが一直線上にあることが必要だね。

そのためにはどうしても，下の図のBのように**3力の作用線が1点で交わる**必要があるだろう。この事実を知っていることは，力のモーメントの問題を解くうえで，とても重要なのだ。

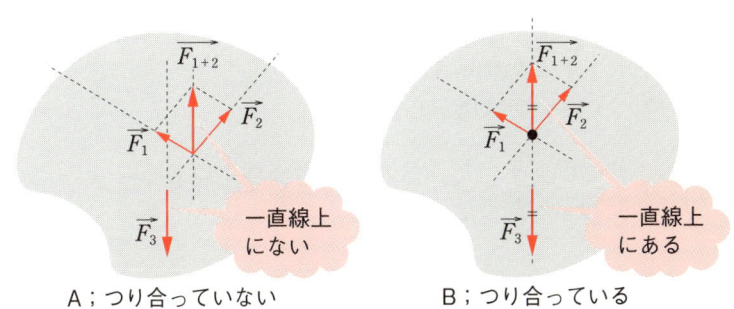

A；つり合っていない　　　　B；つり合っている

POINT 2　平行でない3力のつり合い

- 平行でない3力がつり合うためには，3力の作用線が1点で交わることが必要条件である。

▶(2)　転倒条件のよく分かるイメージ

図のように，粗い斜面上に静止している物体がある。物体は倒れる前にはすべり出すことはないものとするよ。この物体が受ける力を，とくに力のモーメントに注意して，なるべく正確に書き込んでくれたまえ。

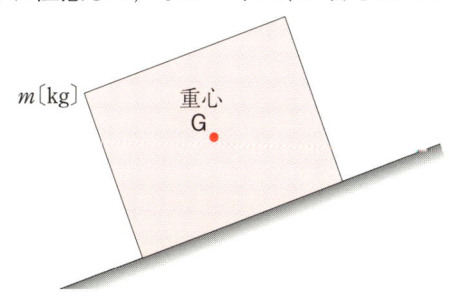

m〔kg〕　　重心 G

第10章　力のモーメントのつり合い

できた！

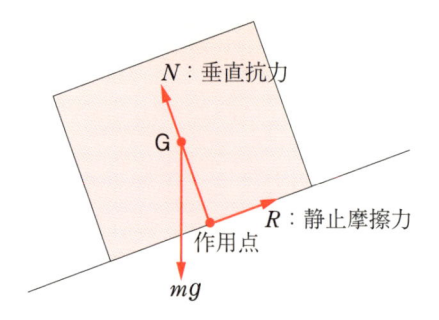

N：垂直抗力
R：静止摩擦力
作用点
mg

アチャーッ！　もう忘れたのかッ！
３力のつり合いでは何が必要なのか。

やばい。そうだ，３力の作用線が１点で交わるんだった。すると……

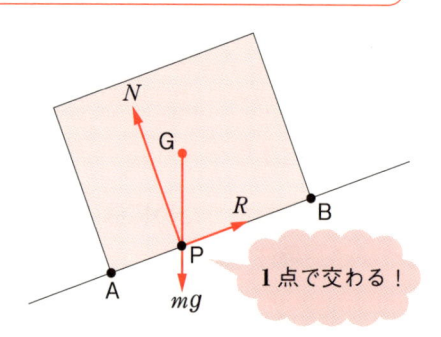

１点で交わる！

よし！　今度はOK！　この図をよーく見てくれ。物体の底面で，垂直抗力の作用点となるP点は，底辺ABのうち，よりA点の方に近い位置にあるね。これは，斜面が傾いているため，箱の底面にかかる力は，より斜面の低い方にあるA点に近い所にかかっていることになるね。つまり，Aの方へ「つんのめって」きているんだ。ここで，どんどん斜面の傾きを増していくと，P点の位置は，ますますA点に近づいていくね。そして，とうとうP点がA点と一致すると，……

倒れ始めるね！

そのとおり！　図4を見てほしい。

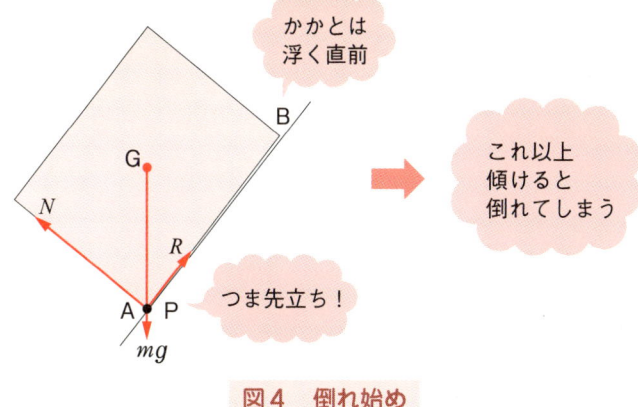

かかとは浮く直前

これ以上傾けると倒れてしまう

つま先立ち！

図4　倒れ始め

POINT 3　倒れる直前

- 倒れる直前＝つま先立ち
  ➡ 倒れる方向への「つま先」の上に垂直抗力がはたらく。

チェック問題 3　転倒条件　　標準 8分

　傾き θ の粗い斜面上に，図の形の断面ABCDをもった，質量 m の一様な直方体が静止している。この物体の辺ADに平行に力を加え，その大きさ F を増していったときに，直方体が倒れる直前となるときの F の値を求めよ。
　ただし，物体は倒れる前にはすべり出すことはないものとする。

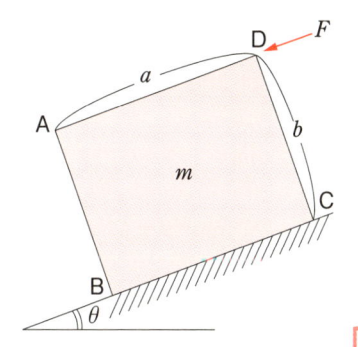

第10章　力のモーメントのつり合い

解説 倒れるとは，この場合，B点を中心に反時計回りに倒れることだよね。

よって，倒れる直前では，底面が受ける垂直抗力Nは，ちょうど「つま先」のB点にはたらいている。

また，図のように静止摩擦力fを（μNとしてはいけないよ(p.40)）作図する。

重力mgは，中央の重心Gに書く。斜面と平行，垂直方向の力のつり合いより

$$f = F + mg\sin\theta \cdots ①$$
$$N = mg\cos\theta \cdots ②$$

ここまでに，未知数はf，F，Nの3つある。

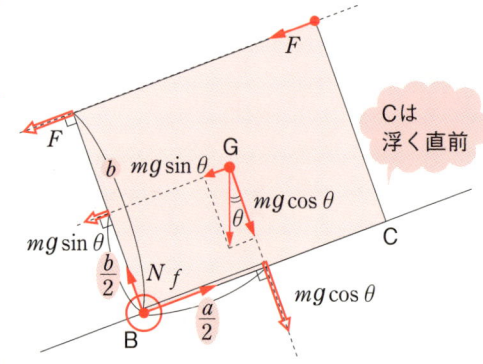

ここで《力のモーメントのつり合いの式の立て方》(p.119)より

Step 1 支点◉は，未知の力の集中するB点に「グリグリ」とる。(N, f は考えずに済む）

Step 2 F, $mg\sin\theta$, $mg\cos\theta$のそれぞれの力の作用線を「テンテン」と引く。

Step 3 支点◉からそれぞれの力の作用線まで垂線を「ピューンポコン」と下ろし，「うで」をつくる。

Step 4 図のようにF, $mg\sin\theta$, $mg\cos\theta$をうでの位置までずらす。

すると力のモーメントのつり合いの式は，支点をB点にとって，

$$◉ \quad \underbrace{F \times b + mg\sin\theta \times \frac{b}{2}}_{\text{反時計回りのモーメント}} = \underbrace{mg\cos\theta \times \frac{a}{2}}_{\text{時計回りのモーメント}} \cdots ③$$

③より，

$$F = \frac{mg}{2b}(a\cos\theta - b\sin\theta) \quad \cdots\cdots \text{答}$$

もし，静止摩擦力fも求めたければ，①式を用いればよいね。

● 第10章 ●
まとめ

1 力のモーメントの作図法
  ① **支点**（グリグリ）
  ② **力の作用線**（テンテン）
  ③ ①から②に**うで**を下ろす（ピューンポコン）。
  ④ 力を，うでの位置までずらして，時計回り，反時計回りを判定する。

2 剛体が回転しない条件

$$（反時計回りの力のモーメント）=（時計回りの力のモーメント）$$

3 重心G ── その点を支えるとバランスがとれる点。
        └─ その点に全質量が集中しているとみなせる点。
  とくに，2物体の重心は**質量の逆比に内分する点**にある。

4 倒れる直前＝倒れる方向への**「つま先」の上に垂直抗力**がはたらく。

力のモーメントとは99％お絵かき（作図）の問題なんだ。
実際に手を動かして作図法をマスターしよう。

第11章 力積と運動量

▲衝突を自由自在にコントロールする

Story ① 力積と運動量

▶(1) 力積とは何か？

　力を加えるときに，一瞬チョッと加えるよりも，ズ〜ッと長い時間押した方が，力の効果は大きいよね。そんな力の時間的効果のことを力積（りきせき）という。力積の定義は，次のようになるよ。

POINT1　力　積

力積 $\vec{I}$ (N·s) ＝ 力 $\vec{F}$ (N) × 力を加えた時間 Δt (s)

▶(2) 力積と仕事との違いとは？

　「力積」と物理基礎でやった「仕事」はまぎらわしいな〜。似ているようで似てないような……違いは何ですか？

　まさに，その違いをはっきりさせることが，これら2つの保存則を自由自在に使い分けるために必要なんだ。次の①，②で区別しよう。

132　物理の力学

① 仕事は動かした距離が命，力積は加えた時間が命

図1のように，キミが全然動かない黒板をムナシク押しているとしよう。

このとき，キミは仕事をしているかい？　また，キミは力積を与えているかい？

仕事は0
でも
力積は
0じゃない

図1

えーと，黒板は動いていないから仕事は0だけど，時間は経っているから，力積＝力×時間は0じゃないぞ。

そうだね。力積は，距離と関係なく時間のみで決まるからね。

② 仕事は向きをもたない量，力積は向きをもつベクトル量

図2で，右向きを正の向きとする。㋐では右へ，㋑では左へ，ともに，全く同じ大きさFの力で，同じ時間tだけ，同じ距離xだけ動かしている。

このとき，㋐，㋑ともに仕事は正で，全く同じ値の

㋐　$+Fx$　　㋑　$+Fx$

となるね。

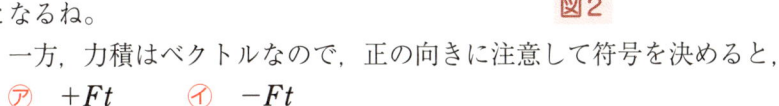

仕事は同じでも力積は違う

図2

一方，力積はベクトルなので，正の向きに注意して符号を決めると，

㋐　$+Ft$　　㋑　$-Ft$

と全く違ってくるね。

つまり，力積はベクトルだから，きちんと正の向き（x軸，y軸）を決めて，x，y成分に分けて考え，軸と同じ向きの力積は正の符号を，軸と逆向きの力積には負の符号をつけて表す必要があるんだ。

第11章　力積と運動量

> **POINT 2　仕事と力積の違い**
> ● 仕事は距離で決まり，向きをもたない単なる数量。
> ● 力積は時間で決まり，向きをもつベクトル量。

▶(3)　運動量って何？

　キミの顔にチョークの粉が時速0.1kmで飛んできた！　でも，全然平気だね。だって，とっても軽くて遅くて，ぶつかっても痛くないもんね。
　じゃあ今度は，10トンダンプがキミに時速100kmでつっこんできた！　ウァ〜，よけろ〜！　重いし，速くてものスゴイ勢いだ！
　このように，物体がもつ運動の勢いは，その質量 m と速度 $\vec{v}$ で決まる。この運動の勢いを表す量を運動量といい，次のように定義される。

> **POINT 3　運動量**
>
> 運動量 $\vec{P}$ 〔kg・m/s〕＝質量 m〔kg〕× 速度 $\vec{v}$〔m/s〕

▶(4)　運動量と運動エネルギーはどう違うの？

> 「運動量」と物理基礎でやった「運動エネルギー」って，似ているようで似てないような……

　まさに，その違いがはっきり区別できるかが保存則の最大のポイントといえるんだ。次の①と②の2つのポイントで区別しよう。

① 運動エネルギーは仕事能力，運動量は力積能力

　たとえば，**図3**で，100Jの運動エネルギーをもつ物体Aと，100kg・m/s＝100N・sの運動量をもつ物体Bを比べよう。このとき，Aは相手に100Jの仕事を与える能力をもち，Bは相手に100N・sの力積を与える能力をもつ。
　たとえば，相手に与える力が10Nだった場合，Aは10m押しこむ能力をもち，Bは10秒間押せる能力をもっている。

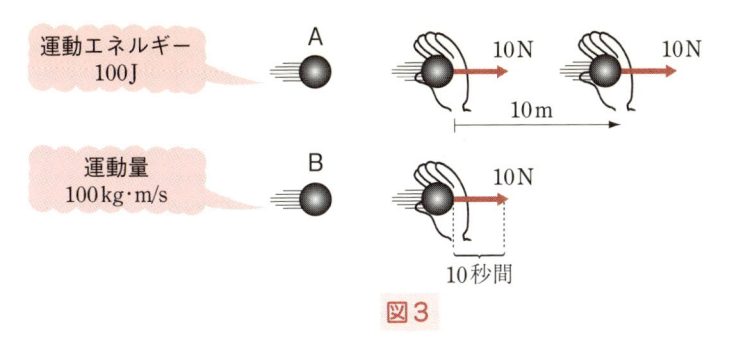

② 運動エネルギーは単なる数量，運動量は向きをもつベクトル量

図4の3つの運動する物体㋐，㋑，㋒を見てもらおう。すべて質量 m で，速さは v である。このとき，運動エネルギーは向きによらず必ず正なので，

㋐ $\dfrac{1}{2}mv^2$

㋑ $\dfrac{1}{2}mv^2$

㋒ $\dfrac{1}{2}mv^2$

と，すべて同じになるね。

一方，運動量は，図5のように，x，y 軸を立てると，

㋐ x 成分：$+mv$

㋑ x 成分：$-mv$

㋒ $\begin{cases} x\text{成分}：+mv\cos\theta \\ y\text{成分}：-mv\sin\theta \end{cases}$
 y 軸の正と逆向き

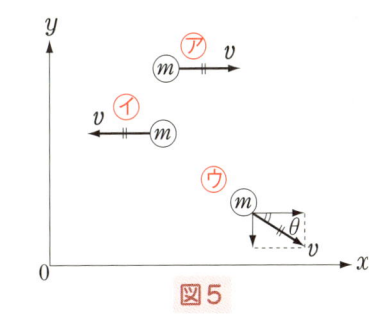

と運動している向きによって，全然違うんだ。つまり，運動量も力積と同様に，完全に **x，y 軸方向に分け**，軸と同じ向きなら**正**，逆向きなら**負**の符号をつけて，常にその向きに注意して表すことが必要なんだ。

第11章　力積と運動量

> **POINT 4** 運動量と運動エネルギーの違い
> - 運動エネルギーは,「仕事能力」を表す向きをもたない単なる数量。
> - 運動量は,「力積能力」を表す向きをもつベクトル量。

Story ❷ 力積と運動量の関係

▶(1) 力積と運動量の関係を導く

まずは,次の**図6**の3コマの絵を見てほしい。右向き正とする。

まず�前に質量mの物体が速度$v_{前}$でやってくる。

途㊥で,Δt秒間だけ右向きに大きさf_1の力を,左向きに大きさf_2の力を加える。

その結果,㊡の速度が$v_{後}$になった。

このとき,㊥での運動方程式を加速度をaとして立てると,

$$ma = +f_1 - f_2$$

となるね。ここで,加速度aは1秒あたりの速度変化なので,

$$a = \frac{(v_{後} - v_{前})\text{だけ変化}}{\Delta t \text{秒で}}$$

$$= \frac{(v_{後} - v_{前})}{\Delta t}$$

と書けるね。

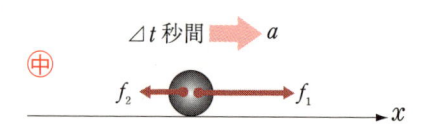

図6

136 物理の力学

この a をさきほどの運動方程式に代入すると，
$$m \times \frac{(v_後 - v_前)}{\Delta t} = f_1 - f_2$$
両辺に Δt をかけて，
$$mv_後 - mv_前 = (f_1 - f_2)\Delta t$$
よって，
$$mv_前 + (f_1 - f_2)\Delta t = mv_後$$
この式の各項は，ある量を表しているけど分かるかい？

あ！ 図6を見ると $mv_前$ は 前 の運動量で，$(f_1-f_2)\Delta t$ は 中 の力積で，$mv_後$ は 後 の運動量だ！

まさに，そのとおりだ。
まとめると，次の関係が導けたことになる。

POINT 5　力積と運動量の関係

$$\begin{pmatrix} 前の \\ 運動量 \end{pmatrix} + \begin{pmatrix} 中で受けた \\ 力積 \end{pmatrix} = \begin{pmatrix} 後の \\ 運動量 \end{pmatrix}$$

運動量はベクトルだから x, y 別々に成り立つよ

さあ，この式を実際に使ってみようか！

第11章　力積と運動量

チェック問題 1　壁との衝突　易　3分

質量 m のボールが壁に垂直に速さ v でぶつかり，同じ速さ v で壁からはね返った。このとき，ボールが壁から受けた平均の力の大きさ F を，接触時間 Δt, m, v を用いて表せ。

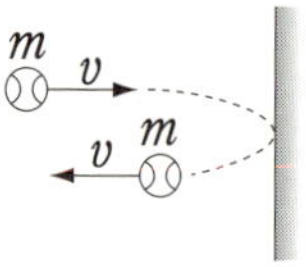

解説　まずキミから《力積と運動量の関係》(p.137)を書いてごらん。

ハイ。運動量は mv で，力積は $F\Delta t$ だから，
(前) mv + (中) $F\Delta t$ = (後) mv で，$F=0$　あれ？

アブナ～イ！　力積と運動量はベクトルだから，符号に気をつけないと！　同じ速さ v でも，(前)と(後)では全く符号が違う。右向きを正の向きと仮定すると，

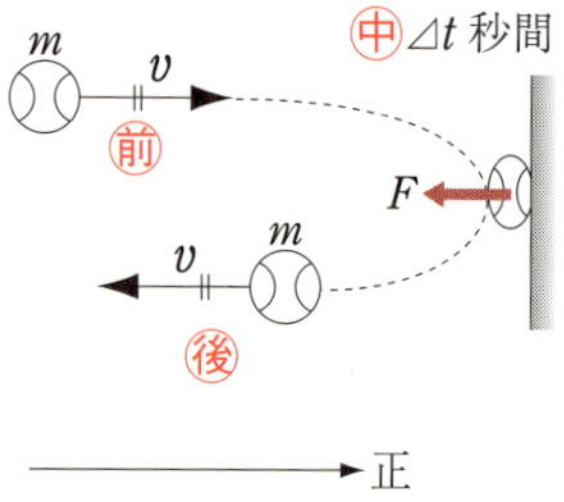

$$\underset{\text{右向き}}{\overset{(前)}{+mv}} + \underset{\text{左向き}}{\overset{(中)}{(-F\Delta t)}} = \underset{\text{左向き}}{\overset{(後)}{-mv}}$$

よって，$F=\dfrac{2mv}{\Delta t}$ …… **答**

右向きのベクトルは正
左向きのベクトルは負

くれぐれもベクトルを扱うときは正の向きを決め，符号に注意してね。

符号が「+」か「−」かによって，
大きく意味が異なってくるよ！
くれぐれも注意してね！

▶(2) 運動量保存の法則を導く

図7で、まず ⑪ 質量 m の球Aと質量 M の球Bがそれぞれ速度 v, V で動いている。⑭ では短い時間 Δt だけ、互いに押し合う力 f がはたらき、⑮ でA,Bの速度は v', V' になる。

ここで、A、Bそれぞれの《力積と運動量の関係》より、

$$\begin{array}{l} \text{⑪} \quad \text{⑭} \quad \text{⑮} \\ \text{A}: mv + (-f\Delta t) = mv' \\ \text{B}: MV + f\Delta t = MV' \end{array}$$

辺々足すと、
$$mv + MV + (f\Delta t - f\Delta t) = mv' + MV'$$
（打ち消し合う）

よって、$\underbrace{mv + MV}_{\text{⑪の全運動量}} = \underbrace{mv' + MV'}_{\text{⑮の全運動量}}$

内力の力積どうしは作用・反作用で相殺

図7

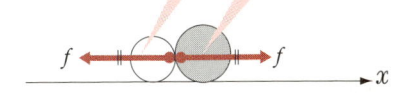

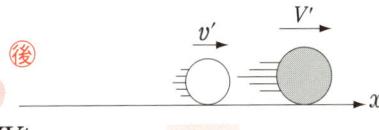

ポイントは、⑭ でAとBの内力（互いに及ぼし合う力）どうしが打ち消し合って、そのベクトル和が0となることだ。よって、AとB全体としては、運動の勢い（全運動量）がそのまま保たれることになるね。このように、AとBの内力のみはたらき、外からの力がはたらかないと、全運動量は保存される。

POINT 6　運動量保存則

もし、物体（系）が外部からの力（＝外力）の力積を受けなければ、

（⑪の全運動量）＝（⑮の全運動量）　　x, y 別々に成り立つよ

まとめると、

外力の力積を　受ける　➡《力積と運動量の関係》
　　　　　　　受けない　➡《運動量保存則》

第11章　力積と運動量　**139**

Story ③ はね返り係数

▶(1) はね返り係数って何？

キミがボールを速さ100で壁にぶつけたら，速さ50ではね返ったとしよう。(図8)

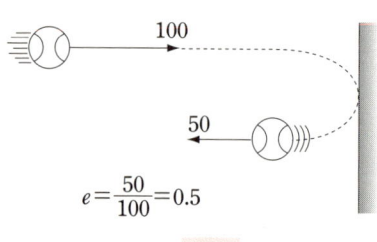

このとき，ボールが壁へ近づく速さと離れる速さの比 $\frac{50}{100}=0.5$ を，**はね返り係数(反発係数)** e という。

$e=\frac{50}{100}=0.5$

図8

その値は**2物体の材質のみで決まり**，どんな速さでぶつけたかによらない。

たとえば，図8で，もしこの壁に速さ80でぶつけた場合なら，速さ40ではね返る。

一般にはね返り係数 e は，次のように定義されるよ。

POINT 7 はね返り係数

はね返り係数 $e = \dfrac{(衝突面と垂直に)2物体が離れる速さ}{(衝突面と垂直に)2物体が近づく速さ}$

▶(2) はね返り係数の2つの落とし穴

① **固定面との斜衝突**

図9で，はね返り係数 e はいくらになってるかい？

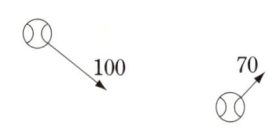

> カンタン，カンタン！
> 100で近づき，70で離れるから，$e=0.7$

図9 斜めのとき

ブブー！　ひっかかったね。もう一回 e の定義をよく見よう。「衝突面と垂直に」とあるでしょ。

ということは，図10のように，速度を分解して，衝突面と垂直成分のみを考えるんだね。すると，正しくはどうなるかい？

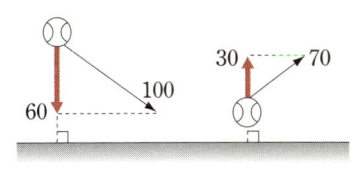

図10　垂直成分のみ考える

> 壁に垂直に60で近づき，垂直に30で離れるから，
> $e = \dfrac{30}{60} = 0.5$だ。

そうだ。はね返り係数というのは壁と垂直方向の速さだけで定義される。純粋に，はね返りやすさだけを表す量だから，壁と平行方向の速さを使ってはダメなんだ。

もちろん，壁と斜め方向の速度も使えない。

② **2物体とも動くとき**

図11での，はね返り係数 e はいくらになるかな？……

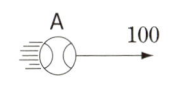

> ようし，今回こそ正面衝突で100で近づき，40で離れるから，$e = 0.4$ だ！

図11　両方動くとき

アチャ～！　またやってくれたね。

いいかい。今度は「壁」となるBも10で動いているんだよ。だから，このBの速さも含めて考えるんだよ。

> 2つの物体が動くときには，両方の速さを考えることが必要だよ！

第11章　力積と運動量

あ！ そうか。じゃあ，AはBから，40＋10＝50で離れるので，$e=0.5$ か！

そのとおり。このような２物体の衝突では，２物体の**相対速度の大きさ**を考える必要があるんだ。

図12では，

$$e = \frac{60-30 \text{ で離れる}}{100-40 \text{ で近づき}}$$

$$= \frac{30}{60}$$

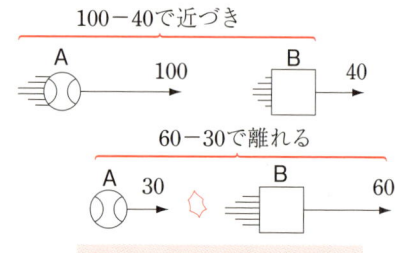

$$= 0.5 \text{ だ。}$$

```
         100－40で近づき
    A              B
    ○→  100        □→ 40

          60－30で離れる
    A           B
    ○→ 30 ◇    □→ 60
```

図12　相対速度の大きさ

POINT 8　はね返り係数の２つの落とし穴

- 斜めの速度は分解して，壁と垂直な成分のみで考えよ。
- ２物体の衝突では相対速度の大きさを考えよ。

「はね返り係数」は具体例をつくって考えるとミスしないよ！

チェック問題 ❷ 固定面との斜衝突　　標準 6分

質量 m の小球を自由落下させ，傾き30°のなめらかな斜面に衝突させたところ，水平にはね返った。衝突直前の速さを v_0 として，次の量を，（　）内を用いて表せ。

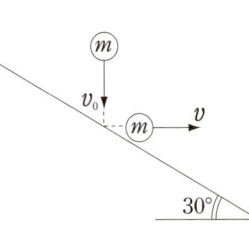

(1) 衝突直後の速さ $v(v_0)$
(2) この衝突のはね返り係数 e
(3) 斜面から小球が受けた力積 $I(m, v_0)$

解説 (1) どうしたらよいのか，はじめの一歩が分かりません。

まずは，斜面と平行成分（x 軸），垂直成分（y 軸）に速度を分解して，前，中，後の図をかくよ。

なぜそのように分けるのですか？

それは，図のように，x 軸方向には全く力積を受けない（重力の力積は衝突時間が短く無視できる）から，運動量が保存することと，y 軸方向は衝突面と垂直だから，はね返り係数 e の式が使えるからだよ。

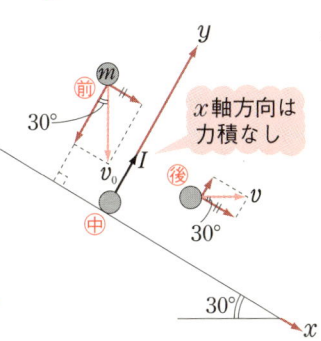

x 方向のみに注目して，《運動量保存則》(p.139) より，

$$mv_0 \sin 30° = mv \cos 30°$$

よって，$v = \dfrac{1}{\sqrt{3}} v_0 \cdots ①$ ……**答**

(2) y 方向のみに注目して，$e = \dfrac{v \sin 30°}{v_0 \cos 30°} = \dfrac{1}{3}$（①より）……**答**

(3) y 方向のみに注目して，《力積と運動量の関係》(p.137) より，

$$-mv_0 \cos 30° + I = mv \sin 30°$$

y 軸と逆向き

①を代入して，I について解くと，$I = \dfrac{2}{\sqrt{3}} mv_0$ ……**答**

▶(3) はね返り係数 e は 3 タイプしかない

はね返り係数 $e=2$ の壁とキャッチボールしたいと思う？

> ボクが時速100kmで投げると，時速200kmではね返る。ヤ，ヤバイ！コワすぎる，ていうか……ありえない。

そうだね（笑）。エネルギー保存則にも反するしね。そう，じつは，はね返り係数 e はどんなに大きくても，最大 $e=1$ までなんだ。つまり，$e \leqq 1$。また，当然 e は $e \geqq 0$ だから，e は次の範囲に入るよ。

$$0 \leqq e \leqq 1$$

よって，はね返り係数 e には，次の3つのうち，どれかしかないんだ。

① $e=1$ のとき ➡ (完全)弾性衝突

このときは，図13のように，速さ100でぶつけると，同じ速さ100ではね返るね。すると，その運動エネルギーも保存される。つまり，

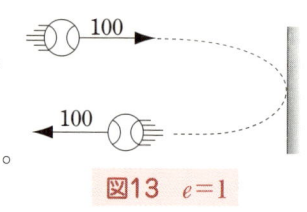

図13　$e=1$

はね返り係数 $e=1$ の衝突
すべて同等
(完全)弾性衝突　　力学的エネルギーが保存する衝突

② $0<e<1$ のとき ➡ 非弾性衝突

このときは，図14のように速さ100でぶつけても，たとえば80でしかはね返らない。すると，その運動エネルギーは減ってしまうことになる。

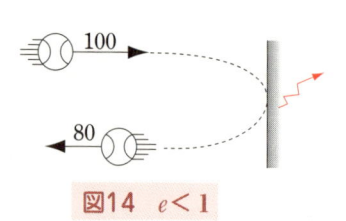

図14　$e<1$

> どうして運動エネルギーが失われてしまうんですか？　衝突は一瞬だから，何の負の仕事もされていないじゃないですか？

144　物理の力学

それはね，たとえ衝突は一瞬でも，その瞬間，**図15**のように，物体はひずんだり，衝突で熱振動が生じて熱が発生したり，音波のエネルギーとなってしまったりして，運動エネルギーを失ってしまうんだ。鉄砲の玉が衝突時の熱で，ドロドロに溶けてしまうなんてこともあるんだ。

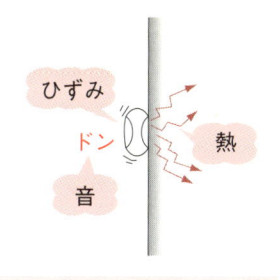

図15 衝突での運動エネルギー減少

③　$e=0$ のとき ➡ 完全非弾性衝突

このときは，**図16**のように，離れる速さが0，つまり，ペタッ！とくっついてしまうんだ。もちろん，運動エネルギーは完全に失われてしまうことになるね。

図16　$e=0$

POINT 9　はね返り係数の3タイプ

① $e=1$　（完全）弾性衝突 → 力学的エネルギーは失われない。
② $0<e<1$　非弾性衝突 ｝ 力学的エネルギーは失われる。
③ $e=0$　完全非弾性衝突

ここまでの話で，どうして衝突のときは運動量で考えるか，分かってきたかい。

> ハイ！　衝突では，等加速度運動の公式は使えないし，一般に力学的エネルギーも失われるから力学的エネルギー保存の式も使えない。しかし，p.139で見たように外力＝0となれば，全運動量だけは必ず保存する。だから，衝突には運動量保存則の式を使うしかないんだ！

まさに，そういうことだ！　さあ実際に衝突の問題を解いてみよう。

第11章　力積と運動量

チェック問題 3　2物体の衝突　　標準 8分

質量 m の球Aに初速 v_0 を与えて，はね返り係数 e の質量 M の球Bに，正面衝突をさせた。右向き正とする。

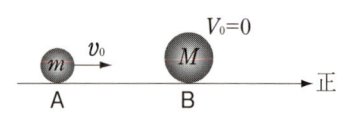

衝突前　v_0　$V_0=0$　A　B　正

(1) 衝突直後のAの速度 v とBの速度 V をそれぞれ求めよ。
(2) Aが左へはね返るための e の満たす条件を求めよ。
(3) $M=2m$ のとき，衝突によって失われる力学的エネルギー ΔE を求めよ。とくに，$e=1$ のときに ΔE はいくらになるか。

解説　(1) 衝突時にはAとB以外から受ける外力はないね。だから，AとB全体の《運動量保存則》が成り立つ。

ここで，衝突後の図aをかくと，

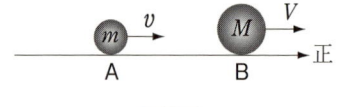

衝突後　v　V　A　B　正
図a

どうして，後のAの速度 v の矢印の向きが右向きなんですか。もしかしたら，左へはね返るかもしれないじゃないですか。

それは，「右向き正」，「速度 v」と書いてあるからだよ。もし，計算結果で，たとえば，$v=+2$ と出れば，「そのまま右向きに速さ2で突進」，もし，$v=-5$ と出れば，「左向きに速さ5ではね返った」，ということが分かるんだ。物理では，このように，「とりあえず勝手に仮定しちゃえ。あとは結果にまかせよう。」という思い切りのいい態度が必要なんだよ。

前　後
$mv_0 + M \times 0 = mv + MV$　…①

この式の中に未知数は何個あるかな。そう，v と V の2個だ。すると，あと1つの式として，はね返り係数の式が必要だね。書いてみてね。

う〜ん，近づく速さは v_0 で，えーと，離れる速さは……，あれ？ $v-V$ かな？ それとも $V-v$ かな？ どっちだっけ……

そう。この離れる速さをよく間違える人がいるね。ここでちょっとしたコツを伝授！ それは，

　　相対速度は具体例で

という，きわめて単純明快なやり方だ。衝突後の速度が，たとえば，**図b**のように，100（君の車），150（フェラーリ）とすると，キミにとってフェラーリは，いくらの速さで遠ざかるかい？

150−100＝50 で遠ざかる

キミの車(v)　　フェラーリ(V)
図b

> 150−100＝50 だ。そうすると，本問では $V-v$ で離れるんだ。

すると，

$$e = \frac{\text{離れる速さ}}{\text{近づく速さ}} = \frac{V-v}{v_0} \cdots ②$$

となるね。あとは，①，②を v, V について解くだけだ。
　②を①に代入して，V を消すと，
　　$mv_0 = mv + M(ev_0 + v)$
　よって，$v = \dfrac{m - eM}{m + M} v_0 \cdots ③$　……**答**

この式変形は何度も出てくるから，入試までに十分に慣れるようにね

　②より，$V = ev_0 + v = ev_0 + \dfrac{m - eM}{m + M} v_0 = \dfrac{em + eM + m - eM}{m + M} v_0$

（③より）

$$= \dfrac{(1+e)m}{m+M} v_0 \cdots ④ \quad \text{……}\textbf{答}$$

(2) (1)の結果で注目してほしいのは，③式より，v はもしかしたら負になるかもしれないということ。v が負とは，どういうことだったっけ？

> 右向き正で負ということは，それは左向きに，はね返ることです。

そうだ。ここで，③より，$v < 0$ として，
　　$m - eM < 0$
　　$\dfrac{m}{M} < e (\leqq 1)$ ……**答**

・ナットクイメージ・
——から $m \leqq M$ が必要だということが分かるね。つまり，キミ(m)がプロレスラー(M)にアタックすれば，はね返されるということだ。

第11章　力積と運動量

(3) 失ったエネルギー$\Delta E=$(前のエネルギー)$-$(後のエネルギー)より，

$$\Delta E = \underbrace{\frac{1}{2}mv_0^2}_{前} - \underbrace{\left(\frac{1}{2}mv^2 + \frac{1}{2}MV^2\right)}_{後}$$

ここで，$M=2m$ より，

$$\Delta E = \frac{1}{2}mv_0^2 - \frac{1}{2}mv^2 - \frac{1}{2}\times 2mV^2$$

さらに，③，④で，$M=2m$ としたものを代入して，

$$\Delta E = \frac{1}{2}mv_0^2 - \frac{1}{2}m\left(\frac{1-2e}{3}v_0\right)^2 - \frac{1}{2}\times 2m\left(\frac{1+e}{3}v_0\right)^2$$

$$\Delta E = \frac{1}{2}mv_0^2\left\{1-\left(\frac{1-2e}{3}\right)^2 - 2\left(\frac{1+e}{3}\right)^2\right\}$$

$$= \frac{1}{2}mv_0^2\left\{\frac{9-(4e^2-4e+1)-2(e^2+2e+1)}{9}\right\}$$

$$= \frac{1}{2}mv_0^2\left\{\frac{2(3-3e^2)}{9}\right\}$$

$$= \frac{1-e^2}{3}mv_0^2 \cdots\cdots\text{答}$$

とくに，この式で $e=1$ とすると，ΔE はいくらかな？

> $e=1$ とすると，$1-e^2=0$ だから，$\Delta E=0$　あ！　そうか。まさに，弾性衝突 $e=1$ では，「力学的エネルギーは保存する」なんだ。

そのとおり。ナットクできる結果でしょ。

$$\Delta E = 0 \cdots\cdots\text{答}$$

> ΔE の計算は複雑でミスしやすいところだけど，$e=1$ を代入してチェックしよう。

● 第11章 ●
まとめ

1 （ある方向について）着目物体が**外力**の力積を，

① 受ける ➡ 《力積と運動量の関係》

$$\begin{pmatrix}前の\\運動量\end{pmatrix}+\begin{pmatrix}中で受ける\\力積\end{pmatrix}=\begin{pmatrix}後の\\運動量\end{pmatrix}$$

② 受けない ➡ 《運動量保存則》

$$\begin{pmatrix}前の\\全運動量\end{pmatrix}=\begin{pmatrix}後の\\全運動量\end{pmatrix}$$

2 はね返り係数 e

$$e=\frac{(衝突面と垂直に)\ 離れる速さ}{(衝突面と垂直に)\ 近づく速さ}$$

① $e=1$ （完全）弾性衝突 ➡ 力学的エネルギーは**保存**される。

② $e<1$ 非弾性衝突
③ $e=0$ 完全非弾性衝突 ➡ 力学的エネルギーは**失われる**。

※ 衝突ときたら，上の **1**，**2** を使って解くのが基本。

衝突の解法はしっかり身についたかな！

第12章 種々の衝突

▲「ルール」を使ってチップイン！

Story ① バウンドのくり返しの規則性

▶(1) 「ルール」を探せ

　図1のように，床とのはね返り係数 e のボールがポーン，ポーン，ポン，ポンと，バウンドをくり返しているよ。

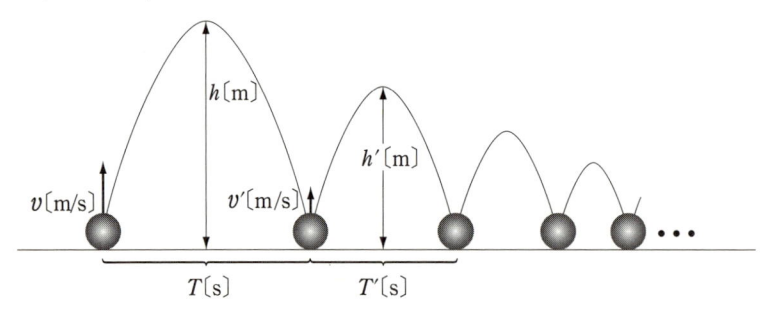

図1

　この運動で，その速さ v，最高点の高さ h，滞空時間 T が，1回のバウンドごとに何倍ずつ変化していくのか見ていこう。そこには何か規則性「ルール」はあるのだろうか。

150　物理の力学

▶(2) 速さは e 倍

まず，はね返り係数 e (p.140) の復習だ。定義を言ってごらん。

> え〜と，衝突面に垂直に近づく速さと離れる速さの比です。

そうだ。ということは，図2のように，衝突直前の速度の垂直成分の大きさを v とすると，その衝突直後の大きさ v' は，$v' = e \times v$ となるね。

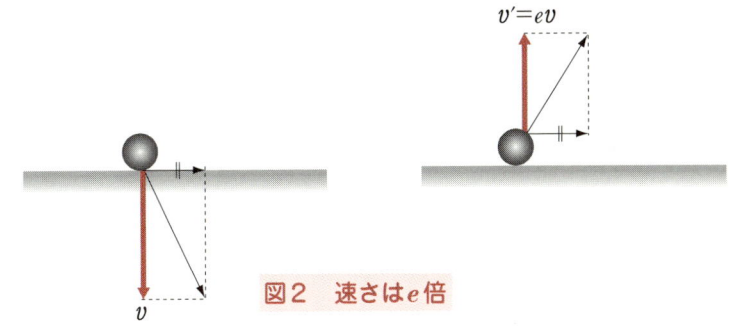

図2 速さは e 倍

つまり，床を離れた直後の速度の，床と垂直な成分 v' についてのルールは，

v' は1回のバウンドごとに e 倍になる

▶(3) 投げ上げ運動に注目する

次に高さ h と滞空時間 T のルールを求めよう。まず，1回目の投げ上げ運動に注目してみよう。図3で，初速度 v で投げ上げると，まず《力学的エネルギー保存則》(p.91) より，

$\frac{1}{2}mv^2 = mgh$ よって，$h = \frac{v^2}{2g}$

となって，最高点の高さ h は v の2乗に比例するね。

v が2倍，3倍，4倍，……となると，h は4倍，9倍，16倍，……となる

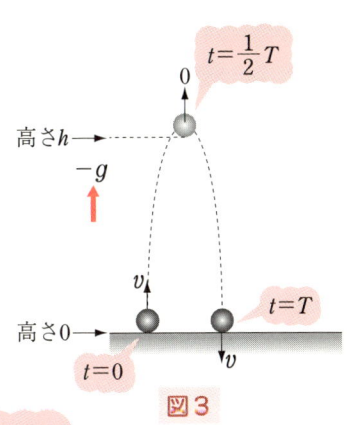

図3

第12章 種々の衝突

一方，投げ上げ運動の対称性より，最高点までの時間は滞空時間Tのちょうど半分の$\frac{1}{2}T$になるので，等加速度運動の〔公式㋐〕(p.20)を使うと，$t=\frac{1}{2}T$で速さ0より，

$$0=v+(-g)\frac{1}{2}T \qquad よって，T=\frac{2v}{g}$$

つまり，滞空時間Tはvに比例するね。

> vが2倍，3倍，4倍，……となると，Tも2倍，3倍，4倍，……となる

▶(4) 高さはe^2倍，滞空時間はe倍

(2)で見たように，速さvは1回のバウンドごとにe倍になる。また，(3)で見たように，高さhはv^2に比例し，滞空時間Tはvに比例する。

以上を合わせて考えると，hとTは1回のバウンドごとにそれぞれ何倍になるかな？

> 高さhは1回のバウンドごとにe^2倍，滞空時間Tは1回のバウンドごとにe倍だ。

そうだ。図でまとめると，次のようになるね。どんどん活用しよう。

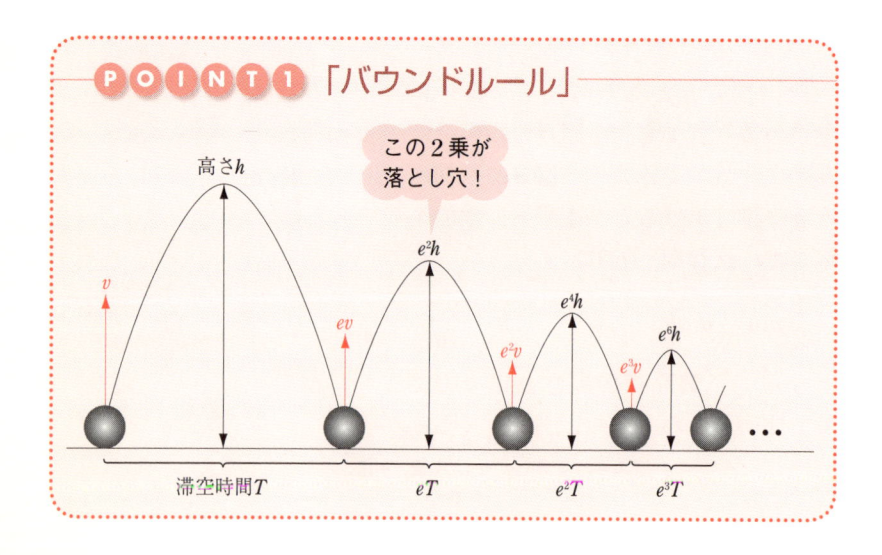

POINT 1 「バウンドルール」

この2乗が落とし穴！

高さh，e^2h，e^4h，e^6h
v，ev，e^2v，e^3v
滞空時間T，eT，e^2T，e^3T

チェック問題 ①　バウンドのくり返し　　標準 7分

高さ h から質量 m の物体を自由落下させた。床とのはね返り係数を $e(<1)$ とする。
(1) 1回目のバウンド後の最高点の高さ h_1 を求めよ。
(2) 自由落下させてから，(1)の最高点に達するまでの時間 t_1 を求めよ。
(3) 自由落下させてから，バウンドが止むまでの時間 t_∞ を求めよ。

解説 (1)「バウンドルール」より，1回のバウンドごとに最高点の高さは e^2 倍だから，$h_1 = e^2 h$ ……答

> メチャクチャカンタンじゃないですか。「ルール」を使わないと，どーなるの？

うん，もし「ルール」を使わないと，まずエネルギー保存で衝突直前の速さを求め，それを e 倍した速さの投げ上げ運動を考え，その最高点の高さ h_1 をエネルギー保存で出すというように，めんどうになるよ。

(2) まずは最初の自由落下の時間 t_0 を求めよう。等加速度運動の〔公式❶〕(p.18)より，

$$\frac{1}{2}gt_0^2 = h$$

よって，$t_0 = \sqrt{\dfrac{2h}{g}}$ …①

ここで，「バウンドルール」より，1回のバウンド後の滞空時間は e 倍になるので，図aより，

$t_1 = t_0 + e \times t_0$
　$= (1+e)\sqrt{\dfrac{2h}{g}}$ ……答
①より

図a

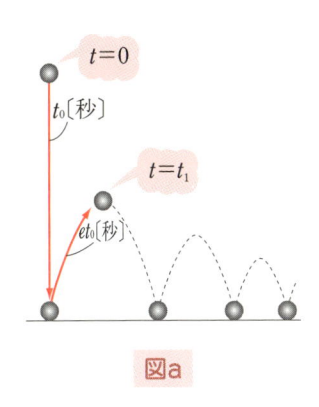

第12章　種々の衝突

(3) (2)と同様にして，バウンドが止む（∞回バウンドをする）までの時間は，すべての滞空時間の総和となる。

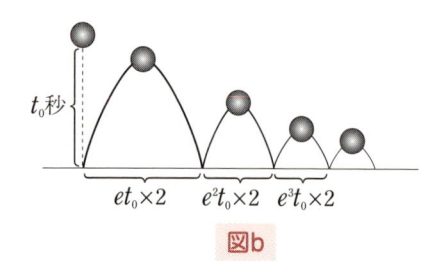

図b

どうして $et_0×2$ と，et_0 を2倍しているの？

それは，はじめの t_0 秒というのは，あくまでも最高点から床までの落下時間だということ。もし，投げ上げてから，再び床に落下する「完全な」投げ上げ運動にすると，その2倍の $t_0×2$ の時間かかるよね。だから，1回のバウンド後の「完全な」投げ上げ運動の滞空時間は，$e×(t_0×2)$ となるんだ。

ここで，さきほどの図bより，

$$t_\infty = t_0 + et_0×2 + e^2 t_0×2 + e^3 t_0×2 + \cdots\cdots$$
$$= t_0 + 2et_0 × (1 + e + e^2 + \cdots\cdots)$$
$$= t_0 + 2et_0 × \frac{1}{1-e}$$
$$= \frac{1+e}{1-e} × t_0$$
$$= \frac{1+e}{1-e} × \sqrt{\frac{2h}{g}} \cdots\cdots 答$$

①より

——で〈無限等比級数の和の公式〉より，初項 a_1，公比 r（$-1<r<1$）の等比数列の和は
$$\sum_{n=1}^{\infty} a_n = \frac{a_1}{1-r}$$
を使った

・ナットクイメージ・
・$e=0$ なら $t_\infty = t_0$（自由落下のみ）
・$e=1$ なら $t_\infty \to \infty$（いつまで経ってもバウンドが止まらないよ〜）

Story ② 斜衝突のベクトル図法

▶(1) 具体例から入ろう

図4のように，水平右向きに速さvでやってきた質量mのボールを，バットで打ったら，速さv，仰角60°のファウルフライになったとする。

このとき，バットがボールに与えた力積の大きさIを求めよと言われたら，どうする？

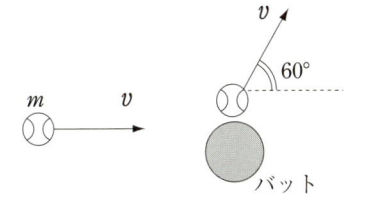

図4

▶(2) 成分表示で解くと……

まず，⑰x, y軸を立てる。⑭のバットが与える力積のx, y成分をそれぞれI_x, I_yとおくね。⑱の速度ベクトルをx, yに分けておこう。

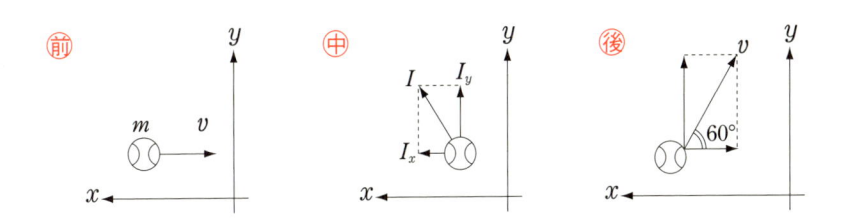

《力積と運動量の関係》（p.137）より，

$$x : \overbrace{-mv}^{前} + \overbrace{I_x}^{中} = \overbrace{-mv\cos60°}^{後} \quad \therefore \quad I_x = \frac{1}{2}mv \cdots ①$$

$$y : \overbrace{0}^{前} + \overbrace{I_y}^{中} = \overbrace{mv\sin60°}^{後} \quad \therefore \quad I_y = \frac{\sqrt{3}}{2}mv \cdots ②$$

ここで，⑭の図で三平方の定理より，

$$I = \sqrt{I_x^2 + I_y^2} = mv$$

①, ②より

となる。

第12章 種々の衝突　155

▶(3) ベクトル図法で解くと……

そのままベクトルの関係式 $\vec{前}m\vec{v}+\vec{中}\vec{I}=\vec{後}m\vec{v}$ を図示すると，図の**正三角形**より，$I=mv$ と秒殺できる。

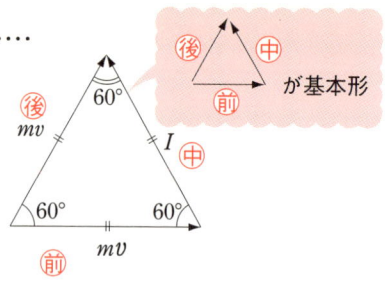

後／中／前 が基本形

チェック問題 2　二球の斜衝突　　やや難 8分

なめらかな水平面上で，質量 m の物体Aを図のように質量 m の物体Bに速さ v_0 で弾性衝突させたら，A, Bはそれぞれ速さ v, V で図のように動いた。

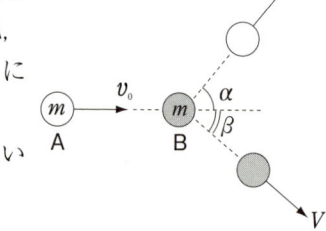

(1) v, V をそれぞれ v_0, α を用いて表せ。
(2) β を α を用いて表せ。
(3) 衝突時に，AがBから受けた力積の大きさ I を m, v_0, α を用いて表せ。

解説　(1) 物体A，Bにはたらく外力＝0より，全運動量は保存する。これを，運動量のベクトル図で表すとどうなるかな。(**図a**)

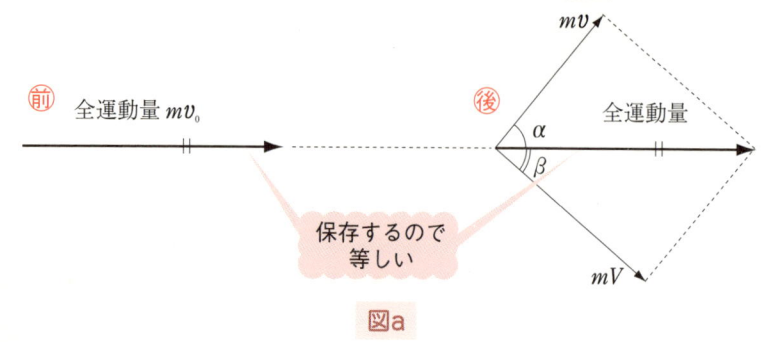

前 全運動量 mv_0 ／ 後 全運動量　保存するので等しい

図a

図aから，次の三角形が見えてくる。

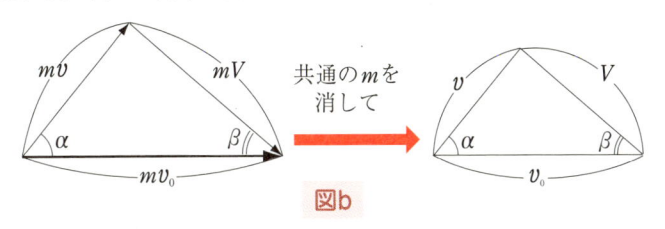

共通のmを消して → 図b

これだけでは，まだ未知数がv，V，βとあって解けないね。そこで，弾性衝突とあるので，p.144から$e=1$で，《力学的エネルギー保存則》より，

$$\frac{1}{2}mv_0^2 = \frac{1}{2}mv^2 + \frac{1}{2}mV^2$$
（前）　　（後）

よって，$v_0^2 = v^2 + V^2$

じつは，この式は，図bで見たv_0，v，Vを三辺とする三角形のある重要な関係式となっている。分かるかい？

うーん。あ，三つの辺の長さの2乗の関係式ということは三平方の定理か！

おみごと！　つまりv_0を斜辺にもつ直角三角形になるぞ！　すると，図cより，

$v = v_0 \cos\alpha$ ……答
$V = v_0 \sin\alpha$ ……答

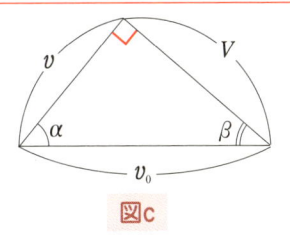

図c

(2) 図cより，$\beta = 90° - \alpha$ ……答

ベクトルを使うと，とても鮮やかに解けますね。

そうなんだ。運動量と力積は，ベクトルということを強く意識してほしい。

第12章　種々の衝突

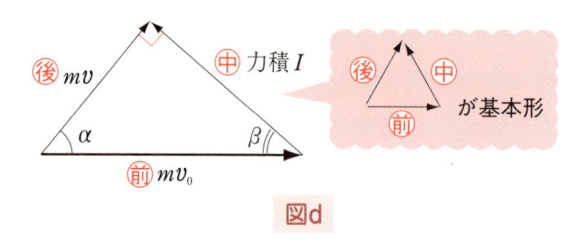

(3) **Aについての**《力積と運動量の関係》(p.137),すなわち $\vec{mv_0} + \vec{I} = \vec{mv}$
をベクトル図で表すと,

㊤ mv　　㊥ 力積 I
α　　　β
㊥ mv_0

㊤ ㊥
㊥
が基本形

図d

ここで,すでに(1), (2)の結果の直角三角形になることは使っているよ。
図dより,力積 I は,

$I = mv_0 \sin \alpha$ ……**答**

おー。またもや,一瞬で解けますね。

使えるか使えないかで大きく差がつくテクニックだよ!

●第12章●
まとめ

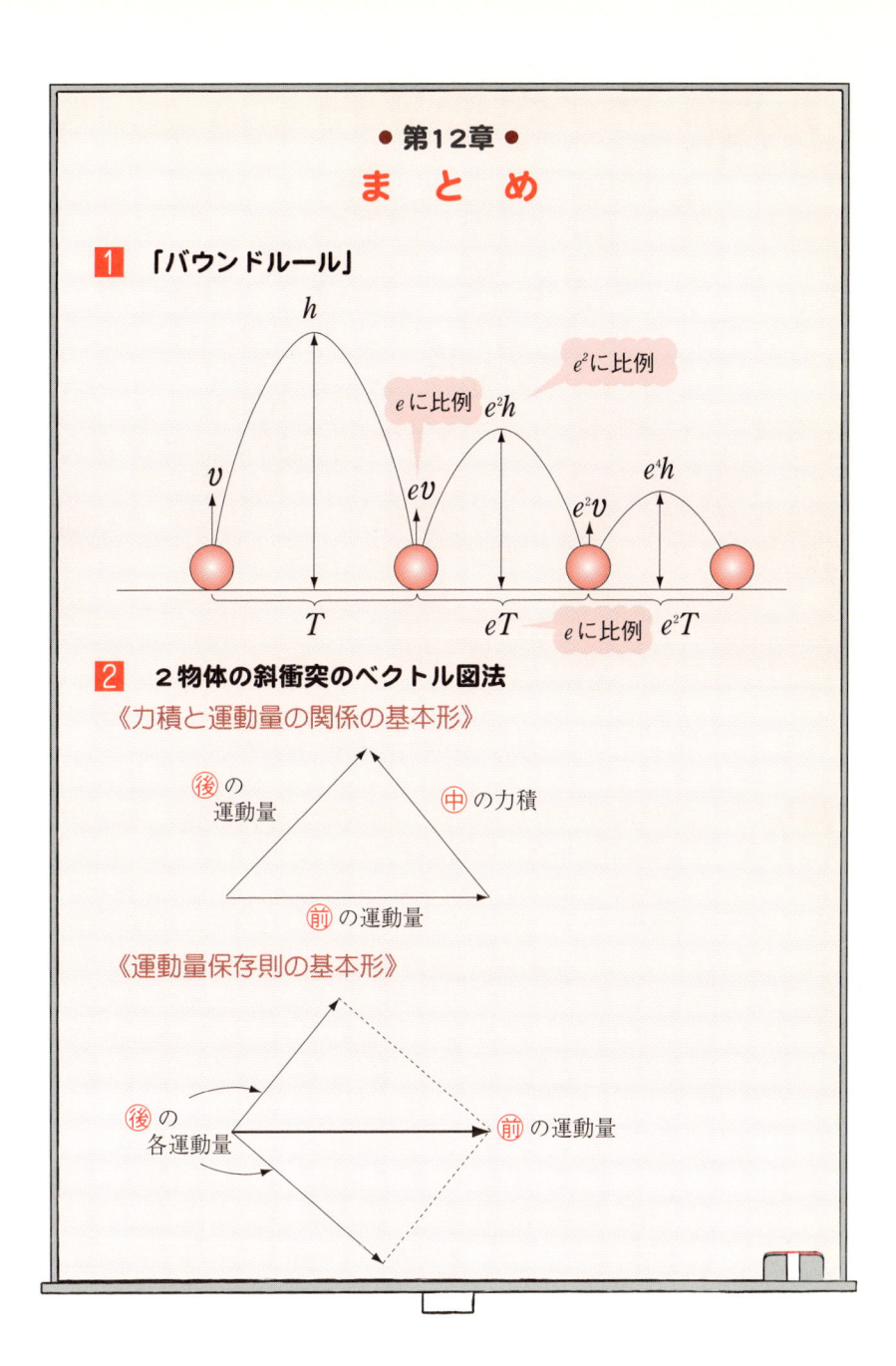

1 「バウンドルール」

h, v, ev, e^2h, e^2v, e^4h

eに比例, e^2に比例

T, eT, e^2T

eに比例

2 2物体の斜衝突のベクトル図法

《力積と運動量の関係の基本形》

㉠の運動量　㊥の力積

㊮の運動量

《運動量保存則の基本形》

㉠の各運動量　　㊮の運動量

第13章 2つの保存則

▲2つの武器（保存則）を使いこなして強敵（難問）をやっつけろ

Story ① いつどの保存則を使うのか

▶(1) 力学的エネルギーはいつ保存するのか？

> 保存則の使い方なんですが，運動量は外力＝0なら，保存することが一瞬で分かるんです。力学的エネルギーについても，いつ保存するのかすぐに分かる方法はありませんか？

なるほど，たしかに運動量は「**外力が0なら保存**」(p.139) という，カンタンな判定法があったからね。じつは，力学的エネルギーでも，シンプルな判定方法があるんだ。その方法のカギを握る「**摩擦熱**」という考え方を見ていこうね。

▶(2) 摩擦熱

手をこすると熱くなるね。F1で急ブレーキをかけるとタイヤがこすれて煙が出るね。このように，動摩擦力が仕事をする場面では，その仕事の大きさに相当する熱が発生する。この熱を**摩擦熱**という。

図1のように，速度 v_0 で動いていた質量 m の箱が動摩擦係数 μ' の水平面の上を，距離 l だけすべって止まったとしよう。

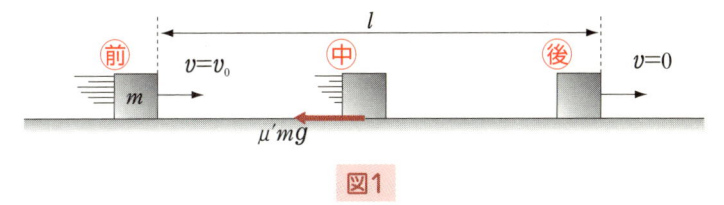

図1

このときの《仕事とエネルギーの関係》(p.89)は，

$$\underbrace{\frac{1}{2}mv_0^2}_{\text{前}}+\underbrace{(-\mu'mg\times l)}_{\text{中}}=\underbrace{0}_{\text{後}}$$

この式を変形すると，

$$\frac{1}{2}mv_0^2=\mu'mg\times l$$

この式は，次のように解釈できるね。

「はじめ，物体がもっていた運動エネルギー $\frac{1}{2}mv_0^2$ は，すべて摩擦熱 $\mu'mg\times l$ になってしまった。」（図2）。

以上のポイントを次にまとめるね。

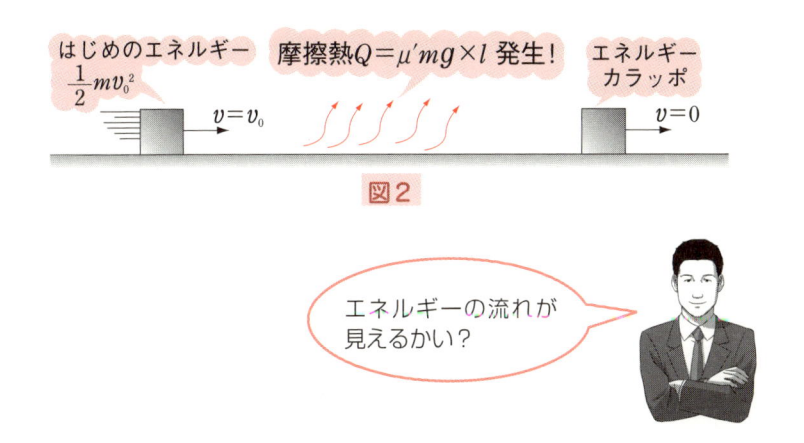

図2

エネルギーの流れが見えるかい？

> **POINT1　摩擦熱**
>
> ● 物体がこすれ合うときは，摩擦熱が発生する。
>   その大きさ Q は，
>   摩擦熱 $Q =$ (動摩擦力 $\mu'N$) × (こすれた距離 l)
>
> ● その発生した摩擦熱 Q の分だけ力学的エネルギーは減少する。
>   摩擦熱 $Q =$ (力学的エネルギーの減少分)
>   ↓ ということは，逆に考えると，
> ● 物体のもつ力学的エネルギーは，
>   摩擦熱が発生しなければ保存する。

▶(3)　2つの保存則の使える条件

以上，《運動量保存則》と《力学的エネルギー保存則》の成り立つ条件をシンプルにまとめておこう。

> **POINT2　2つの保存則のシンプルな使い方**
>
> ● **外力なし** ➡ その方向の《運動量保存則》が使える　(p.139)
>
> ● **摩擦熱なし** ➡ 《力学的エネルギー保存則》が使える (p.91)
>   注　衝突が起こるときは，はね返り係数の式(p.140)を用いる。

さて，これから，いろいろなタイプの問題「敵キャラ」を，保存則という「強力な武器」を使ってやっつけていこう！　準備はいいかい？

> ようし！　いざ出陣だ！！

チェック問題 1 摩擦力を介した2物体の運動 標準 10分

図のように，水平でなめらかな床の上に質量 $3m$ の板Aを置き，質量 m の物体Bを初速度 v_0 ですべらせる。すると，Aは動き出し，やがて，BはAに対して静止した。AとBの間の動摩擦係数を μ とする。

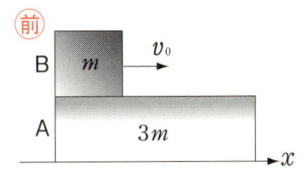

(1) BがAに対して静止したときのAの速度 v_1 を求めよ（右向き正）。
(2) BがA上をすべった距離 l を，v_0，μ，g を用いて求めよ。

解説 (1) 本問はじつはp.71でやったものと同じ。p.71では，等加速度運動の公式を使って解いたけれど，本問では，保存則の威力をとことん味わってもらおう。まず，保存則の成立条件を言ってみて。

> ハイ。外力0なら運動量保存。摩擦熱0ならエネルギー保存です。

完ペキだ！　じゃあ，本問でAとBには水平方向の外力はあるかな？

> 摩擦力はAとBの間にはたらく内力なので，AとBには水平方向の外力は0。よって，全運動量は保存します。

いい見方だ。図aで，AとB全体の x 軸方向の《運動量保存則》より，

$$mv_0 + 3m \times 0 = mv_1 + 3mv_1$$
〔前〕　　　　　〔後〕

よって
$$v_1 = \frac{1}{4}v_0 \cdots ①　\cdots\cdots【答】　となる。$$

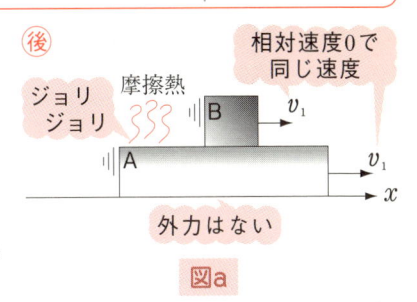

図a

(2) じゃあ，次の質問だ。本問では摩擦熱は発生しているかな？

> AとBは，ジョリジョリこすれ合って，アチチッと摩擦熱が発生しています。

おお！ いいイメージだね（笑）。その摩擦熱の大きさ Q は，

摩擦熱 $Q = \underbrace{\mu m g}_{動摩擦力} \times \underbrace{l}_{こすった距離}$

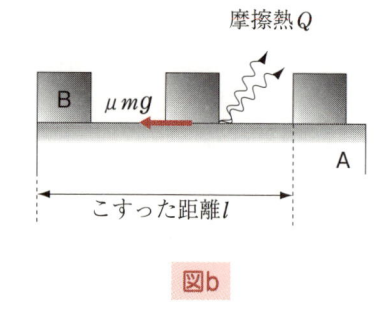

ここで注意したいのは，l はあくまでもBがAに対してすべった距離，つまり，こすった距離ということだ。だから，**図b**のように，Aは止めて，その上のBの移動距離 l だけを考えればいいんだよ。

さて，この摩擦熱 Q は何に等しくなるかな？

> えーと，たしか力学的エネルギーの減少分に等しいです。

そうだったね。つまり，

$$\mu mgl = (力学的エネルギーの減少分)$$
$$= \underbrace{\frac{1}{2}mv_0^2}_{前} - \underbrace{\left(\frac{1}{2}mv_1^2 + \frac{1}{2}3mv_1^2\right)}_{後}$$
$$= \frac{1}{2}mv_0^2 - \frac{1}{2} \times 4m\left(\frac{1}{4}v_0\right)^2 \quad \text{①より}$$
$$= \frac{3}{8}mv_0^2$$

よって，

$$l = \frac{3v_0^2}{8\mu g} \cdots\cdots 答$$

> p.72〜73に比べ，圧倒的に計算量は少ないね

> うわ〜，摩擦熱の考え方って，すごい便利ですね！

▶(4) 速さ，高さ，伸び縮み，距離の予言法

　結局，問題文で，物体が運動中にもつ速さ，高さ，伸び縮み，摩擦力を受けてこすった距離などを問われたときには，次の解法マニュアルが強力な武器となる。

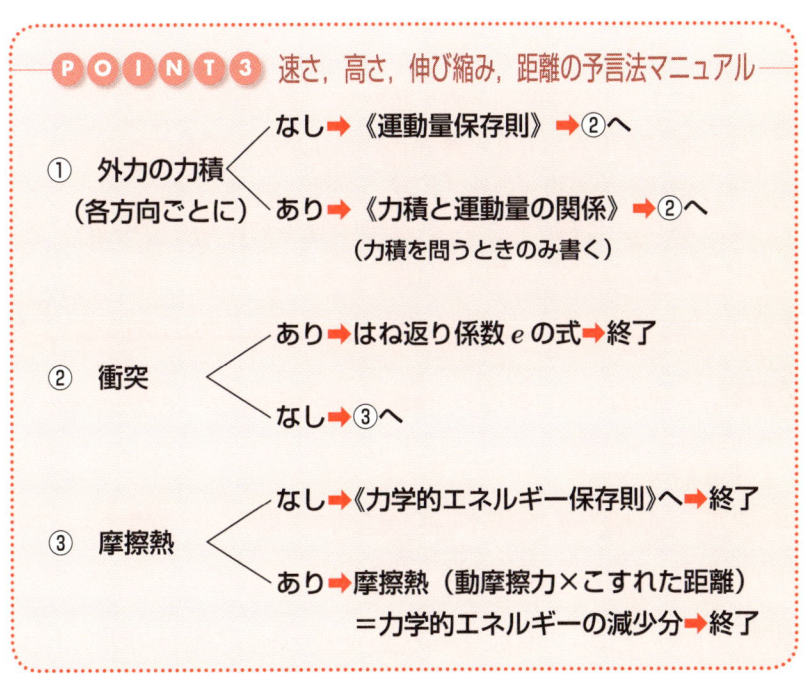

POINT 3　速さ，高さ，伸び縮み，距離の予言法マニュアル

① 外力の力積（各方向ごとに）
　　　なし ➡ 《運動量保存則》 ➡ ②へ
　　　あり ➡ 《力積と運動量の関係》 ➡ ②へ
　　　　　　（力積を問うときのみ書く）

② 衝突
　　　あり ➡ はね返り係数 e の式 ➡ 終了
　　　なし ➡ ③へ

③ 摩擦熱
　　　なし ➡ 《力学的エネルギー保存則》へ ➡ 終了
　　　あり ➡ 摩擦熱（動摩擦力×こすれた距離）
　　　　　　＝力学的エネルギーの減少分 ➡ 終了

どんどん活用して，バリバリ解いていこう。

> 要は①での外力の力積と，②で発生する衝突熱や摩擦熱に注目するだけだ！

第13章　2つの保存則

チェック問題 2　2つの保存則　標準 8分

図のように，長さ l，質量 m のおもりをつけた振り子を $60°$ 傾けて静かに手放すと，最下点で，水平面上においてある質量 $2m$ の物体に，はね返り係数 $\dfrac{1}{2}$ の衝突をした。水平面と物体との動摩擦係数を μ' とする。

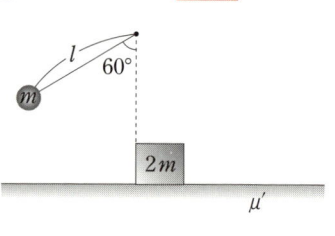

(1) 衝突直前のおもりの速さ v_0 を g，l を用いて求めよ。
(2) 衝突直後の物体の速さ V を，v_0 を用いて求めよ。
(3) 物体が水平面上をすべった距離 L を，V，g，μ' を用いて求めよ。

解説　まず，(1)では「振り子の運動」，(2)では「衝突」，(3)では「物体が水平面をすべる運動」の3つの運動に完全に分けて，それぞれの運動ごとに考えていこう。

(1) まず，この「振り子の運動」では，2つの保存則のうち何が使えるかな？ p.165の「マニュアル」①②③の手順にしたがって考えてみて。

> え～と，おもりには，①糸の張力と重力という外力がはたらいているから，運動量は保存しない。そして，②衝突はない。あ！③摩擦熱はまったくないからエネルギーは保存するぞ！

エクセレント！
図aで，《力学的エネルギー保存則》より，

$$\underbrace{mgl(1-\cos 60°)}_{前} = \underbrace{\dfrac{1}{2}mv_0^2}_{後}$$

よって，$v_0 = \sqrt{gl}$ ……答

図a

(2) 次に「衝突」では2つの保存則のうち何が保存するかな？

> えーと。①おもりと物体に注目すると外力ははたらかないから，運動量は保存。でも，あ〜！②で$e<1$の非弾性衝突だから，衝突熱が発生してエネルギーは保存しないや。そこで，はね返り係数の式だ。

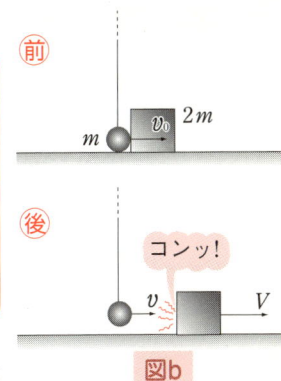

オミゴト！　図bのように，衝突後の速度を仮定し，

《運動量保存則》より，

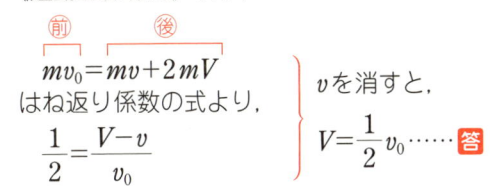

前　　後
$$mv_0 = mv + 2mV$$

はね返り係数の式より，

$$\frac{1}{2} = \frac{V-v}{v_0}$$

vを消すと，

$$V = \frac{1}{2}v_0 \cdots\cdots 答$$

(3) 最後の「物体が水平面をすべる運動」では，何が保存してるかな？

> うーん。①動摩擦力が外力としてはたらくから，運動量は保存しないぞ。また，②衝突はないな。そして，③摩擦熱が発生した分，エネルギーも減っちゃっているね。

OK！　図cで，摩擦熱＝力学的エネルギーの減少分より，

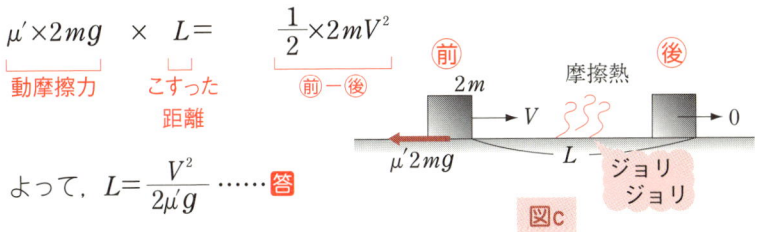

$$\underbrace{\mu' \times 2mg}_{動摩擦力} \times \underbrace{L}_{こすった距離} = \underbrace{\frac{1}{2} \times 2mV^2}_{前 - 後}$$

よって，$L = \dfrac{V^2}{2\mu' g}$ ……答

第13章　2つの保存則　167

チェック問題 3　ばねの力を介した2物体の運動　標準 8分

なめらかな床の上に置かれた質量Mでばね定数kの軽いばねがついた物体Aに，質量mの物体Bが速度v_0で近づいている。

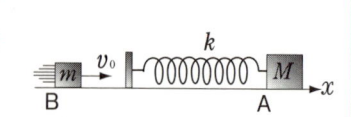

(1) ばねが最大に縮んだときの2物体の速さv_1を求めよ。
(2) ばねの最大の縮みdを，m，M，k，v_0を用いて求めよ。

解説　(1) ばねが縮むと，Aは押されて動き出し，速くなっていく。一方，Bはだんだんと遅くなる。やがて，ばねが最大に縮むところで，**相対速度が0になってAとBは床から見て同じ速度v_1になる。**

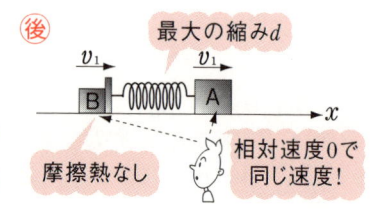

じゃあ，このとき，成立する保存則は何かな？

> 外力はないから，AとB全体の運動量は保存し，そして，あ！摩擦熱が発生しないから，エネルギーも保存するぞ！

そうだ。まずAとBの《運動量保存則》で，

$$mv_0 + M \times 0 = mv_1 + Mv_1$$

よって，$v_1 = \dfrac{m}{m+M}v_0$ …①　……**答**

(2) 次はAとBの《力学的エネルギー保存則》で，

$$\frac{1}{2}mv_0^2 = \frac{1}{2}mv_1^2 + \frac{1}{2}Mv_1^2 + \frac{1}{2}kd^2$$

よって，$d = \sqrt{\dfrac{1}{k}\{mv_0^2 - (m+M)v_1^2\}}$

$= \sqrt{\dfrac{mM}{k(m+M)}} \times v_0$ ……**答**

（①より）

チェック問題 ④ 台上の物体の運動 やや難 12分

図のような形状で，なめらかな部分ABCと粗い部分CDEをもつ質量Mの台が，なめらかな水平面上に置かれている。いま，質量mの小物体を初速度0で点Aからすべらせたところ，小物体はB，Cを通過し，Dで止まった。台の粗い面と小物体の動摩擦係数をμ'とする。右向きを速度の正の向きとする。

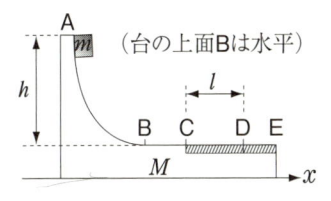

(台の上面Bは水平)

(1) 小物体がBを通過したときの台と小物体の速さV, vはいくらか。
(2) CD間の距離lはいくらか。μ'とhを用いて表せ。

解説 (1) 中で，小物体が台の斜面を左下向きに押すから，台は左へ動くでしょ。後で小物体がBを通過するとき，台は左へ速さV，小物体は右へ速さvで走っている（図a）。

さて，このとき，どんな保存則が成立するかな？

> まず，全体として水平外力がないから，水平方向の全運動量が保存する。そして，いまはまだ摩擦熱が出ないから，全力学的エネルギーも保存する。

重力は外力だけど，水平方向には，はたらかない！

もう，コツはつかめたみたいだね！
《運動量保存則》より，右向き正として，

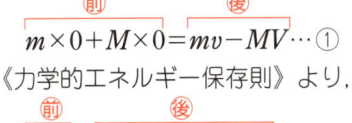

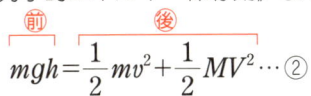

$$m \times 0 + M \times 0 = mv - MV \cdots ①$$

《力学的エネルギー保存則》より，

$$mgh = \frac{1}{2}mv^2 + \frac{1}{2}MV^2 \cdots ②$$

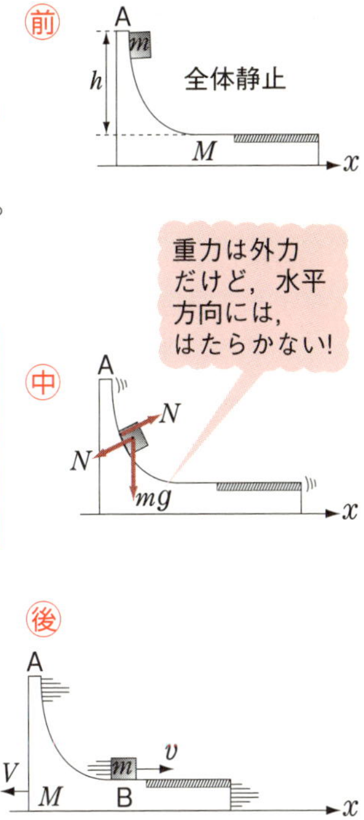

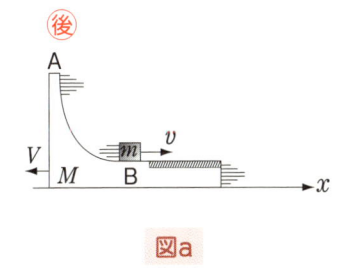

図a

第13章 2つの保存則

ここで，①を②に代入してVを消すと，

$$mgh = \frac{1}{2}mv^2 + \frac{1}{2}M\left(\frac{m}{M}v\right)^2$$

よって，$v = \sqrt{\dfrac{2Mgh}{M+m}}$ …③ ……**答**

①より，$V = \dfrac{m}{M}v \underset{\text{③より}}{=} \dfrac{m}{M}\sqrt{\dfrac{2Mgh}{M+m}}$ ……**答**

(2) **図b**のように，Cを越えると，小物体は左へ動摩擦力$\mu' mg$を受け，減速する。やがて，小物体がDまで距離lだけこすったところで，台に対して止まる。つまり，小物体と台は一体となって，床から見れば同じ速度v_1となる。

さて，今回の保存則はどうなっているかな？

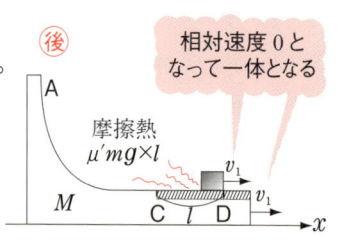

> やっぱり外力はないから，全運動量は保存する。そして，あ！　今回は，ジョリジョリ摩擦熱が発生しているじゃないですか。その分エネルギーは減りますね。

合格だ！　ここではなるべく楽をしたいので，いちばん最初の全体が止まっていたときと比べて保存則を考えるよ。

まず，《運動量保存則》より，

$$\underbrace{m \times 0 + M \times 0}_{\text{前}} = \underbrace{mv_1 + Mv_1}_{\text{後}}$$

よって$v_1 = 0$　なんと，最終的には，全体が止まってしまうんだね。

次に，(摩擦熱)＝(力学的エネルギーの減少分)より，

$$\underbrace{\mu' mg}_{\text{動摩擦力}} \times \underbrace{l}_{\text{こすった距離}} = \underbrace{mgh}_{\text{前の力学的エネルギー}} - \underbrace{\left(\frac{1}{2}mv_1^2 + \frac{1}{2}Mv_1^2\right)}_{\text{後の力学的エネルギー}}$$

ここに，先ほどの結果の$v_1 = 0$を代入し，lについて解くと，

$l = \dfrac{1}{\mu'}h$ ……**答**

● 第13章 ●
ま と め

1 **運動量保存則のシンプルな判定法**

(ある方向について)着目物体が外力を

　　① 受けない ➡《運動量保存則》
　　② 受ける　 ➡《力積と運動量の関係》

2 **力学的エネルギー保存則のシンプルな判定法**

途中で摩擦熱＝(**動摩擦力**)×(**こすれた距離**)が

　　① 発生しない ➡《力学的エネルギー保存則》
　　② 発生する　 ➡ **摩擦熱＝力学的エネルギーの減少分**

㊟ 衝突が起こるときは一般に，**2**の代わりにはね返り係数の式を用いる。

しっかり根拠をもって，保存則は使っていこうね！

第13章　2つの保存則

第14章 慣性力

▲「車は急停車することがございますので，つり革におつかまりください。」

Story ① 慣性力

▶(1) まずはこんな場面を

　キミが乗ったバスの運転手さん，ちょっと今日は機嫌が悪くて，アクセル全開で急発進し，グ～ンとスピードを上げていく。バスの中は，大変なことになっているねぇ（ホントはこんなことはないですからね）。

図1　バスが急発進!!

172　物理の力学

このバスの中のつり革を、軽い糸につるされた質量 m のおもりと見立てて、その様子を2人の異なる立場から眺めてみよう。バスの加速度を a、おもりにはたらく糸の張力を T、糸の傾きを θ としよう。ここで大切なのは、本気でその人の立場になりきって考えることだよ。

▶(2) 「大地の人」の立場で見ると

「大地の人」から見ると、どんな動きに見える？ 図2を大地に立った人の立場から実況中継してみて。

> ハイ。自分の目の前を、おもりはバスと一体となって、右向きに加速度 a で動いていきます。

では、その右向きの加速度は、どの力によって生じるの？

> え～と、糸の張力 T を分解したときの右向き成分 $T\sin\theta$ です。

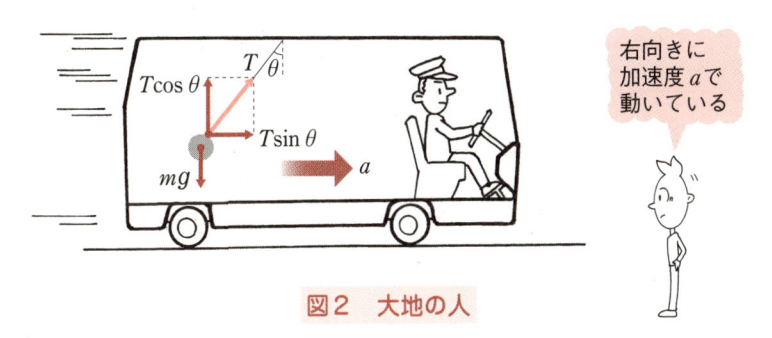

図2 大地の人

よくできた。すると、水平方向の運動方程式は、

$$ma = T\sin\theta \cdots ①$$

となるね。

> ここまでは OK だよね！

第14章 慣性力

▶(3) 「バスの中のお客さん」の立場で見ると

図3で，バスの中に座っている「お客さん」から見ると，おもりはどう見える？

> ハイ。おもりは，左に傾いた状態を保って静止しています。

じゃあ，つり合いの式だね。左右の力のつり合いの式を立ててみて。

> え～と，右向きに分解した $T\sin\theta$ と……あれ！ 左向きの力がないや。おかしいなあ。

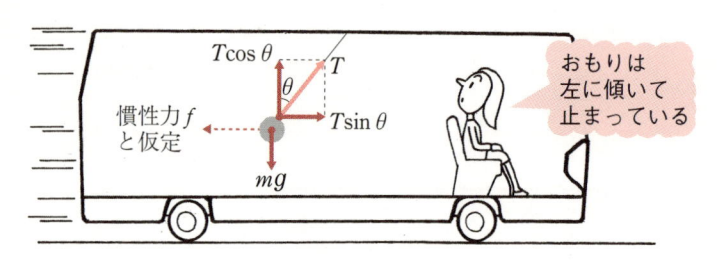

図中: $T\cos\theta$, T, θ, $T\sin\theta$, 慣性力 f と仮定, mg, おもりは左に傾いて止まっている

図3 車内の人

そうだねえ。そこで，今の場合，**どうしてもおもりには左向きの力がはたらいていないとおかしい**ので，その力を**慣性力**と名づけ，大きさを f と仮定しよう。すると，左右の力のつり合いの式は，

$\qquad f = T\sin\theta \cdots ②$

となるね。

▶(4) 慣性力の導出

(2), (3)で立てた①，②式の右辺どうしは，全く同じ $T\sin\theta$。よって，左辺どうしも等しくなり，

$\qquad ma = f$

よって，$f = ma$

まとめると，

> **POINT 1 慣性力**
>
> 大地に対して加速度 $\vec{a}$ で動く人からのみ見える力
> - 向き：(観測者自身の加速度 $\vec{a}$) とは逆向き
> - 大きさ：(着目物体の質量 m) ×(観測者自身の加速度 a)

向きについては，図3では，$\vec{a}$ は右向きで，慣性力は左向きだね。

▶(5) 慣性力で注意したいことは2つ

① 何を見るかではなく，だれが見るかだけで，慣性力は決まる。

図4のように，単に置いてある箱はもちろん，大地から見れば水平方向には，何の力もはたらいていないね。でも，図5のように，右向きに加速度 a で走る車の中から見れば，箱は周りの景色と一緒に左向きの加速度 a でグングン加速しているように見えるので，左向きの慣性力 $f = ma$ がはたらいていることになる。

図4　大地の人

図5　車内の人

同じ箱を見ているのに，立場によって全く違う力が見えるんですね。

第14章 慣 性 力

そうなんだ。まさに，**だれが見るか**だけで，慣性力は決まるのだ。だから，つねに，「**今は誰から見ているか**」をはっきりさせて解く必要があるんだ。

② **たとえ観測者が動いていようとも，一定速度で動いているときは，全く慣性力ははたらかない。**

図6のように，一定速度で走っている電車の中でズッコケる人はいないよね。一定速度は，加速度 $a=0$ だから，慣性力も $f=ma=0$ となってしまうんだ。

図6　一定速度の車

以上のように，慣性力は見る人によって異なるので，誰から見ても全く同じ力である「ナデ・コツ・ジュー」の力（p.36）とは区別したいね。

POINT2　「ナデ・コツ・ジュー」の力と慣性力

「ナデ・コツ・ジュー」の力	慣性力
誰から見ても全く同じ力 つまり万人に等しく見える力 （万人力）	見る人によって全く変わってしまう力 つまり見る人に属する力 （属人力）

誰から見ているかによって，どの範囲までの力が見えるかが決まるんだ。

チェック問題 1 台の加速度が既知のとき　標準 8分

傾角 θ の粗い斜面をもつ台が右向きの加速度 α で動いている。台の上から見て，質量 m の物体を静かに置いた。斜面と物体との静止摩擦係数を μ，動摩擦係数を μ' とする。

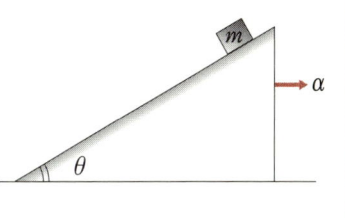

(1) もし物体が斜面をすべり下りる直前とすると，このときの μ を求めよ。
ただし，$g\cos\theta > \alpha\sin\theta$ とする。

(2) もし，物体が斜面をすべり下りたとすると，物体の台に対する加速度 a はいくらになるか。

解説 (1) だれから見てるかい？　すると，どんな慣性力が見えるかい？

加速度 α で右に動く台の上からです。だから，左向きに大きさ $m\alpha$ の慣性力が見えます。図aです。

そうだね。あとは，誰から見ても必ず見える「ナデ・コツ・ジュー」の力を補って終わりだが，いまその力は「すべる直前」なので，最大静止摩擦力 μN と，垂直抗力 N と重力 mg だね。重力を斜面と平行な x 方向，垂直 y 方向に分解する。

台上から見ると静止しているので，力のつり合いの式を立ててみて。

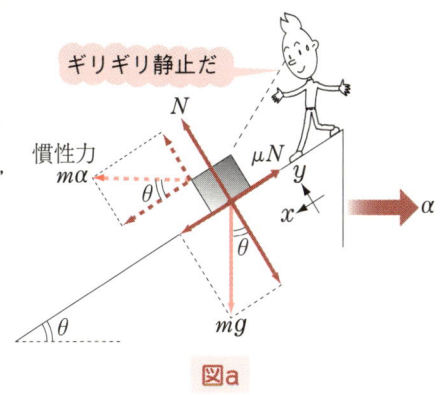

図a

$x : m\alpha \cos\theta + mg\sin\theta = \mu N \cdots ①$
$y : N = mg\cos\theta \cdots ②$ です。

何か忘れてないか？

ヤベッ！ 慣性力の y 成分 $m\alpha \sin\theta$ を忘れてた。
$y : \underwave{N + m\alpha \sin\theta} = mg\cos\theta \cdots ②'$ です。

慣性力を分解したとき，この力をよく忘れるから注意してね。
②′を①に代入して，

$$m\alpha \cos\theta + mg\sin\theta = \mu(mg\cos\theta - m\alpha \sin\theta)$$

よって　$\mu = \dfrac{g\sin\theta + \alpha \cos\theta}{g\cos\theta - \alpha \sin\theta}$ ……**答**

(2) 今度は，**どんな慣性力**がはたらいて見えるかい？

う〜ん，あれ？　今度は，物体が動いているぞ。動いちゃったら，慣性力は，(1)の $m\alpha$ と違ってくるのかなあ？

やっぱり，惑わされちゃってるね。いいかい，慣性力は，**だれが見るか**つまり，観測者自身の加速度 α のみで決まってしまうんだよ。見る物体が動いていようといまいと，全く関係ないんだよ。

あ！　そうか！　今回も(1)と同じ**台の上**から見てるから，慣性力は全く同じで左向きに $m\alpha$ だ！　次の**図b**のようになります。

何度も言うけど「誰から見てるのか」が慣性力の命だ！

178　物理の力学

そのとおり。

あとは「ナデ・コツ・ジュー」の力を補って終わりだが，今回は「もうすべっている」ので，動摩擦力 $\mu'N$ を書くね。

台上から見た物体の加速度を斜面に沿って下向き a とする。x, y 方向に力を分解する。

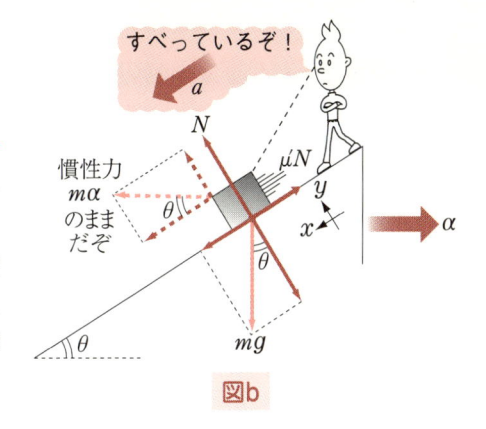

すべっているぞ！

慣性力 $m\alpha$ のままだぞ

図b

x 方向の運動方程式は，
 $ma = m\alpha\cos\theta + mg\sin\theta - \mu'N \cdots ③$
y 方向の力のつり合いは，
 $N + m\alpha\sin\theta = mg\cos\theta \cdots ④$
 忘レナイ！

④を③に代入して，
 $ma = m\alpha\cos\theta + mg\sin\theta - \mu'(mg\cos\theta - m\alpha\sin\theta)$
よって，
 $a = (\sin\theta - \mu'\cos\theta)g + (\cos\theta + \mu'\sin\theta)\alpha$ ……答

慣性力は，ミスが出やすいから注意して解こうね。

第14章 慣性力

チェック問題 ② 台の加速度が未知のとき　やや難　15分

質量Mで傾角30°の台を，なめらかな水平面の上に置いた。ここで，質量mの小物体を台のなめらかな斜面上に乗せた。

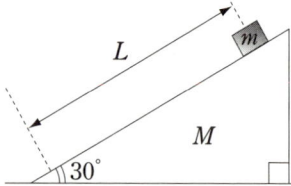

(1) 台の加速度を右向きにAとし，台上から見た小物体の加速度を斜面に沿って下向きにaとして，台上から見た小物体の運動方程式を立てよ。

(2) a，Aをそれぞれ求めよ。

(3) 小物体が台上をLだけすべるのに要する時間t_1を求めよ。

解説　(1) いつものように**だれから見て，どんな慣性力**を受けるのかを言ってみて。

> ハイ。右向きAの加速度をもつ台の上から見るので，慣性力は左向きにmAです。

いいぞ。
垂直抗力をNとしてx，y軸方向に慣性力と重力を分解する（図a）。
x方向の運動方程式は，
$ma = mA\cos30° + mg\sin30°$ …①……**答**
y方向の力のつり合いの式は，
$N + mA\sin30° = mg\cos30°$ …②

図a

(2) (1)で立てた①，②の式だけで，a，Aは求まるかな？

> 未知数がa，A，Nの3つもあって，2つの式①，②だけでは足りません。あと1つどうしても式が欲しいです。

いかにも。じゃあ，**あと1つの式**はどうやって立てるの？

う〜ん，小物体についてはもうこれ以上立てられないし〜。

まだ式を立てていない物体があるよ。

え〜と，あ！ 台自身ですか？

気付いたね。そこで，床から見た台の運動方程式を立てよう。図bで，台は小物体から垂直抗力の反作用の力 N を受けて，右向きに運動している。ちなみに，今回は床から見ているから，慣性力は全くなしだよ。見る人に注意！ N を分解して水平方向の運動方程式を立てると，

$$MA = N\sin 30° \cdots ③$$

台の加速度が未知のときは，いつも床から見た台の運動方程式を立てるよ

図b

以上で，3つの未知数 a, A, N で式①，②，③がそろった。②を③に代入して，

$$MA = \left(\frac{\sqrt{3}}{2}mg - \frac{1}{2}mA\right)\frac{1}{2}$$

$$\left(M + \frac{1}{4}m\right)A = \frac{\sqrt{3}}{4}mg \quad \text{よって，} A = \frac{\sqrt{3}\,m}{4M+m}g \cdots ④ \quad \cdots\cdots\text{答}$$

①より，$a = \frac{\sqrt{3}}{2}A + \frac{1}{2}g \underset{④より}{=} \frac{2(M+m)}{4M+m}g \cdots ⑤ \quad \cdots\cdots\text{答}$

(3) 台の上から見て，台上に x 軸を立てる（図c）。$t = t_1$ で $x = L$ より，等加速度運動の〔公式❶〕(p.20) より

$$L = \frac{1}{2}at_1^2$$

$$\therefore\ t_1 = \sqrt{\frac{2L}{a}}$$

$$\underset{⑤より}{=} \sqrt{\frac{L(4M+m)}{(M+m)g}} \quad \cdots\cdots\text{答}$$

図c

第14章 慣性力

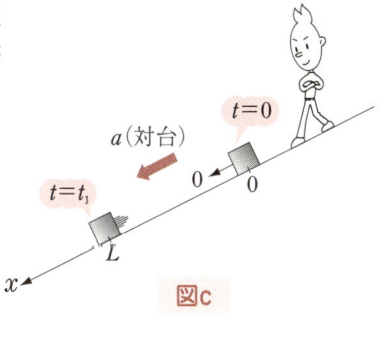

Story ② 見かけの重力

▶(1) 見かけの重力って何？

いま図7のように，加速度 a で走るバスの中で質量 m のボールを静かに手放す。このとき，ボールはどんな力を受けて落下するかな？

> まず，重力 mg。そして，お！ バスの中の人から見るから，左向きに慣性力 ma も見える。以上２つの力です。

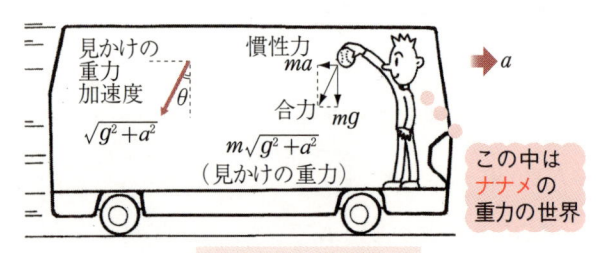

図7 見かけの重力

（図中：見かけの重力加速度 $\sqrt{g^2+a^2}$，慣性力 ma，合力 mg，$m\sqrt{g^2+a^2}$（見かけの重力），この中はナナメの重力の世界）

これらの力の合力をとると，結局，バスの中の人にとっては，ボールには左斜め下向きの合力 $m\sqrt{g^2+a^2}$ がはたらいて見えるね。この合力を一種の重力と見なすと，バスの中は，左斜め下向きの重力加速度 $\sqrt{g^2+a^2}$ の世界と見なせるね。この $m\sqrt{g^2+a^2}$ を**見かけの重力**，$\sqrt{g^2+a^2}$ を**見かけの重力加速度**というんだ。

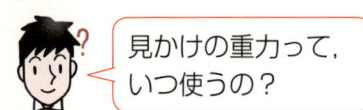

> 見かけの重力って，いつ使うの？

いい質問だ。それは，図8のように，加速度をもつ台や箱の中でのおもりの振り子運動や，落下運動で使うんだ。とくに，単振り子の周期公式 $T=2\pi\sqrt{\dfrac{l}{g}}$ 中の g を見かけの重力加速度におきかえて，$T=2\pi\sqrt{\dfrac{l}{\sqrt{g^2+a^2}}}$ と求めさせる問題がよく出てくるね。

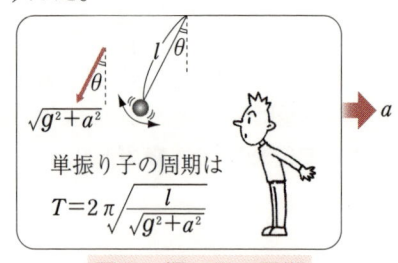

図8 振り子の周期

単振り子の周期は
$$T=2\pi\sqrt{\dfrac{l}{\sqrt{g^2+a^2}}}$$

チェック問題 ③ 見かけの重力 標準 6分

加速度 a で上昇しているエレベーター内に，長さ l の糸の先に質量 m の小さなおもりをつけた振り子がある。

(1) 振り子を傾角30°から静かに手放すとき，最下点での速さ（エレベーターに対する）v_1 はいくらか。

(2) 振り子を止め，糸を切ると床までの距離 h を落下するのにかかる時間 t_1 はいくらか。

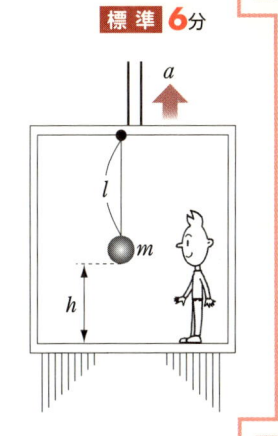

解説 (1) エレベーター内での**見かけの重力**はいくらかな？

> 重力 mg と下向きの慣性力 ma を合わせて
> $mg+ma=m(g+a)$です。

図aで，《力学的エネルギー保存則》より，重力加速度 $g \to g+a$ として，

$$m(g+a)l(1-\cos 30°) = \frac{1}{2}mv_1^2$$

よって，$v_1 = \sqrt{(2-\sqrt{3})(g+a)l}$ ……**答**

(2) 加速度は g ではなくて，$g+a$ で自由落下しているとして，図bで，等加速度運動の〔公式❹〕(p.20)より，

$$\frac{1}{2}(g+a){t_1}^2 = h$$

∴ $t_1 = \sqrt{\dfrac{2h}{g+a}}$ ……**答**

もしエレベーター自体をフリーフォール（自由落下）させると，$a=-g$ となるので，見かけの重力は，$g+(-g)=0$，つまり無重力状態。

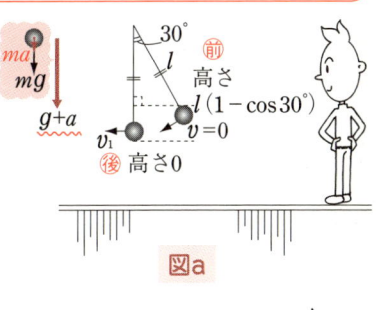

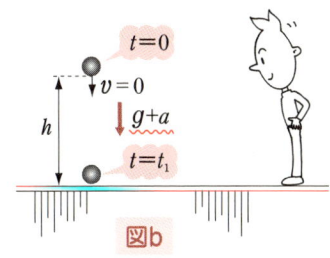

図a

図b

第14章 慣性力

●第14章●
まとめ

1 慣性力

大地に対して加速度 $\vec{a}$ で動く人からのみ見える力
　向き：**観測者自身**の加速度 $\vec{a}$ とは逆向き
　大きさ：$m \times$ **観測者自身**の加速度の大きさ a

2 慣性力を使うときの注意点

① 何を見るかではなく，**観測者自身**の加速度だけで，つまり，**だれが見るか**のみで慣性力は決まる。
② 一定速度（$a=0$）で動く人には，慣性力ははたらかない。
③ 台の加速度が未知のときは必ず，床から見た台の運動方程式を立てること。

3 見かけの重力

① 「$\overrightarrow{見かけの重力}=\overrightarrow{重力}+\overrightarrow{慣性力}$（ベクトル和）」をひとまとめにして，**1つの力と考えて重力のように扱う。**
② 等加速度運動をする箱の中の振り子の運動や落体の運動で使う。

次からは「円運動」がテーマだよ！　円運動でも「誰から見てるのか」がとても大切なんだ。

第15章 円運動

▲ハンマー投げの選手の立場で分析せよ！

Story ❶ 角速度・向心加速度

▶(1) おうぎ形の弧長公式

角度には，度〔°〕という単位のほかに，ラジアン〔rad〕というπを使う単位があるね。たとえば，
$\pi \text{ rad} = 180°, 2\pi \text{ rad} = 360°$ だ。

ここで，**図1**の手順で，おうぎ形の弧の長さ（弧長）を求めてみよう。

まず，円の中心角は 2π だね。そして，円周の長さは $2\pi r$ だ。だから，中心角が θ のおうぎ形の弧の長さは，円周の長さの $\dfrac{\theta}{2\pi}$ 倍で，

$$2\pi r \times \dfrac{\theta}{2\pi} = \underset{\text{半径}}{r} \times \underset{\text{中心角}}{\theta}$$

となるね。

中心角 2π rad ／ 円周長 $2\pi r$ ／ $\dfrac{\theta}{2\pi}$ 倍 ／ だから ／ $\dfrac{\theta}{2\pi}$ 倍 ／ 弧長 $2\pi r \times \dfrac{\theta}{2\pi} = r \times \theta$ ／ θ〔rad〕

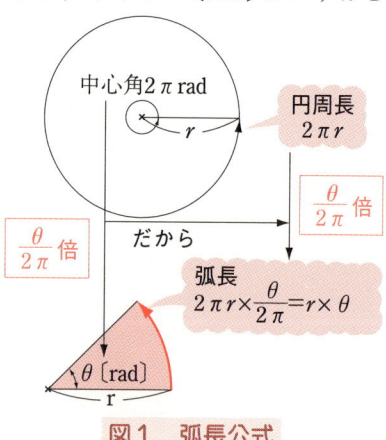

図1 弧長公式

| 弧長公式 | 弧長＝半径×中心角……① |

この**弧長公式**は，これから円運動の各公式を導くときに何度も使うよ。

▶(2) 角速度って何？

　図2のように車が円形サーキットをグルグル回っている。このとき，この車の**1秒あたりの回転角〔rad〕を角速度ω**(オメガ)〔rad/s〕という。

　図2で，車は**1秒あたり**速さv(＝1秒あたりの移動距離)と同じ長さだけ円周上を進んでいるね。

　このとき，図中に，半径r，中心角ω，弧長vのおうぎ形が見えるでしょ。このおうぎ形に，①の式の弧長公式を使うと，

$$\underbrace{v}_{\text{弧長}} = \underbrace{r}_{\text{半径}} \times \underbrace{\omega}_{\text{中心角}} \cdots ②$$

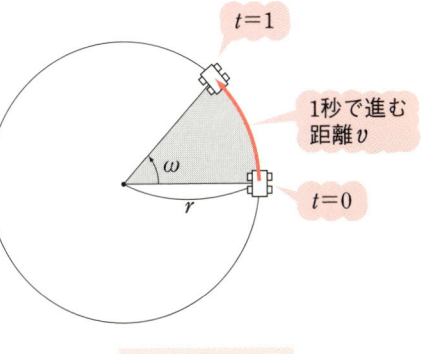

図2　角速度ω

の関係があることがわかるね。

　たとえば，1秒で1周すれば，角速度は$\omega=2\pi$ rad/sだね。このとき，②式より，速さは$v=r\times\omega=r\times2\pi=2\pi r$〔m/s〕でホラ！ちょうど1秒で1周分回っていることと，ちゃんと合っているでしょ。

POINT1　角 速 度

角速度ω〔rad/s〕＝1秒あたりの回転角〔rad〕
普通の速さvとは，$v=r\times\omega$の関係がある。

▶(3) ベクトルとしての加速度

　加速度ベクトル$\vec{a}$とは，1秒あたりの速度ベクトル$\vec{v}$の変化をいう。

　図3の放物運動では，$t=0$での$\vec{v_A}$が$t=1$で$\vec{v_B}$になったときの$\vec{v_A}$と$\vec{v_B}$の差は，重力加速度ベクトル$\vec{g}$になっているね。

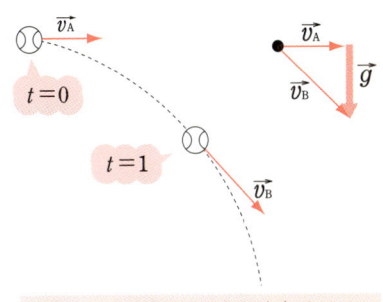

図3　放物運動の重力加速度ベクトル

▶(4) 円運動の向心加速度って何？

いま，**図4**のように，円形サーキットを車が回っているとする。まず，$t=0$で点Aを通過した瞬間の車の速度ベクトル$\vec{v_A}$の向きは，点Aでの円の接線方向（写真を撮ったら接線方向にブレて写るでしょ）となるね。次に，$t=1$で点Bを通過した瞬間の速度ベクトル$\vec{v_B}$の向きは点Bでの接線方向となる。

図5のように，これら$\vec{v_A}$と$\vec{v_B}$との差をとると，この車の加速度ベクトル$\vec{a}$が求められるね。

まず，**図5**より，加速度$\vec{a}$の向きは，$\vec{v_A}$，$\vec{v_B}$から見て左向きで，円の中心向きになる。

次に，加速度$\vec{a}$の大きさaを求めよう。いま，分かりやすくするために，車が十分にゆっくりで角速度ωは微小とする。すると，**図5**の三角形は，**図6**のようなおうぎ形と見なせる。

aは**図6**の半径$v(=\vec{v_A}, \vec{v_B}$の長さ)，中心角ωのおうぎ形の弧長に相当するので，①式の弧長公式より，

$$\underset{\text{弧長}}{a} = \underset{\text{半径}}{v} \times \underset{\text{中心角}}{\omega} \cdots ③$$

となるね。

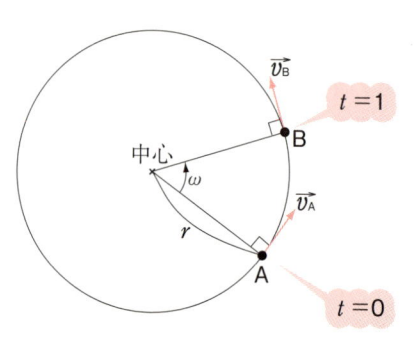

図4　1秒あたりの$\vec{v}$の変化

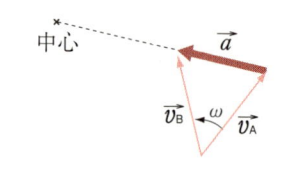

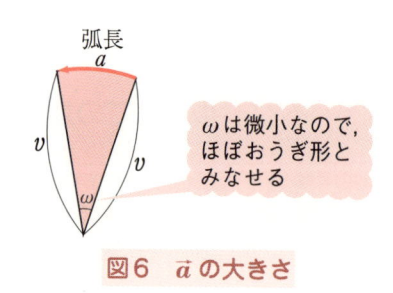

図5　$\vec{a}$の向き

図6　$\vec{a}$の大きさ

ωは微小なので，ほぼおうぎ形とみなせる

ここで、③式に②式の $v=r\omega$ を代入すると、
$$a=r\omega^2$$
また、③式に②式の $\omega=\dfrac{v}{r}$ を代入すると、
$$a=\dfrac{v^2}{r}$$
となるね。以上をまとめるよ。

> **POINT 2** 円運動の向心加速度ベクトル $\vec{a}$
> - 向き：いつも円の中心向き（だから向心という）
> - 大きさ：$a=r\omega^2=\dfrac{v^2}{r}$

> 加速度がいつも中心を向くというのは、どんなイメージですか？

そうだね。キミが自転車に乗っていて、これから左曲がりのカーブに入るとするね。そのとき、右向き、左向きどちらにハンドルをきる？

> もちろん、左向きですよ。右向きにしたらアブナイじゃないですか。

その左向きには、図7のように、カーブの中心があるね。そう、いつもカーブの中心に向かってハンドルをきることになるね。

このように、円運動しつづけるには、いつも中心方向に速度ベクトルを変化させておく必要があるんだよ。それが、加速度がいつも中心に向くということなんだ。

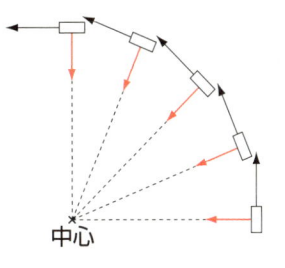

図7　向心加速度

Story ② 遠心力

▶(1) 遠心力って何？

　ハンマー投げという陸上競技を知ってるかい。このハンマー投げの鉄球を，違う立場の2人の目から見てみるよ。鉄球の質量は m，半径は r，速さは v，角速度は ω，そして鉄球をつなぐピアノ線の張力を T として，簡単のため重力は考えないでおこう。

① 「大地の人」から見たとき（図8）

　Story ① で見た向心加速度

$$a = r\omega^2 = \frac{v^2}{r}$$

が生じているね。

　生じた原因は，もちろん張力 T だね。それらの関係は運動方程式より，

$$ma = T \cdots ⓐ$$

となるね。

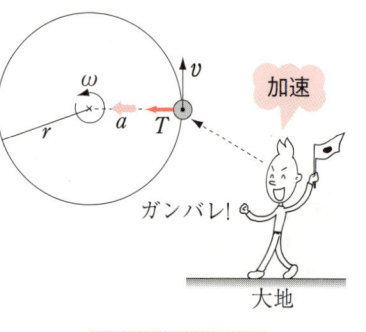

図8　大地の人

② 「回る人」（ハンマー投げの選手）から見たとき（図9）

　鉄球と一緒になって回るから，彼にはいつも自分の目の前に鉄球が静止しているように見えるね。つまり，力はつり合いの状態にあるのだ。

　でも，今は張力 T しかないでしょ。中心向きの力 T しかないのに，どーやって，つり合うの？

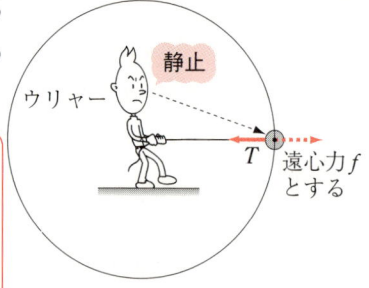

図9　回る人

　まさにそうなんだ。そこで，**どうしても外向きの力がはたらいていないとおかしい**ので，その力を中心から遠くなる向きにはたらく力，**遠心力 f** として導入しよう。

すると，力のつり合いの式から，
$$f=T \cdots ⓑ$$
となる。

以上，①，②で出てきたⓐ式とⓑ式の右辺どうしは全く同じTなので，左辺どうしも等しくなり，
$$f=ma\left(=mr\omega^2=m\frac{v^2}{r} \quad \text{POINT 2 より}\right)$$
となるね。以上をまとめよう。

> **POINT 3** 遠心力 f
> 「回る人」にのみに見える力
> ● 向き：円の中心から遠ざかる向き
> ● 大きさ：$f=ma=mr\omega^2=m\dfrac{v^2}{r}$

▶(2) 円運動の解法は完全にワンパターン

(1)で，「大地の人」と「回る人」それぞれの立場から円運動を見てきたね。ここで，「回る人」から見た円運動の解法をまとめておこう。

> **POINT 4** 円運動の解法（「回る人」から見る）
>
> **Step 1** ❶円運動の中心　❷半径 r　❸速さ $v=r\omega$　を求める。
> （本書では，この円運動を特徴づける❶,❷,❸を円運動の「3点セット」と名づけるね。）
>
> **Step 2** 「回る人」から見て，遠心力 $mr\omega^2=m\dfrac{v^2}{r}$ を図示する。
>
> **Step 3** 残る力を書き込み，半径方向の力のつり合いの式を立てる。
> 　　　　　　　　　　　　円運動しているということは，
> 　　　　　　　　　　　　半径方向には全く動きはないから
>
> 注　あくまでも「回る人」から見るんだという立場をはっきりさせておこう。

第15章　円運動

チェック問題 ① 円すい振り子　　標準 5分

ばね定数 k で自然長が l の軽いばねにつけた質量 m のおもりが，図のように，頂角 $30°$ の円すい振り子運動をしている。このときのばねの伸び d を l で，回転の角速度 ω および周期 T を k，m で表せ。ただし，$kl=\sqrt{3}\,mg$ の関係があるとしてよい。

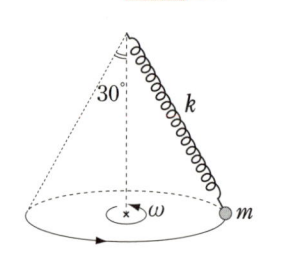

解説　(1)「回る人」から見た立場で《円運動の解法》(p.191) に入ろう。

Step 1　❶円運動の中心は点 O（注 O' ではない）
　　❷ばねの長さは $l+d$ なので，図より，半径は $(l+d)\sin 30°$
　　❸角速度は ω

Step 2　「回る人」から見た遠心力 $m(l+d)\sin 30°\,\omega^2$ を作図する。

Step 3　力のつり合いの式は
　　水平：$kd\sin 30° = m(l+d)\sin 30°\,\omega^2 \cdots$ ①
　　鉛直：$kd\cos 30° = mg \cdots$ ②
与えられた条件より，$kl = \sqrt{3}\,mg \cdots$ ③

②より，$d = \dfrac{2mg}{\sqrt{3}\,k} = \dfrac{2}{3}l \cdots$ ④　……**答**
　　　　　　　　　　↑③より

①，④より，$k \times \dfrac{2}{3}l = m \times \dfrac{5}{3}l \times \omega^2$　よって，$\omega = \sqrt{\dfrac{2k}{5m}} \cdots$ ⑤　……**答**

ここで，$\boxed{\text{周期}\,T = \dfrac{\text{回転角}\,2\pi\,[\text{rad}]\text{回る}}{\text{角速度}\,\omega\,[\text{rad/s}]\text{で}}} = 2\pi\sqrt{\dfrac{5m}{2k}}$　……**答**
　　　　　　　　　　　　　　　　　　　　　　　　　　　　↑⑤より

192　物理の力学

チェック問題 ❷ 振り子の円運動   標準 6分

糸の長さ l，おもりの質量 m の振り子がある。おもりに最下点で初速度 v_0 を与えた。
(1) 振れの角が θ のときの糸の張力 T を求めよ。
(2) 糸がたるまずに1周するには v_0 はいくら以上必要か。

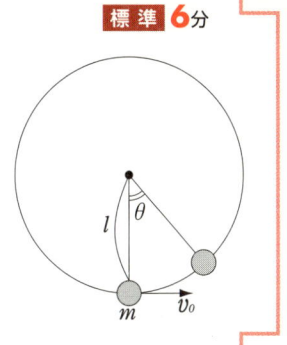

解説 (1) 《円運動の解法》(p.191)で解く。

Step1 ❶中心は点O，❷半径 l，❸速さ v は未知。さぁ，どうやって求める？

> 速さときたらエネルギー。いまは，摩擦熱は出てないから《力学的エネルギー保存則》(p.162)ですよ。

キミの言うとおりだ。式を立てると，

　　　　前　　　　　　後
$$\frac{1}{2}mv_0^2 = \frac{1}{2}mv^2 + mgl(1-\cos\theta)$$

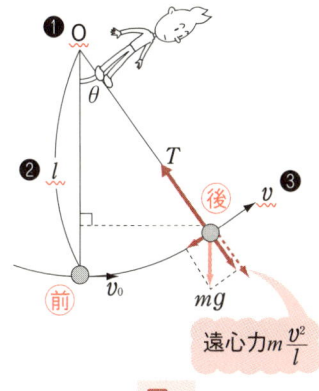

よって，$v = \sqrt{v_0^2 - 2gl(1-\cos\theta)}$ …①

Step2 「回る人」から見て，遠心力 $m\dfrac{v^2}{l}$ を作図

Step3 重力を半径，接線方向に分解しよう。ここで糸は伸び縮みしないね。このことから，半径方向には確実に力のつり合いが成り立つので，

$$T = mg\cos\theta + m\frac{v^2}{l} \cdots ②$$

②に①を代入すると，

$$T = m\left\{\frac{v_0^2}{l} + g(3\cos\theta - 2)\right\} \cdots ③ \quad \cdots\text{答}$$

図a：遠心力 $m\dfrac{v^2}{l}$

(2) ここで,超頻出の2択の問題,**ギリギリ1回転できる条件**として正しいのは,**図b**のA,Bのうち,どちらだろう?

A:円の頂上での速さ0　　B:円の頂上での張力0

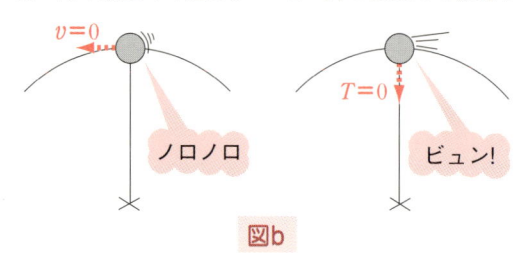

図b

う〜ん,悩むなあ。Aでは速さ$v=0$で,ギリギリ1周だろ。Bでは,糸の張力$T=0$でもかなりのスピードだ。ギリギリはAかな?

ブブー! よく考えてごらん。もし,Aのように,円の頂上を速さが0で糸が張ったまま通過できるとしたら,**図c**のように,おもりを頂上の位置で静かに($v=0$で)手放しても,落下しないという奇妙な現象が起こってしまうよ。糸は棒とは違うんだから,**たるんじゃう**でしょ。

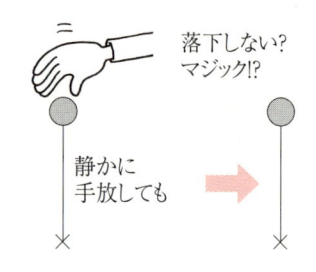

図c

そっか。最低でも糸がたるまないことが必要か。じゃあ,Bの条件だ。

そのとおり。要は,**遠心力が重力より勝っていればたるまない**ということだよ。そのためには,頂上をかなりの速さで通過する必要があるから,$v=0$じゃムリだよ。 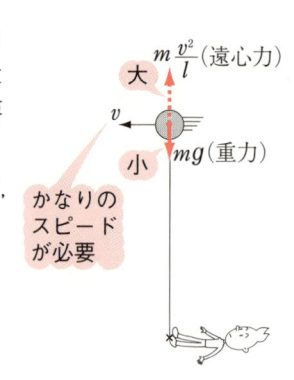
ここで,③式で$\theta=180°$(頂上)で$T\geqq 0$として,

$$\frac{v_0^2}{l}+g\{3\times(-1)-2\}\geqq 0$$

$$v_0^2\geqq 5gl$$

$$v_0\geqq\sqrt{5gl} \cdots\cdots \boxed{答}$$

チェック問題 ❸ 曲面上の円運動　やや難 12分

図のように，直線ABC，EFと，半径rの円弧CDE，FGHとからなるなめらかな軌道を考える。点Aから，質量mの球が，初速度0ですべり始める。

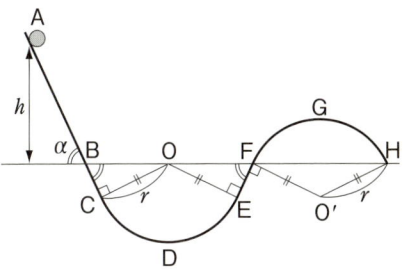

(1) この球が軌道から受ける最大の垂直抗力Nを求めよ。
(2) 球が軌道から途中で浮かないためのhの条件を求めよ。

解説

(1) 最大の垂直抗力を受けるのは，点A〜Hのうち，どこかな？

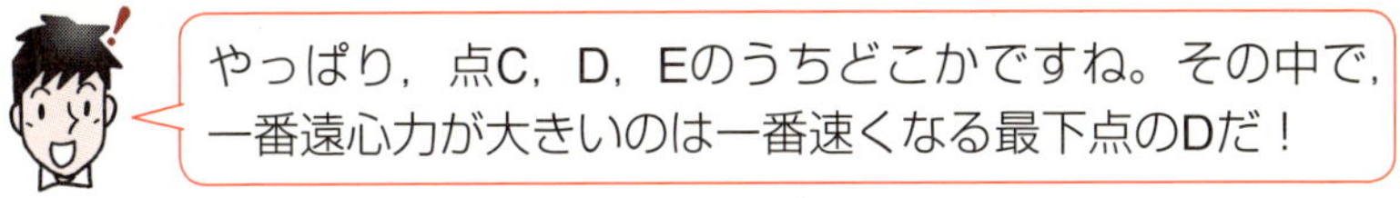

やっぱり，点C，D，Eのうちどこかですね。その中で，一番遠心力が大きいのは一番速くなる最下点のDだ！

OK！ 点Dで《円運動の解法》(p.191)に入ろう。（図a）

Step1 ❶中心O，❷半径r，❸速さv_Dとすると，《力学的エネルギー保存則》より，

$$mg(h+r) = \frac{1}{2}mv_D^2 \cdots ①$$
　　A　　　　D

Step2 「回る人」から見て，遠心力 $m\dfrac{v_D^2}{r}$

Step3 半径方向の力のつり合いの式より，

$$N = mg + m\frac{v_D^2}{r}$$

$$= mg\left(3 + \frac{2h}{r}\right) \cdots \text{答}$$

①より

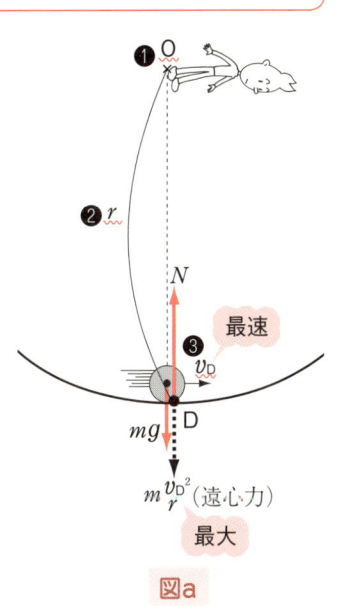

図a

(2) 最も浮きやすい点は，点A～Hのうちどこですか？

> やっぱり，F，G，Hのうちどこかでしょ。う～ん，やっぱり，一番盛り上がっている頂点の点Gでしょう。

ブブー！ キミだけじゃなくて，みんなよく間違えるんだよね。G点よりもスピードが速いところがあるでしょ。

> あっそうか！ 点Gよりもっと低い点Fだ。点Fの方が点Gよりも速いから，遠心力が外向きに強いし，重力の中心方向成分も小さいから浮きやすいや！ これは間違えやすいな～。

もちろん，点Hも点Fも同じだけど，点Fで浮かなきゃ点Hでも浮かないから，考えるのは点Fだけでいいよ。

《円運動の解法》(p.191)を使って(**図b**)．

Step 1 ❶中心はO'に移るよ。
❷半径 r
❸速さをv_Fとすると，
《力学的エネルギー保存則》より，

$$mgh = \frac{1}{2}mv_F^2 \cdots ③$$

(A = mgh, F = $\frac{1}{2}mv_F^2$)

Step 2 「回る人」から見て，遠心力
$$m\frac{v_F^2}{r}$$

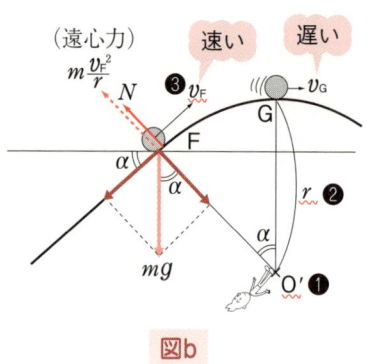

Step 3 重力を分解して半径方向の力のつり合いの式を立てると，

$$N + m\frac{v_F^2}{r} = mg\cos\alpha \cdots ④$$

③，④より，v_Fを消して，

$$N = mg\left(\cos\alpha - \frac{2h}{r}\right)$$

ここで，浮かない条件は$N \geq 0$

$$\cos\alpha \geq \frac{2h}{r}$$

よって，$h \leq \frac{1}{2}r\cos\alpha$ ……**答**

> しっかり曲面に接触して，垂直抗力を受けているということだね。

● 第15章 ●
まとめ

1 円運動の解法3ステップ

(1) 「大地の人」から見るとき

Step 1 ❶ 回転の中心 ❷ 半径 r ❸ 速さ $v=r\omega$ を求める。
（❸を求めるには《力学的エネルギー保存則》も使う）

Step 2 「大地の人」から見て，向心加速度 $a=r\omega^2=\dfrac{v^2}{r}$ を作図。

Step 3 半径方向の運動方程式を立てる。

(2) 「回る人」から見るとき ← オススメ

Step 1 (1)と同じ。

Step 2 「回る人」から見て，遠心力 $mr\omega^2=m\dfrac{v^2}{r}$ を作図。

Step 3 半径方向の力のつり合いの式を立てる。

2 円運動して，ある点を通過できる（糸がたるまない，面から離れない）条件

糸がたるむ，面から離れる恐れが

ない とき ➡ その点で $v≧0$ でありさえすればよい。

ある とき ➡ その点で $T≧0$, $N≧0$ というキビシイ条件が必要。

いつも同じやり方で解けるようになったかい。

第16章 万有引力

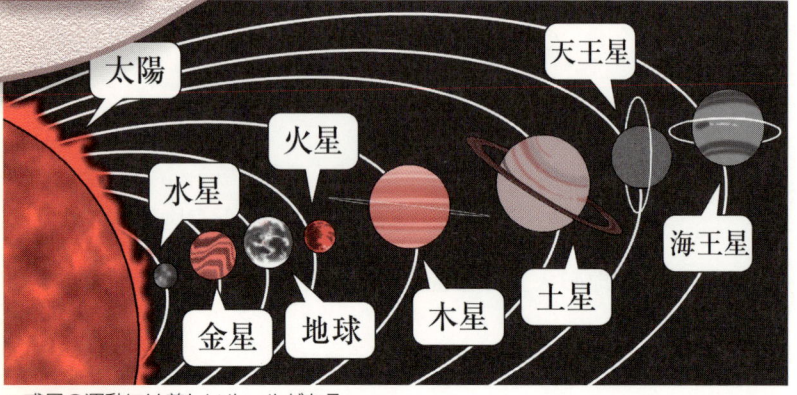

▲惑星の運動には美しいルールがある

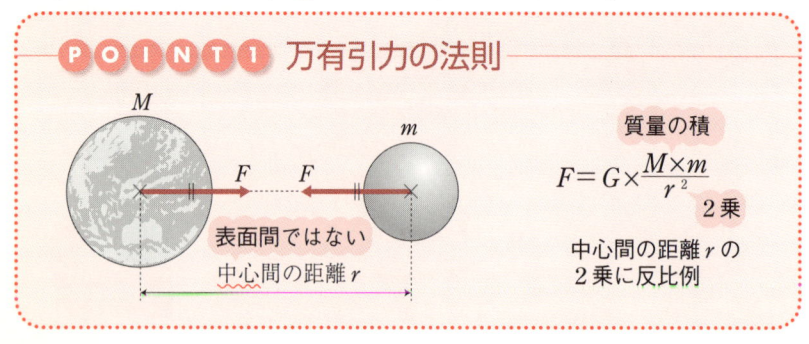

Story ① 万有引力と重力

▶(1) 万有引力の法則とは？

　磁石のN極とS極は引き合うね。プラスとマイナスの電荷も引き合うね。じつは磁石や電気でなくても，すべての質量あるものは同じように引き合うのだ。この力を**万有引力**という。その力の大きさは，2物体の質量 m，M の積に比例し，2つの物体の質量中心間の距離 r の2乗に反比例する。その比例定数 G を**万有引力定数**といい，その値は約 $6.67 \times 10^{-11} \, \text{N} \cdot \text{m}^2/\text{kg}^2$ と超がつくほどの小さい値だ。

POINT 1 万有引力の法則

$$F = G \times \frac{M \times m}{r^2}$$

- 質量の積
- 中心間の距離 r の2乗に反比例
- 表面間ではない
- 中心間の距離 r

▶(2) **万有引力と重力の関係をはっきりさせよ。**

ところで，この万有引力といままでさんざん使ってきた重力 mg とは一見似てるけど，一体どういう関係にあるか，言えるかい？

> う～ん，どちらも引力で同じ力のように思えるし……。でも万有引力は距離 r で変化するけど，重力 mg は一定だから違うのかな？

じつは，<u>地球表面上</u>で受ける万有引力のことを，いままで「重力 mg」と名づけて使ってきていたんだ。ここでは，地球の自転による遠心力は考えないものとする。

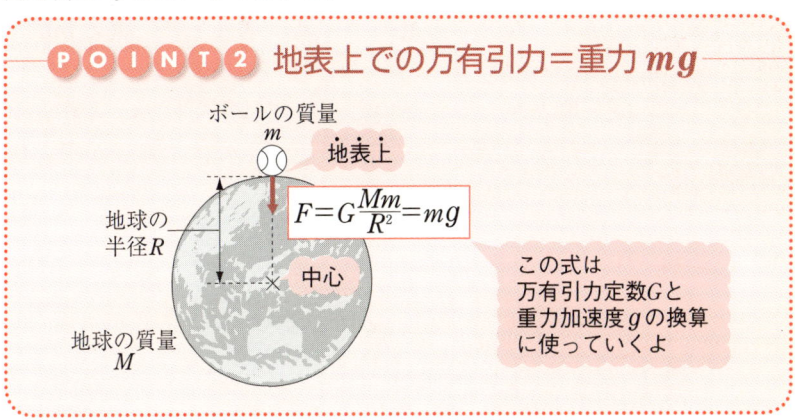

POINT 2　地表上での万有引力＝重力 mg

ボールの質量 m
地表上
地球の半径 R
中心
地球の質量 M

$$F = G\frac{Mm}{R^2} = mg$$

> この式は万有引力定数 G と重力加速度 g の換算に使っていくよ

この関係は計算問題を解く上でも重要な関係式となるので，「<u>地表上での万有引力は重力 mg</u>」とすぐに言えるようにしておこう。

ちなみに，月面上での重力 mg' は，月の質量 M' と半径 R' を用いて，

$$G\frac{M'm}{R'^2} = mg'$$ 　上図の地球上では，$G\dfrac{Mm}{R^2} = mg$ だった。辺々割って，

$$\frac{g'}{g} = \frac{M'}{M} \times \left(\frac{R}{R'}\right)^2$$

> 地球と月の
> 質量比は約 100：1
> 半径の比は約 4：1
> より

$$= \frac{1}{100} \times 4^2$$

$$= 約 \frac{1}{6}$$

> この結果は，中学校で暗記させられたよね。
> それが，こうして計算で導けるんだ。

第16章　万有引力

▶(3) 万有引力と重力の使い分け

どうも，万有引力と重力が同じものだとは納得できません。だって，万有引力は地球中心からの距離 r が大きくなる，つまり，高くなると弱くなっていくのに，重力 mg は，高くなっても弱くならずに一定。これ矛盾してません？

一見そう思えるね。じつは，重力 mg が一定というのは，**一種の近似**なんだ。

それは，図1のように，地表からの高さ h が地球の半径約 6400km と比べて十分に小さい場所での重力は，ほぼ地表上での重力 mg と同じとみなしてしまう近似だ。

厳密に言えば，地表から少し高いところでは重力は mg よりも少し弱まっている。だから mg（＝一定）が使えるのは，地球が平らに見える地表スケールの領域に限られるのだ。

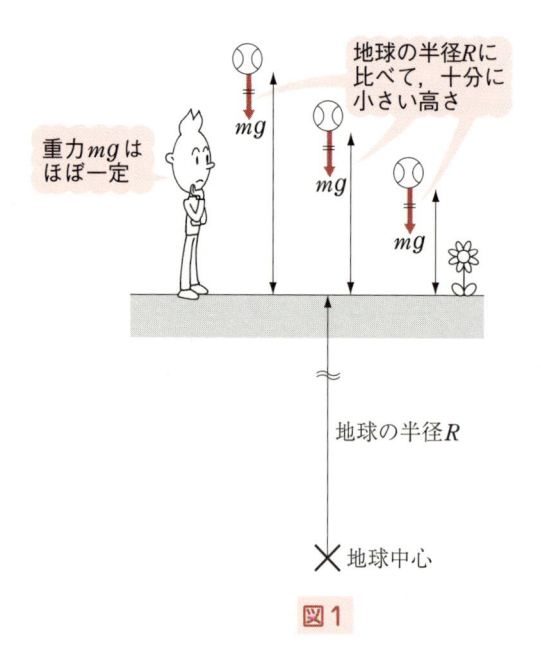

図1

POINT 3 万有引力と重力 mg の使い分け

運動を考える範囲が
① 地球が丸く見える宇宙スケール

→ 万有引力　$F = G\dfrac{Mm}{r^2}$ を使う。

② 地球が平らに見える地表スケール

→ 重力　mg（＝一定）を使う。

たとえば，
図2のロケット打ち上げでは，①の宇宙スケールなので，

　　万有引力の式 $F = G\dfrac{Mm}{r^2}$

図3の野球のボールを追うときは，②の地表スケールなので，

　　重力 mg（＝一定）

の式をそれぞれ使うよ。

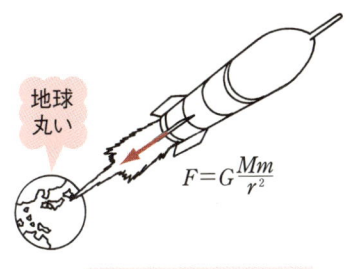

図2　宇宙スケール

図3　地表スケール

「スケール」の違いによって，「万有引力」と「重力」を使い分けることが大切だよ！

第16章　万有引力

▶(4) 万有引力による位置エネルギー U_G

(3)で見たように，宇宙スケールでは重力 mg（=一定）は使えない。すると，重力による位置エネルギー $U_g = mgh$ も宇宙では使えない。

だから，**宇宙スケールでは，万有引力に合った形の位置エネルギーを新しくつくり直さなければいけないんだ。**

では，ここで復習しよう。重力による位置エネルギーは，どうして $U_g = mgh$ の形になったのかな？ 外力が投入した仕事が蓄えられたという形で答えて。

> ハイ！ 重力 mg に逆らって，高さ0の基準点から，高さ h の点まで，ゆっくり運ぶときに外力が投入した仕事 $mg \times h$ が蓄えられたからです。

そうだね。では全く同じように考えて，万有引力による位置エネルギー U_G の形を求めていこう。ポイントは次の2つだよ。

① **基準点**（エネルギー $U_G = 0$ となる点）**は無限遠点**（$r = \infty$）にとるものと約束する。

これはとてもユニークだ。

図4のように，本来最もエネルギー（仕事をする能力）を大きくもっているはずの $r = \infty$ の無限遠点を，$U_G = 0$ の基準点としてしまうと，普通の高さの点では，それより低いエネルギーしかもっていないので，$U_G < 0$ となってしまう（エベレスト山の頂上を標高0mにとったら，どの地点も標高はマイナスになってしまうよね）。

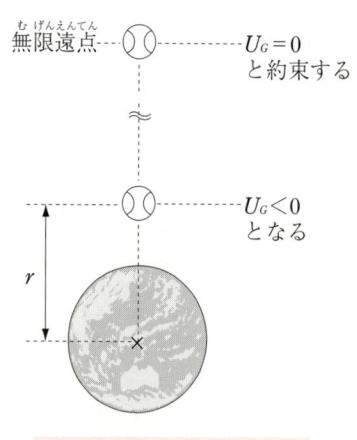

図4 基準点は無限遠点

② その基準点(無限遠点)から，地球の中心から距離 r の点まで，万有引力に逆らってゆっくり運ぶとき，外力が投入した仕事が，その点での万有引力による位置エネルギー U_G となる。

いま，図5のようにボールを，
㋐ 基準点（無限遠点）から
㋑ 地球の中心から距離 x の点を経て
㋒ 地球中心から距離 r の点までゆっくりと降ろす。
このときに，外力 F がした仕事が U_G だよ。

|まず| U_G の符号

図5より，外力の向きは上向きに支える力だね。一方，ボールが動く向きは下向きに下ろす向きだ。よって，外力のした仕事は**負**となるので，
$U_G = -W$ と書けるね。

|次に| U_G の大きさ

変化する力のする仕事は図6の $F-x$ グラフの下の面積 W から求めるしかない（p.76を見よ）。

$$W = \int_r^\infty \frac{GMm}{x^2}dx = \left[-\frac{GMm}{x}\right]_r^\infty$$
$$= \frac{GMm}{r}$$

となる。

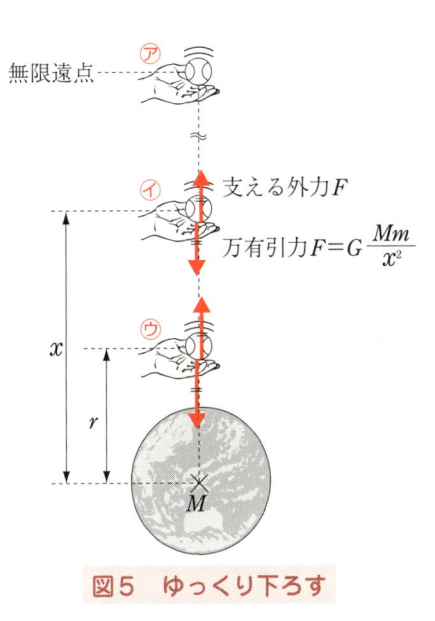

図5 ゆっくり下ろす

図6 $F-x$ グラフ

第16章 万有引力

以上より，質量 M の地球の中心から距離 r だけ離れた点で，質量 m のボールがもつ万有引力による位置エネルギー U_G は

$$U_G = -\frac{GMm}{r}$$

の形となることが導けたね。

POINT 4 万有引力による位置エネルギー U_G

$U_G = -\dfrac{GMm}{r}$ （基準点は無限遠）

負　地球中心からの距離 r の1乗に反比例

位置エネルギーだから1乗に反比例と覚えよう

うーん，でもまだ位置エネルギーが負というのがナットクしづらいなあ。

ボールを降ろしていったときに，外力（手）がした負の仕事が，蓄えられたと考えるのがポイントだよ。お金だって負債（借金）が貯まったら，貯金的にはマイナスでしょ。チャラの状態（エネルギー0の基準点）までもっていくには，お金（仕事）を投入してもち上げる必要があるよね。それと同じだよ。

エネルギーが負になるのは基準点のとり方によるものだったんだね。

チェック問題 ① 万有引力による位置エネルギー　標準 6分

質量 M，半径 R の地球表面から鉛直上向きに質量 m の弾丸を打ち出す。地表上での重力加速度を g とする。

(1) 地表からの高さ R まで達するのに最低要する初速 v_1 を求めよ。

(2) もし，弾丸を地球の重力圏から脱出させるには，v_1 の最低何倍の初速が必要になるか。

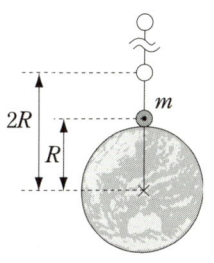

解説　「速さの予言法，摩擦熱なし」(p.165) より，《力学的エネルギー保存則》で解く。ただし，**宇宙スケール**なので，万有引力による位置エネルギーを使う（図a）。

(1) 《力学的エネルギー保存則》より

$$\underbrace{\frac{1}{2}mv_1^2 + \left(-\frac{GMm}{R}\right)}_{前} = \underbrace{\frac{1}{2}m \times 0^2 + \left(-\frac{GMm}{2R}\right)}_{後}$$

負　1乗

よって，$v_1 = \sqrt{\dfrac{GM}{R}}$ …①

そして，さらに……，

> アレ！　これで 答 じゃないんですか？

まーだだよ。いいかい。いま問題文に与えられているのは，万有引力定数 G，それとも重力加速度 g，どっち？

> g です。あ！　①は問題文に与えられていない文字の G を含んでいる。これから g に直さなきゃ……

第16章　万有引力　205

では「Gとgの換算」ときたら，思い出したいことは？

> 地表上の万有引力＝mg です。

OK！ **図b**で，$F=G\dfrac{Mm}{R^2}=mg$ から，

$GM=gR^2 \cdots$ ②

となるね。②を①に代入して，

$v_1=\sqrt{gR}$ ……**答**

図b

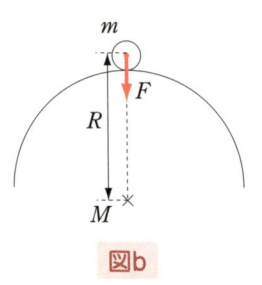

大切なのは，いつも**与えられた記号がgなのかGなのか，はっきりしておくこと**だ。もし答える文字と違ったら，地表上の万有引力＝mgの式でおきかえられるようにしてほしい。

(2)
> 重力圏から脱出って何ですか？

それは**無限遠**（もう重力を感じないくらい十分に遠いところ）へ行くことなんだ。重力を感じないんだから，地球へ引き戻されることはないでしょ。だから脱出成功だよ！

《力学的エネルギー保存則》で**ギリギリ脱出（速さ0）**する初速をv_2として，**図c**より，

$$\overbrace{\dfrac{1}{2}mv_2^2+\left(-\dfrac{GMm}{R}\right)}^{前}=\overbrace{\dfrac{1}{2}m\times 0^2+\left(-\dfrac{GMm}{\infty}\right)}^{後}$$

$v_2=\sqrt{\dfrac{2GM}{R}}=\underbrace{\sqrt{2}\times v_1}_{①より}$

よって，$\sqrt{2}$倍……**答**

図c

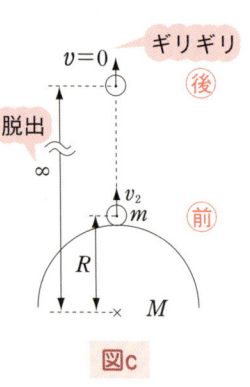

> 問題文には，gとGのどっちが与えられているかい？

Story ❷ 楕円軌道とケプラーの三法則

▶(1) ケプラーの第一法則とは

> 楕円と聞いただけで足がすくんでしまいます。

じゃあ，まずは，敵を知ることから。楕円の定義を言ってみて。

> ある2点からの距離の差……じゃなくて，和が一定となる点の集まりです。

そうだ！　その2点のことを焦点Fというんだね。図7のように，ケプラーの第一法則というのは，太陽系を例にとると，その焦点の位置に中心天体の太陽が，その楕円軌道上を各惑星が回るという法則だ。太陽に最も近い点Aを近日点，最も遠い点Bを遠日点という。

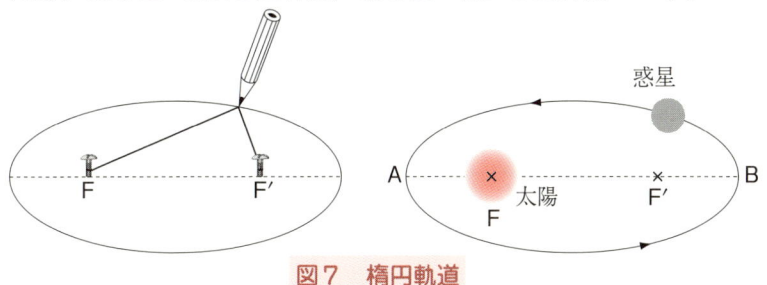

図7　楕円軌道

▶(2) ケプラーの第二法則の使い方

(1)で見た楕円軌道上を，惑星は一定の速さで回っているわけじゃないんだ。図8のように，上半分では太陽に引かれて加速し，下半分では太陽からブレーキを受けて減速するね。すると，惑星の速さが最大になる点と最小になる点はそれぞれ楕円上のどの点になるかな？

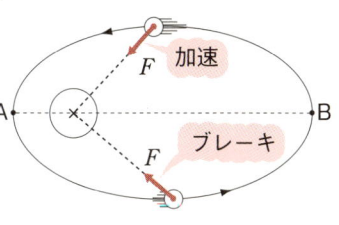

図8　速さの変化

第16章　万有引力

え～と，BからAまで加速，AからBまで減速ですから，最速で回るのはAの近日点で，最も遅いのはBの遠日点です。

そうだね。このようにして，同じ楕円上でも惑星の速さは変化しているんだ。

じゃあ，何か，この速さに規則性はあるんですか。

とっても美しい規則性があるんだ。それが次のケプラーの第二法則だ。

POINT 5　ケプラーの第二法則

① 成立条件
物体Pが常にある一点O方向のみを向く力を受けて運動すること。

② 法　則
動径ベクトル$\overrightarrow{OP}$とPの速度ベクトル$\vec{v}$ではさまれる三角形の面積S（S：面積速度という）は常に一定となる。

①は，惑星Pは常に太陽O方向のみを向く万有引力を受けて運動をしているから成立しているね。

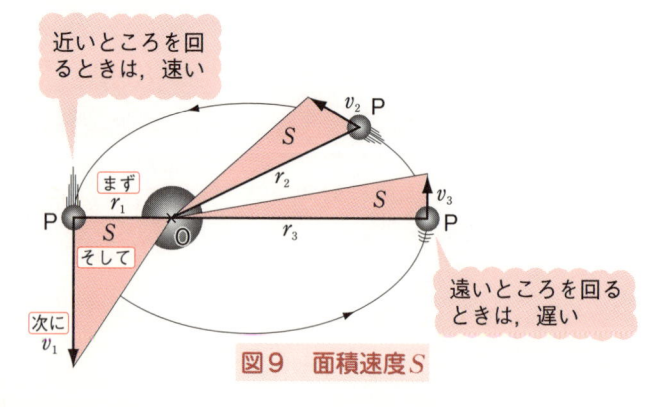

②は，図9で，まず 太陽Oと惑星Pを直線（動径）で結び，次に Pの速度ベクトル$\vec{v}$を楕円の接線方向にかき，そして，それらではさまれた三角形の面積S をかけば，カンタンに作図できるね。

図9　面積速度S

ここで，図9の3つの三角形の面積Sがすべて等しいということから，速さv_1，v_2，v_3を大きい順に並べてごらん。

> 三角形の底辺が長いほうが逆に，高さは低くなきゃいけないな。いま$r_1<r_2<r_3$だから，逆に，$v_1>v_2>v_3$だ。

まさにそうだね。要は，Oに近いところを回るときが速く，Oから遠いところを回るときはゆっくり回るということだね。このことは，じつは，フィギュアスケートの選手も利用しているんだ。図10で，フィニッシュのスピンで，初め広げていた腕を（中心から遠いところにあってゆっくり回る），体に近づけてくる（中心に近いところにもってくる）とクルクルクルクルと目の回りそうな勢いで回転が速くなっていくのも，これと同じ原理なんだ。結局，成立条件①が成立すれば，惑星の運動だけじゃなく，日常のいろいろな場面で成立している，とっても身近な法則なんだよ。図11，図12も入試ではよく出てくるよ。

クルクル速くなっていく

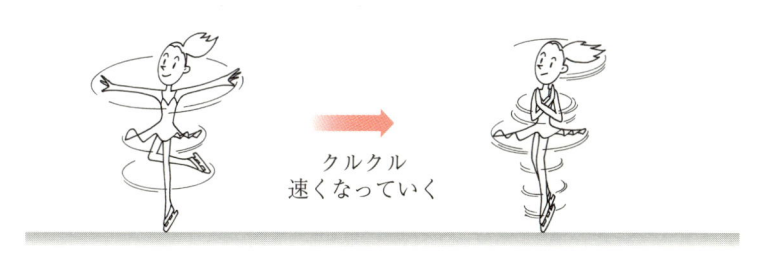

図10

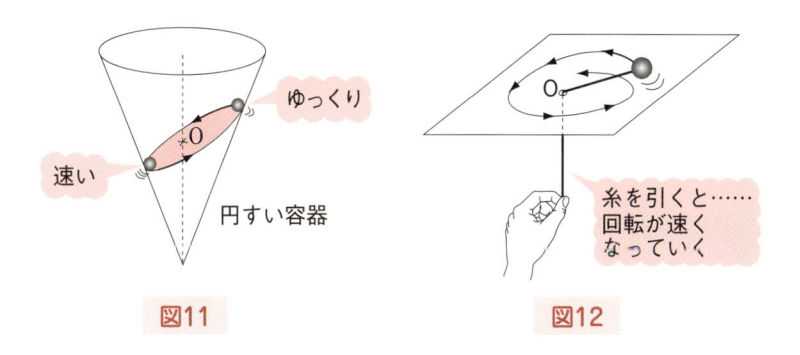

ゆっくり
速い
円すい容器

図11

糸を引くと……回転が速くなっていく

図12

第16章 万有引力

▶(3) ケプラーの第三法則のイメージ

太陽系にはいろいろな惑星がある。そして，それぞれの惑星にとっての「1年」(公転周期T)は，各惑星ごとにずい分と違ってくるよね。

最も公転半径が小さい水星で約88日，次に金星が約225日，地球は約365日，火星は約687日，……。

> ボク，火星の受験生になりたい……。じっくり準備できそうだし……。

木星は約12年，土星は約30年，……。

> でも，土星の受験生はゴメンだな～。長すぎ～。

つまり，軌道半径rが長くなればなるほど，公転周期Tも長くなるんだ。このrとTの間には，これもまた，じつに美しい関係が成り立つんだ。これをケプラーの第三法則という。

POINT 6 ケプラーの第三法則

① 成立条件
中心天体を同一にもつ異なる軌道間で成立。

② 法則
$$\frac{(公転周期 \dot{T})^2}{((長)半径 \dot{r})^3} = (一定)$$

覚え方
2は$\dot{T}$wo
3は$\dot{T}$hree

> この長半径の「長」って何ですか？

それは，図13のように，楕円を4等分したときの長い方の切り口の長さだね。円軌道なら，ただの半径rだよ。

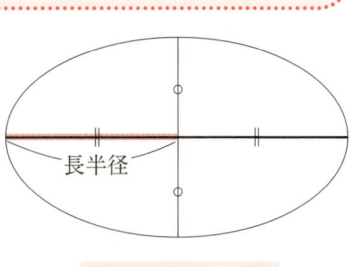

図13 長 半 径

チェック問題 2 円軌道と楕円軌道 やや難 15分

図のような質量Mの天体Oのまわりを半径rの円軌道を描いて回る質量mの人工衛星Pがある。万有引力定数をGとする。

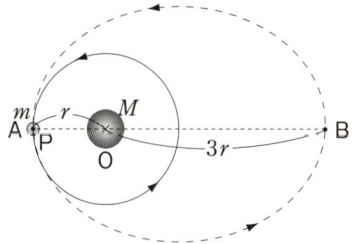

(1) 人工衛星の速さv_0を求めよ。
(2) 円軌道の周期T_0を求めよ。
(3) 点Aで軌道の接線方向に加速したところ，点線のような楕円軌道を回った。このとき点Aでの速度はv_0の何倍にしたか。
(4) (3)の楕円軌道の周期はT_0の何倍か。

解説 (1) 《円運動の解法》(p.191)に入る。

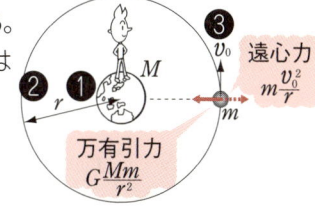

Step 1 ❶中心はO，❷半径はr，❸速さはv_0と仮定する(図a)。

Step 2 「回る人」から見て，遠心力 $m\dfrac{v_0^2}{r}$ を作図。

Step 3 遠心力と万有引力の力のつり合いの式は，

$$m\dfrac{v_0^2}{r} = G\dfrac{Mm}{r^2} \quad よって，v_0 = \sqrt{\dfrac{GM}{r}} \cdots ① \quad \text{……答}$$

図a

(2) 1周回るのにかかる時間は，1周の長さ$2\pi r$を，速さv_0で割って，

$$T_0 = \dfrac{2\pi r}{v_0} \underset{①より}{=} 2\pi\sqrt{\dfrac{r^3}{GM}} \cdots ② \quad \text{……答}$$

ちなみに，

②式より，$\dfrac{T_0^2}{r^3} = \dfrac{4\pi^2}{GM}$ (＝定数) これは何を表しているかな？

> T_0の2乗($\dot{\text{T}}$wo)とrの3乗($\dot{\text{T}}$hree)で，……あっ，ケプラーの第三法則です！

第16章 万有引力

> ひぇ～っ，楕円アレルギー発生～！

大丈夫。楕円運動こそ完全にワンパターンなんだ。

POINT 7　楕円運動の解法

Step 1　近日点Aと遠日点Bの中心天体Oとの距離 r_1, r_2, およびA, Bを通過時の速さ v_1, v_2 の4つの量のうち2つを，未知数として仮定。

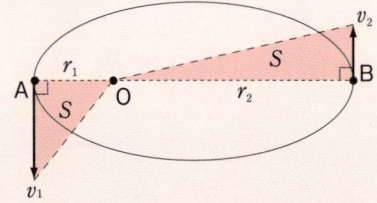

Step 2　AとBでのケプラーの第二法則で面積速度 S 一定の法則より，

$$S = \frac{1}{2}r_1 v_1 = \frac{1}{2}r_2 v_2$$

を立てる。

Step 3　AとBでの《力学的エネルギー保存則》より，

$$\frac{1}{2}mv_1^2 + \left(-\frac{GMm}{r_1}\right) = \frac{1}{2}mv_2^2 + \left(-\frac{GMm}{r_2}\right)$$

を立てる。

Step 4　**Step 2** と **Step 3** で立てた2式を連立方程式として解き，未知数を求める。

Step 5　楕円の周期は直接求まらないので，ケプラーの第三法則で周期を求める $\left(\text{長半径は } \dfrac{r_1+r_2}{2}\right)$。

(3) さっそくこの《楕円運動の解法》を使おう。

Step 1 図bのように，A，Bを通るときの速さをv_1, v_2と仮定する。

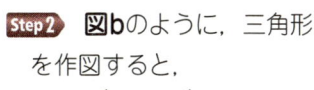

Step 2 図bのように，三角形を作図すると，
$$S = \underbrace{\frac{1}{2}rv_1}_{A} = \underbrace{\frac{1}{2} \times 3rv_2}_{B}$$

よって，
$$v_2 = \frac{1}{3}v_1 \quad \cdots ③$$

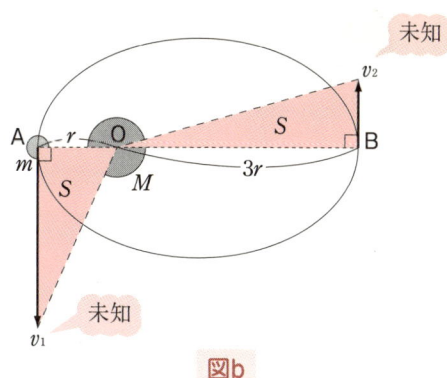

Step 3 《力学的エネルギー保存則》より，
$$\underbrace{\frac{1}{2}mv_1^2 + \left(-\frac{GMm}{r}\right)}_{A} = \underbrace{\frac{1}{2}mv_2^2 + \left(-\frac{GMm}{3r}\right)}_{B} \quad \cdots ④$$

Step 4 ④を，左辺に運動エネルギーを右辺に位置エネルギーを寄せて，
$$\frac{1}{2}m(v_1^2 - v_2^2) = \frac{GMm}{r}\left(1 - \frac{1}{3}\right)$$

> この式変形が決定的に重要

ここに③を代入して，
$$\frac{1}{2}mv_1^2\left\{1 - \left(\frac{1}{3}\right)^2\right\} = \frac{GMm}{r}\left(1 - \frac{1}{3}\right)$$

$$\frac{1}{2}mv_1^2 = \frac{3}{4} \times \frac{GMm}{r}$$

よって，
$$v_1 = \sqrt{\frac{3GM}{2r}} \quad \cdots ⑤$$

これは，(1)の答(①式)の$\sqrt{\frac{3}{2}}$倍である。……答

> 楕円運動というと難しく感じてしまう人が多いけど，手順どおり解けばマスターできるよ。

第16章 万有引力

(4) ケプラーの第三法則（p.210）の使い方が，いまいちわからないなあ～。

Step 5 そうあせらない。立てるべき式は決まっているんだ。それは，次の形の式だ。

$$\frac{\boxed{\text{円の周期}}^2}{\boxed{\text{円の半径}}^3} = \frac{\boxed{\text{楕円の周期}}^2}{\boxed{\text{楕円の長半径}}^3}$$

そして，ここに図cで，円軌道の半径 r と周期 T_0，および楕円軌道の長半径

$$\frac{r+3r}{2} = 2r$$

と周期 T をうめると，

$$\frac{T_0^2}{r^3} = \frac{T^2}{(2r)^3}$$

よって，

$$T = 2\sqrt{2} \times T_0$$

となるので，$2\sqrt{2}$ 倍……**答**

円　周期 T_0 とする　半径は r

楕円　周期 T とする　長半径は $\frac{r+3r}{2} = 2r$

図c

全然カンタンでしょ。

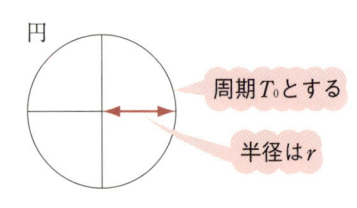

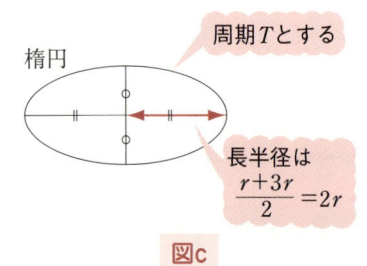

典型問題はたったの3パターンしかないのか！

● 第16章 ●
ま と め

1 万有引力

$$F = G\frac{Mm}{r^2}$$ 　2乗

2 万有引力と重力の関係

地表上での万有引力 $G\dfrac{Mm}{R^2}$ ＝ 重力mg

3 万有引力による位置エネルギー

$$U_G = -\frac{GMm}{r}$$ 　1乗
　　負

4 ケプラーの三法則
① 中心天体を焦点にもつ楕円軌道
② 面積速度一定の法則
③ $\dfrac{(周期 T)^2}{((長)半径 r)^3} = (一定)$

5 典型問題の解法3パターン

（パターン1） 円 ➡ 遠心力＝万有引力のつり合いで解く。
　　　　　　　　　周期 $T = \dfrac{2\pi r}{v}$

（パターン2） 楕円 ➡ 《楕円問題の解法》で解く。
　　　　　　　　　周期はケプラーの第三法則で解く。

（パターン3） 脱出 ➡ ギリギリ脱出は無限遠で，$v = 0$。
　　　　　　　　　《力学的エネルギー保存則》で解く。

第17章 単振動

真横から見ると…

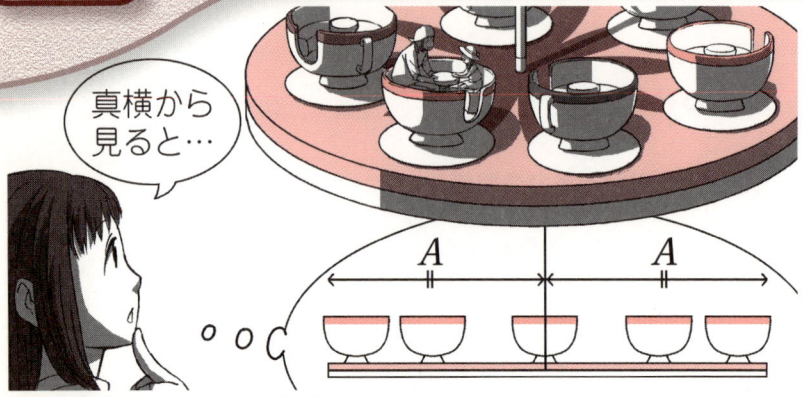

▲円運動を真横から見ると往復運動に見える

Story ① 単振動と円運動

▶(1) 単振動って何？

図1のように，半径 A で角速度 ω の等速円運動をしている物体がある。これを真横から見ると，どんな動きに見えるかな。

ハイ！ ある点を中心として往復運動しています。

そうだね。この往復運動のことを**単振動**というんだ。図1の中で注目すべき点は次の2つだ。

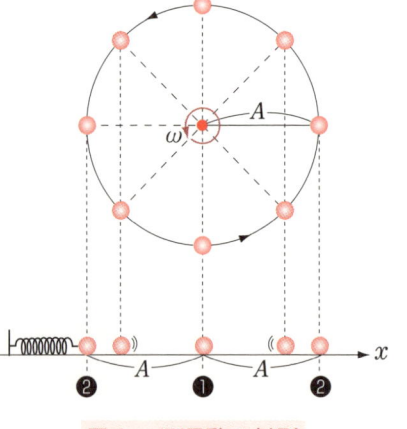

図1 円運動の射影

❶ 振動中心(中央)　　❷ 折り返し点(両端)

―― **POINT 1** 単振動の定義 ――
単振動 ＝ 等速円運動を真横から見た往復運動

▶(2) 単振動の速度

単振動とは，等速円運動を真横から見たものだったね。ならば，単振動の速度ベクトルも，図2のように，円運動の速度(p.187)ベクトル(いつも接線方向で大きさ$A\omega$)を真横から見たものとしてイメージできるね。

図2から，単振動の速度には，どんな特徴があるかな。

❶振動中心で最大$A\omega$
❷折り返し点で0

そのとおり。中心に近いほど速くて，両端では速度0だ。

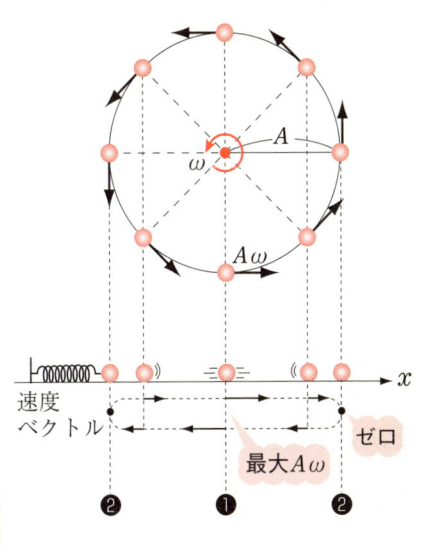

図2 速度の変化

▶(3) 単振動の加速度

単振動の加速度ベクトルも，図3のように，円運動の向心加速度(p.189)ベクトル(大きさ$A\omega^2$)を，真横から見たものとしてイメージできるよ。

図3から，単振動の加速度の特徴はどうなってるかな。

❶振動中心で0
❷折り返し点で最大
あ！ いつも振動中心の方へ向いています。

いいところに目をつけたね。

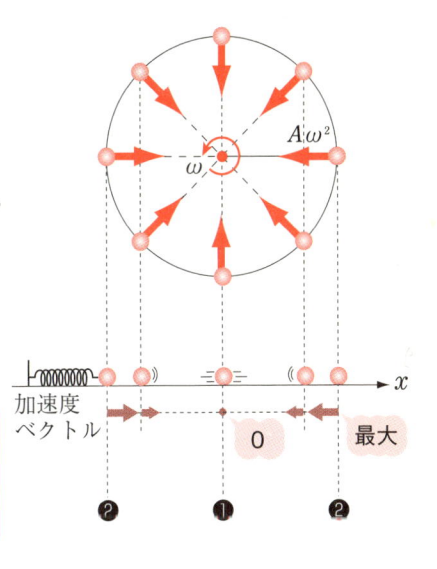

図3 加速度の変化

いつも中心（振動中心）を向き，中心では0で，両端（折り返し点）にいくほど大きくなっていくよ。

以上をまとめよう。

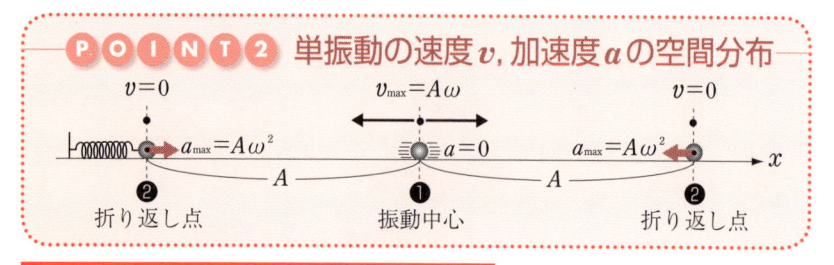

> **POINT 2** 単振動の速度v, 加速度aの空間分布
>
> $v=0$　　　　　　　$v_{max}=A\omega$　　　　　　$v=0$
> $a_{max}=A\omega^2$　　　$a=0$　　$a_{max}=A\omega^2$
> 　　　　　　　A　　　　　　　A　　　　　　　x
> 折り返し点　　　振動中心　　　折り返し点

Story ❷ 単振動の「3つのデータ」

▶(1) 「3つのデータ」とは

第**15**章 円運動では，❶中心，❷半径，❸速さの「3点セット」さえ分かれば解けたね。それを真横から見た単振動も同様に，ある3つの量さえ求まれば，問題がスイスイ解ける。それを本書では，単振動の「3つのデータ」とよぼう。

> **POINT 3** 単振動の「3つのデータ」
>
> ❶ 振動中心　　❷ 折り返し点　　❸ 周期T

▶(2) データ❶　振動中心の求め方

❶ 振動中心とは，円運動の中心に対応する点だ。その点で物体は，**POINT 2**で見たように，最大速度$v_{max}=A\omega$，かつ加速度$a=0$となる。そして，加速度$a=0$ということは，運動方程式$ma=$（合力F）で，左辺の$a=0$より，右辺の（合力F）$=0$となるね。つまり，

> **POINT 4** 振動中心の求め方
>
> （合力F）$=0$ の力のつり合いの位置を見つける。

218　物理の力学

図4の例では，力のつり合いの式より，

$kd = mg$　よって，$d = \dfrac{mg}{k}$

だけ，ばねが伸びた位置が，振動の中心((中)と書く)となっている。

そして，これからどんな振動をさせようとも，この位置が必ずその振動の中心となっていくんだ。

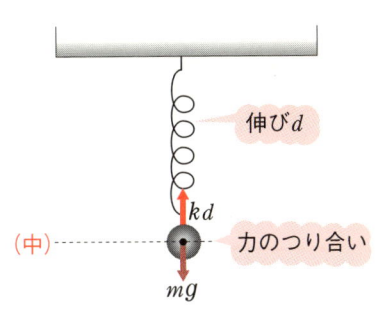

図4　振動の中心の求め方

▶(3)　データ❷　折り返し点の求め方

❷　**折り返し点**とは，円運動の両端に対応する点だ。
POINT2で見たように，そこで物体は**速度 $v=0$**で一瞬止まって折り返す。その点の求め方は振動の始め方によって，(i), (ii)の**2タイプ**ある。

(i)　静かに(そっと)手放すとき

図5のように，図4の(中)から A だけ持ち上げて，静かに手放すとしよう。

すると，まさに，この点こそが速度 $v=0$ の折り返し点((折)と書く)の1つとなっている。もう1つの(折)は，(中)をはさんで対称な位置にある。

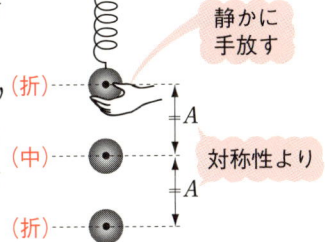

(ii)　初速度があるとき

《力学的エネルギー保存則》によって，速度 $v=0$ の点を求める必要があるよ。

図5　折り返し点の求め方

POINT5　折り返し点の求め方

(i)　**静かに手放す点を見つける。**
(ii)　**《力学的エネルギー保存則》**を用いて速度 $v=0$ の点を見つける。

第17章　単振動

▶(4) データ❸ 周期 T とその求め方

❸ **周期 T** とは，単振動に対応する円運動が1周回るのにかかる時間のことだ。円運動の角速度 ω（**1秒あたりの回転角**）は，この周期 T を用いて，

$$\omega \text{(rad/s)} = \frac{2\pi \text{(rad)} \text{回転する}}{T \text{(s)} \text{間で}}$$

と書けるね。この ω のことを単振動では**角振動数**という。

逆にこの式より，周期 T は，角振動数 ω を使って，

$$T = \frac{2\pi}{\omega} \cdots ①$$

と書くことができるね。

さて，図6のように，半径 A で角速度 ω の円運動を真横から見た単振動を考えよう。円運動が点Pを通過した瞬間を時刻 $t=0$ とする。このとき対応する単振動の**(中)** の位置P'の座標を $x = x_0$ としよう。時刻 t で円運動は点Qを通過するが，このときまでの回転角は ωt となっている。このときの単振動の位置Q'の x 座標は，図6より，

$$x = x_0 + \underbrace{A\sin\omega t}_{\text{P'Q'間の距離}} \cdots ②$$

となっているね。

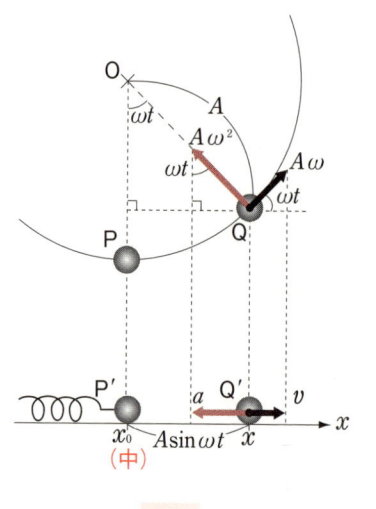

また，このときの単振動の速度 v と，加速度 a は，円運動の接線方向の速度 $A\omega$ と，向心加速度 $A\omega^2$ をそれぞれ真横から見たものとして，図6より，

$$v = A\omega\cos\omega t \cdots ③ \qquad a = \underbrace{-}_{\text{右向き正より}} A\omega^2 \sin\omega t \cdots ④$$

となっているね。ここまで，じっくりと図6とニラメッコして，もう一度確認してください。準備はできたかい。

さて，②式と④式に共通して入っているものは何かな？

> えーと，②式と④式には共通の $A\sin\omega t$ が入っています。

そうだ。ここから式変形が続くけど，一つひとつ丁寧に追ってね。
②式を，
$$A\sin\omega t = x - x_0$$
として，これを④式に代入すると，
$$a = -\omega^2(x - x_0) \cdots ⑤$$
となるね。この⑤式は，時刻 t によらず，いつでも成り立つ式だね。
　ここで，この式の両辺に質量 m を掛けてみると，
$$ma = -m\omega^2(x - x_0) \cdots ⑥$$
さらに，この⑥式の右辺の係数を $m\omega^2 = (定数K) \cdots ⑦$　とおくと，
$$ma = -K(x - x_0) \cdots ⑧$$
となるね。この⑧式は何を表しているかな？

> 左辺が ma ……あ！　運動方程式です！

そのとおり。この式はまさに単振動の運動方程式となっているね。

> どうやって，この式から周期 T を求めるんですか？

まず，物体が座標 x にあるときに運動方程式を立てて⑧式の形にもっていくと，m と K が出るでしょ。このとき，⑦式から，
$$\omega = \sqrt{\frac{K}{m}} \cdots ⑨$$
が求まる。ω が求まれば，①式より，
$$T = \frac{2\pi}{\omega} = 2\pi\sqrt{\frac{m}{K}}$$
⑨より

> ここまでの話は長かったけど，物理では公式を導く過程が大切だから，一つひとつ確認してね

となって，単振動の周期 T が求まるんだ。

第17章　単振動

以上の話をまとめると、周期 T の求め方は、次のようになるよ。

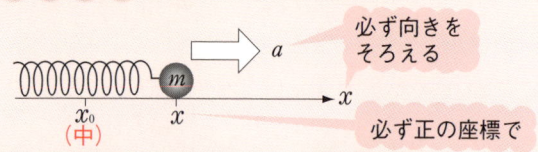

POINT 6　周期 T の求め方

必ず向きをそろえる

必ず正の座標で

座標 x での運動方程式を立てて、その形が、

$$\boxed{m}a = -\boxed{K}(x - \boxed{x_0}) \quad （Kは正の定数）$$

の形になるとき、この物体は

❶ 振動中心 $x = \boxed{x_0}$ で、

❸ 周期 $T = 2\pi\sqrt{\dfrac{\boxed{m}}{\boxed{K}}}$ （角振動数 $\omega = \sqrt{\dfrac{\boxed{K}}{\boxed{m}}}$）

の単振動をする（とくに、$\boxed{m}$, $\boxed{K}$, $\boxed{x_0}$ に注目しよう）。

何か、この運動方程式の右辺の $-K(x-x_0)$ が難しく感じるんですよね〜。これって、力ですよね。一体どんな力なんですか？

いい質問だね。この右辺の $-K(x-x_0) = F$ を**復元力**という。このマイナスがとっても重要なんだ。

図7で、$x = x_0$ のときは $F = 0$、つまり（合力 F）$= 0$ の力のつり合い点で、ちょうど❶振動中心。$x > x_0$ のときは $F < 0$ で負の向きの力、$x < x_0$ のときは $F > 0$ で正の向きの力を受ける。

よって、いつも力は $x = x_0$ の振動中心を向いていることになるね。

Aから放すと、負の向きの力でOに向かって加速され、Oを過ぎると、

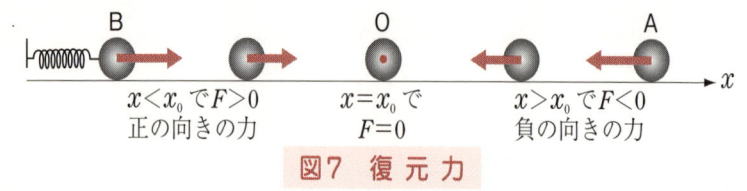

$x < x_0$ で $F > 0$　　　$x = x_0$ で　　　$x > x_0$ で $F < 0$
正の向きの力　　　　　　$F = 0$　　　　　負の向きの力

図7　復元力

正の向きの力になり減速する。やがてBで折り返し、BO間で加速、OA間で減速し、Aに戻り折り返す。これが単振動のイメージなんだ。

> 周期の式 $T=2\pi\sqrt{\dfrac{m}{K}}$ を $T=2\pi\sqrt{\dfrac{K}{m}}$ と書いちゃいそうで，コワイんですけど……

よくテストで見かける誤答だね。こんなふうにイメージしてみては？

$\begin{cases} m\text{がとても大きい}\to\text{動きは鈍い}\to\text{周期}T\text{は長い} \Rightarrow m \text{は分子} \\ K\text{がとても大きい}\to\text{大きな力ですばやく動く}\to\text{周期}T\text{は短い} \Rightarrow K\text{は分母} \end{cases}$

これで，ミスはぐっと減っていくよ。ほかに何か質問は？

> いちいち運動方程式を立てて，周期 T を求めるのはメンドウです。もっとカンタンな方法がありますか。

たしかにそうだね。ある条件をみたしていれば，次のやり方でもいいよ。

その条件とは，物体が受ける力 F が，
(ばねの弾性力 $-kx$) と (一定の力 F_0) だけ
のときだ。

つまり，次の形の力を受けるときだ。

$F=-kx+F_0$　　F_0 は，重力，動摩擦力，慣性力，電気力など

このときの運動方程式は，

$$\boxed{m}a=-kx+F_0$$
$$=-\boxed{k}\left(x-\dfrac{F_0}{k}\right)\quad-k\text{についてくくった}$$

となる。よって，**POINT 6** より，単振動の周期 T は，

$$T=2\pi\sqrt{\dfrac{m}{k}}$$

と，F_0 には無関係になる。つまり，周期は **m, k のみで決まる**ね。

POINT 7　周期 T の求め方 (速攻バージョン)

物体の受ける力が
(ばね定数 k のばね弾性の力) + (一定の力) なら即，

$$\text{周期 } T=2\pi\sqrt{\dfrac{m}{\text{ばね定数}k}} \quad \left(\text{角振動数 } \omega=\sqrt{\dfrac{k}{m}}\right)$$

第17章　単振動

▶(5) 単振動の解法

さて，実際に問題を解く前に，ここまでの話を一つの解法の流れにまとめよう。

うわ～，長いなあ～。

大丈夫！　一つひとつ使って確かめれば，必ずマスターできるよ。

POINT 8　単振動の解法

Step 1　力のつり合いの位置での，ばねの自然長からの伸び，縮み d を仮定して，力のつり合いの式……★を立てる。その d を求め，❶振動中心(中)の位置を決める。

注　★の力のつり合いの式は，今後の式変形で何度も何度もフル活用していくことになる。

Step 2　もし座標軸が与えられていないときは，軸を立てる。そして，

❷折り返し点(折)を求める。求め方は2タイプある。

（ⅰ）静かにそっと手放すタイプ→その点がまさに(折)

（ⅱ）初速度をもつタイプ

→《力学的エネルギー保存則》で速度 $v=0$ のときのばねの伸び，または縮みを求める。

注　(折)が1つ見つかれば，もう1つの(折)は，(中)をはさんで対称な位置にある。

Step 3　❸周期 T（または角振動数 ω）を求める。一般的には，座標 x（必ず正）での運動方程式を立て，その形が

$$m a = -K(x - x_0)$$

のとき，❶　振動中心は $x = x_0$

❸　周期 $T = 2\pi\sqrt{\dfrac{m}{K}}$ （角振動数 $\omega = \sqrt{\dfrac{K}{m}}$ ）

とくに（ばね定数 k のばねの弾性力）＋（一定の力）なら，即，$T = 2\pi\sqrt{\dfrac{m}{k}}$

> **チェック問題 1** 鉛直ばね振り子 標準 10分
>
> 図のように，質量 m のおもりが，ばね定数 k のばねにつるされている。つり合いの位置から A だけ持ち上げて，静かに放す。その後の単振動の(1)振動中心でのばねの伸び，(2)ばねの最大の伸び $d_{\max}$，(3)周期 T，(4)最大速度 $v_{\max}$ を求めよ。

解説 (1)《単振動の解法》(p.224)で解く。

Step 1 自然長(自)から，ばねが d だけ伸びたところで，力が**つり合う**と仮定しよう。

すると，**図a**の力のつり合いより，

$$kd = mg \cdots\cdots ★$$

この★は今後の式変形で，フル活用するんだ。このように，**Step 1** で求めた力のつり合いの式を，その後いつでも使えるようにしておくことが，じつは単振動の問題を解く上での，一番のポイントなんだ。

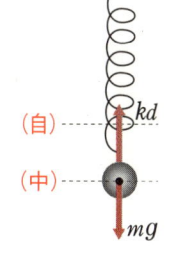

図a

> **POINT 9** 単振動でのつり合いの式
> **Step 1** の力のつり合いの式を，その後の式変形でフル活用せよ。

★より❶振動中心(中)でのばねの伸びは，

$$d = \frac{mg}{k} \cdots\cdots 答$$

(2) **Step 2** **図b**のように，(中)を $x=0$，(自)を $x=-d$ とした下向き正の x 軸を立てる。

本問では，「つり合いの位置から A だけ持ち上げて，**静かに放す**」とあるので，❷折り返し点(折)の1つは，この $x=-A$ にある。

もう1つの(折)は，(中)をはさんで**対称**な $x=+A$ にある。

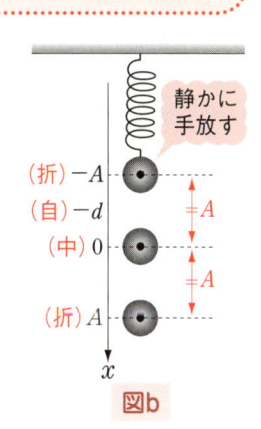

図b

第17章 単振動   225

よって，ばねの最大の伸びは，

$$d_{\max} = \underbrace{d}_{} + A = \frac{mg}{k} + A \cdots\cdots \text{答}$$
★より

(3) **Step 3** 本問で，おもりにかかる力は，
(ばねの弾性力)＋(一定の力 mg)
なので，即，❸周期 T は，

$$T = 2\pi\sqrt{\frac{m}{k}} \cdots\cdots \text{答}$$

別解 一般的な解法でも解いてみよう。
図cで位置 $x(>0)$ にある物体の運動方程式を書いてみて。

> $ma = mg - kx$ です。

アチャー，図cをよく見て。(自)からのばねの伸びは $d+x$ だよ。よって，

$$ma = mg - k(\underbrace{d+x}_{}) = \cancel{mg} - \cancel{mg} - kx$$
$$= -kx \quad \text{またまた★より}$$

ということは，周期 $T = 2\pi\sqrt{\frac{m}{k}} \cdots\cdots$ 答
となるね。(❶(中)は $x=0$)

> 全く同じ答えが出ましたね。でも，テストではどっちを書けばいいの？

うん，「途中経過を詳しく書け」とあるときだけ，運動方程式を書けばいいよ。

(4) さて，最大速度 $v_{\max}$ となる点は，どこだったかな？

> 最大速度 $v_{\max}$ となるのは，振動中心です。

そうだったね。いま，「速さの予言法，摩擦熱なし」(p.165)だから，《力学的エネルギー保存則》(p.91)で $v_{\max}$ を出そう。

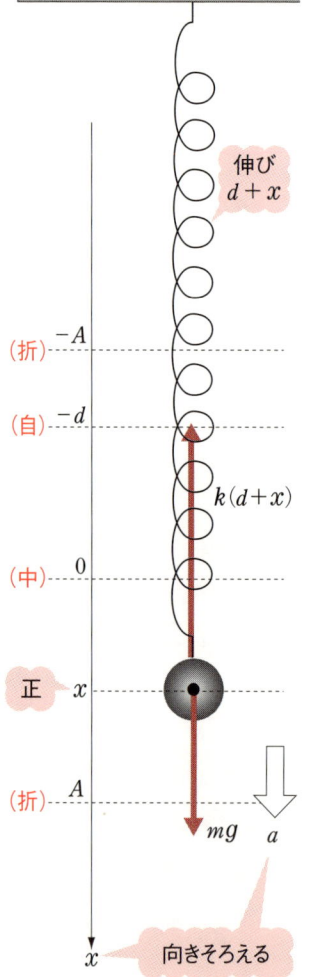

図c

伸び $d+x$

(折) $-A$
(自) $-d$
$k(d+x)$
(中) 0
正 x
(折) A
mg ↓ a
向きそろえる
x

226 物理の力学

図dで，㋐手放し時，㋑最大速度として，力学的エネルギーの「3要素」(p.85)は，㋐速さ0，高さ0とする．縮みは$A-d$
（折）と（自）の距離より

㋑速さ$v_{\max}$，高さ$-A$．伸びはd
高さ0よりも低いので

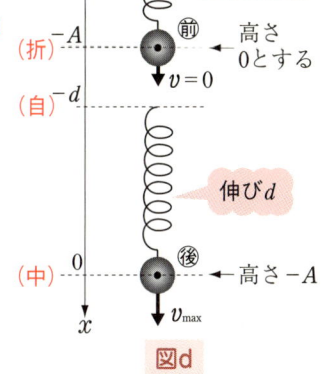

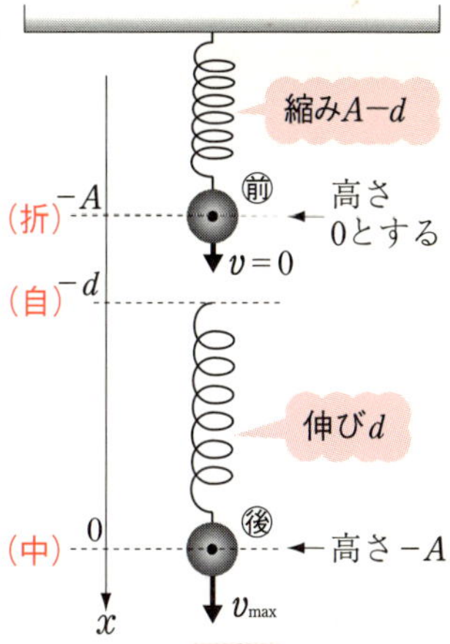

《力学的エネルギー保存則》は，

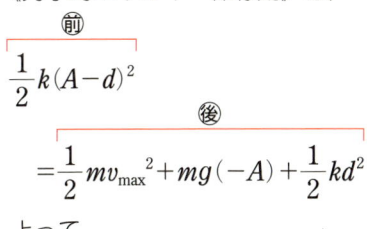

$$\underbrace{\frac{1}{2}k(A-d)^2}_{㋐} = \underbrace{\frac{1}{2}mv_{\max}^2 + mg(-A) + \frac{1}{2}kd^2}_{㋑}$$

よって，

$$\frac{1}{2}kA^2 - kAd + \frac{1}{2}\cancel{kd^2} = \frac{1}{2}mv_{\max}^2 - mgA + \frac{1}{2}\cancel{kd^2}$$

ここからの式変形の決め手は？

> (1)の★の力のつり合いの式 $kd = mg$ です．

スバラシイ！　よく忘れなかったね．この式を代入して，

$$\frac{1}{2}kA^2 - \cancel{mgA} = \frac{1}{2}mv_{\max}^2 - \cancel{mgA}$$

よって，$v_{\max} = \sqrt{\dfrac{k}{m}}\,A$ ……答

何と，★の式は3回も代入して使ったんだね．やっぱり，単振動では，**Step1**の力のつり合いの式★の活用が命なんだね．

別解　単振動の❶振動中心では，対応する円運動の速度とちょうど同じ速度 $v_{\max} = A\omega$ をもつ（p.218）．ここで，

角速度 $\omega = 1$秒あたりの回転角 $= \dfrac{2\pi\,[\text{rad}]}{T\text{秒で}} = \sqrt{\dfrac{k}{m}}$　より，
(3)より

$\boxed{v_{\max} = A\omega} = A\sqrt{\dfrac{k}{m}}$ ……答

図d（右図）：
- （折）$-A$　縮み$A-d$　高さ0とする　$v=0$（前）
- （自）$-d$　伸びd
- （中）0　高さ$-A$　$v_{\max}$（後）
- x軸は下向き

チェック問題 ❷ 斜面上のばね振り子　標準 10分

図のように，傾き θ のなめらかな斜面上に，ばね定数 k のばねの先に質量 m のおもりをつけたものがある。いま，ばねが自然長になる位置から斜面に沿って下向きに初速 v_0 を与えた。その後の単振動の(1)振動中心でのばねの伸び，(2)振幅 A (3)周期 T (4)最大速度 v_{max} を求めよ。

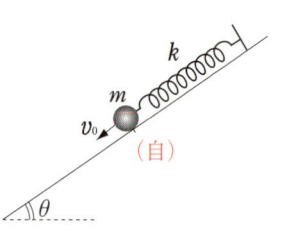

解説　《単振動の解法》(p.224)で解く。

(1) **Step1**　もし，振動が止まったとしたら，図aのように，ばねの伸びが d になって**力がつり合う**としよう。この点が❶振動中心(中)だ。つり合いの式は，

$$kd = mg\sin\theta \quad \cdots\cdots ★$$

よって，$d = \dfrac{mg}{k}\sin\theta \quad \cdots\cdots$ **答**

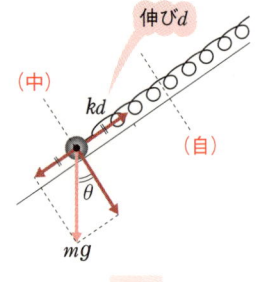

図a

> また，この力のつり合いの式★をフル活用するんですね。

いいぞ！　その調子だ！

(2) **Step2**　(1)の(中)を原点，斜面に沿って下向き正として x 軸をとる。本問は，「そっと手放す」のではなく，「**初速度ありタイプ**」なので，《力学的エネルギー保存則》で解くね。図bで，(自)の座標は $-d$，下方の(折)の座標を A と仮定する。
力学的エネルギーの「3要素」(p.85)は，
　㋐速さ v_0，高さ 0 とする，　伸び 0
　㋑速さ 0，高さ $-(A+d)\sin\theta$，伸び $A+d$
　　　高さ 0 よりも低いので　　(自)からの伸び

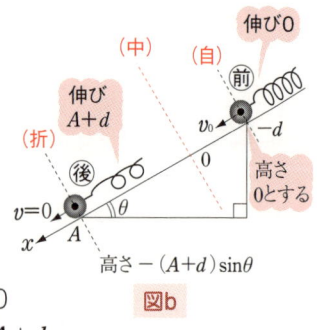

図b

したがって，

$$\underbrace{\frac{1}{2}mv_0^2}_{\text{前}} = \underbrace{mg\{-(A+d)\sin\theta\} + \frac{1}{2}k(A+d)^2}_{\text{後}}$$

よって，$\frac{1}{2}mv_0^2 = -mg(A+d)\sin\theta + \frac{1}{2}kA^2 + kAd + \frac{1}{2}kd^2$

> ゲゲ！ Aの２次方程式じゃないですか，解の公式ですか？

あわてないで。式変形の「救世主」があったでしょ。……そう，あのつり合いの式★だ。★の $kd = mg\sin\theta$ を代入して，

$$\frac{1}{2}mv_0^2 = -mg(A\!\!\!/+d)\sin\theta + \frac{1}{2}kA^2 + mg\!\!\!/A\sin\theta + \frac{1}{2}mgd\sin\theta$$

$$= \frac{1}{2}kA^2 - \frac{1}{2}mgd\sin\theta$$

よって，$A = \sqrt{\dfrac{m}{k}(v_0^2 + gd\sin\theta)}$

$= \sqrt{\dfrac{m}{k}\left(v_0^2 + \dfrac{mg^2}{k}\sin^2\theta\right)}$ ……**答**

★より

ホラ！解の公式なんて使わずに済んだだろう。

(3) **Step2** 本問も，おもりにかかる力は，(ばねの弾性力)＋(一定の力 $mg\sin\theta$) なので，即，

$$T = 2\pi\sqrt{\dfrac{m}{k}} \quad \cdots\cdots \text{**答**}$$

別 **解** 運動方程式を座標 x で立てると，

$$\boxed{m}a = mg\sin\theta \underbrace{- k(x+d)}_{\text{伸び}}$$

$$\phantom{\boxed{m}a} = mg\sin\theta - kx - mg\!\!\!/\sin\theta$$

★より

$$\phantom{\boxed{m}a} = \boxed{k}x$$

となって，$T = 2\pi\sqrt{\dfrac{m}{k}}$ ……**答** となるね。

図C

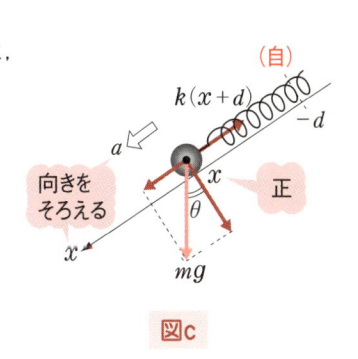

(4) **図d**で，《力学的エネルギー保存則》で
力学的エネルギー「3要素」(p.85)は，
　㊒速さ v_0，高さ0とする，伸び0
　㊡速さ v_{max}，高さ $-d\sin\theta$，伸び d より，

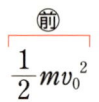

$$\underbrace{\frac{1}{2}mv_0^2}_{㊒} = \underbrace{\frac{1}{2}mv_{max}^2 + mg(-d\sin\theta) + \frac{1}{2}kd^2}_{㊡}$$

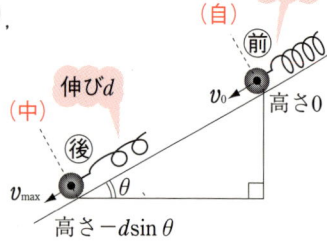

図d（伸び0，伸び d，v_0，v_{max}，高さ0，高さ $-d\sin\theta$，θ）

> ここで，★の代入ですか？

スバラシイ！　もうコツはつかんだみたいだね。

$$\frac{1}{2}mv_0^2 = \frac{1}{2}mv_{max}^2 - \frac{m^2g^2}{k}\sin^2\theta + \frac{1}{2}k\left(\frac{mg}{k}\sin\theta\right)^2$$

よって，$v_{max} = \sqrt{v_0^2 + \dfrac{mg^2}{k}\sin^2\theta}$ ……**答**

> それにしても，単振動で出てくるエネルギー計算って，フクザツでメンドーなものが多くないですか？

待ってました！　その言葉。じつは，次の章では，このエネルギー計算を驚くほどカンタンにしてしまう「ウラワザ」を伝授するんだ。

でも，この「ウラワザ」のありがたさは，その前に，通常のエネルギー計算で解いたときの複雑さを，身にしみて感じた人しか味わえないんだよ。

だから，次の章に入る前に，しっかりと手を動かして，もう一度 **チェック問題❶**，**チェック問題❷** のエネルギー計算を確かめてほしいんだ。

> 分かりました。もう1回頑張ってやってみます。

● 第17章 ●
ま と め

1 単振動＝等速円運動を真横から見たときに見える往復運動
　　　❶振動中心と❷折り返し点の２点が重要

2 単振動の速度　❶で最大 $v_{\max}=A\omega$　❷で0
　　　加速度　❶で0　❷で最大

3 単振動の「３つのデータ」
　　❶　振動中心　　　❷　折り返し点　　　❸　周期 T
　　（**力のつり合いの点**）　（**速度 0 の点**）

4 単振動の解法　３ステップ

Step 1 **力のつり合いの式**（……★）を立て，そのときのばねの伸び，縮みを求め，❶振動中心（中）を求める。

Step 2 軸を立て，❷折り返し点（折）を求める。
　　　求め方は２タイプ。
　　　(i) **静かに手放す** ➡ その点が（折）
　　　(ii) 初速度をもつ ➡《力学的エネルギー保存則》で速度 0 の点を求める。

Step 3 ❸ 周期 T を求める。求め方は２タイプ。
　　　(i) 運動方程式の形が $ma=-K(x-x_0)$
　　　　　➡ $T=2\pi\sqrt{\dfrac{m}{K}}$　（（中）は $x=x_0$）
　　　(ii) （ばねの弾性力）＋（**一定の力**）⇒ 即，$T=2\pi\sqrt{\dfrac{m}{k}}$

※ **Step 1** で立てた，力のつり合いの式★は式変形にフル活用させる。

第18章 単振動の応用

▲重力が消えるマジック！

Story ① 見かけ上の水平ばね振り子

▶ エネルギー計算を驚くほどカンタンにする「ウラワザ」

　前章で，単振動の基本的な解法を見てきたね。そこで出てきた問題点は，重力のはたらくばね振り子でのエネルギー計算が非常に複雑になることだったね。その問題点を解決する「ウラワザ」を伝授しよう。まずは，次の図1の(a)～(e)のストーリーを追おう。

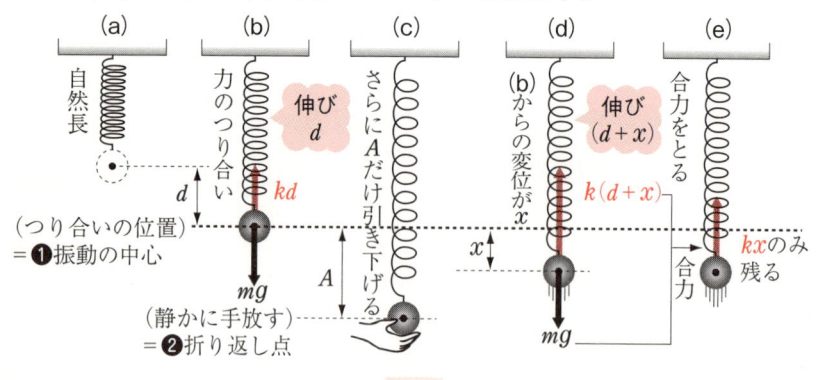

(a) 自然長

(b) 力のつり合い　伸び d　kd　mg
（つり合いの位置）
＝❶振動の中心

(c) さらにAだけ引き下げる
（静かに手放す）
＝❷折り返し点

(d) (b)からの変位がx　伸び$(d+x)$　$k(d+x)$　mg

(e) 合力をとる　$k(d+x)$　合力　kxのみ残る

図1

232　物理の力学

図1(a)：何もつるしていない自然長の状態のばね。

図1(b)：静かにおもりをつるすと d だけ伸びてつり合う。この位置が，❶振動中心になるね。その力のつり合いの式は，
$$kd = mg \cdots\cdots ★$$
で，この式は今後フルに活用するんだね。

図1(c)：つり合いの位置から，さらに A だけ伸ばして静かに手放す。この位置が❷折り返し点になるね。

図1(d)：つり合いの位置(b)からの変位が x のとき，物体にはたらく力は下向きの mg と上向きの $k(d+x)$ の2つの力だね。

注 kx じゃないよ

図1(e)：(d)での2つの力の合力(ベクトル和)をとると，下向き正として，
$$(合力 F) = mg - k(d+x)$$
$$= mg - mg - kx$$
★を代入
$$= -kx$$
のみ残る。

> あれ！ 重力が消えちゃって，ばねの力だけが残ってる！
> これは，まるで水平ばね振り子と同じ力じゃないですか。

そうだね。でも，注意しなきゃならないのは，$(合力 F) = -kx$ の x は，自然長からの伸び x ではなくて，

力のつり合いの位置からの伸び x

ということなんだ。

つまり，まとめると，**図1**の鉛直ばね振り子は，見かけ上，次のページの**図2**のような，「水平ばね振り子と同等」ということなんだ。ただし，**図2**の水平ばね振り子の自然長の位置は，元の鉛直ばね振り子の力のつり合いの位置に対応していることに注意しよう。

[元の鉛直ばね振り子] [対応する水平ばね振り子]

全く同じ力がはたらく つまり 同じ運動をする

kx（合力） kx（ばねの力）

（つり合いの位置） （自然長の位置）

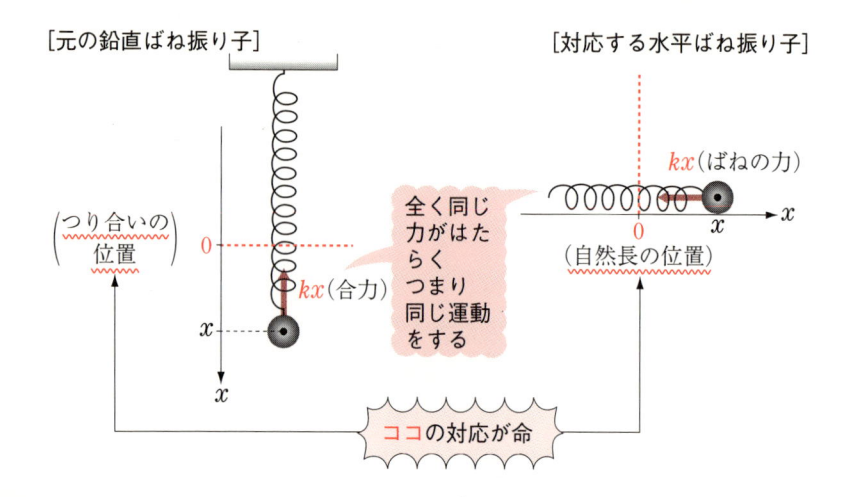

ココの対応が命

図2　見かけ上の水平ばね振り子におきかえる

> じゃあ，もし，水平ばね振り子におきかえることができれば，エネルギー保存の式も，「$\frac{1}{2}mv^2+\frac{1}{2}kx^2=$ 一定」だけ考えれば済むんですか？　それはカンタンになりますね。

そうだよ。じつは，鉛直ばね振り子だけじゃなくて，斜面上でもどんな単振動でも，力のつり合い位置を，自然長と見なせば，水平ばね振り子として，エネルギー計算を楽にすることができるんだ。

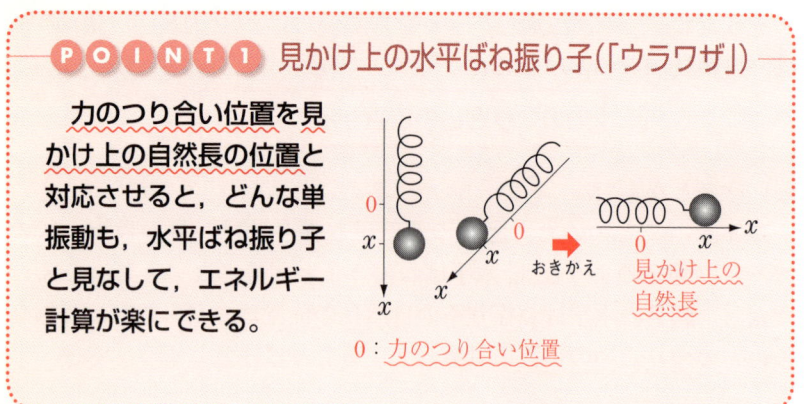

POINT1　見かけ上の水平ばね振り子（「ウラワザ」）

力のつり合い位置を見かけ上の自然長の位置と対応させると，どんな単振動も，水平ばね振り子と見なして，エネルギー計算が楽にできる。

おきかえ　見かけ上の自然長

0：力のつり合い位置

> **チェック問題 1** 単振動のウラワザ(1)　易 4分
>
> p.225の チェック問題1 の(4)の v_{max} を，見かけ上の水平ばね振り子（p.234）におきかえて求めよ。

解説　図aのように，鉛直ばね振り子の力のつり合いの位置0を，見かけ上の自然長0にとった水平ばね振り子におきかえる。

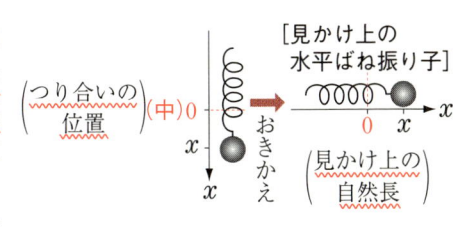

すると，p.227の(4)で考えた前，後の図dは，右下図bのように水平ばね振り子の図におきかえることができる。

その水平ばね振り子で《力学的エネルギー保存則》を考えると，
前 速さ0，見かけ上縮みA
後 速さv_{max}，見かけ上縮み0
より，

$$\overbrace{\frac{1}{2}kA^2}^{前} = \overbrace{\frac{1}{2}mv_{max}^2}^{後}$$

よって，$v_{max} = \sqrt{\dfrac{k}{m}}A$ ……**答**

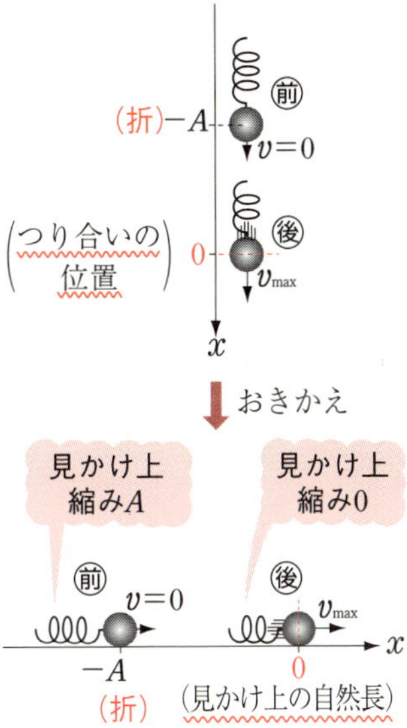

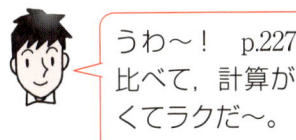

うわ～！ p.227と比べて，計算が速くてラクだ～。

図a

図b

> **チェック問題 2** 単振動のウラワザ(2)　♥易　5分
>
> p.228の チェック問題 2 の(2)の A と，(4)の v_{max} を見かけ上の水平ばね振り子におきかえて求めよ。

解説　斜面上のばね振り子の力のつり合い位置0を，見かけ上の自然長の位置0にとった水平ばね振り子におきかえる。この水平ばね振り子での《力学的エネルギー保存則》を3点㋐，㋑，㋒で考えると，

- ㋐ 速さ v_0, 見かけ上縮み d
- ㋑ 速さ v_{max}, 見かけ上の縮み0
- ㋒ 速さ0, 見かけ上伸び A

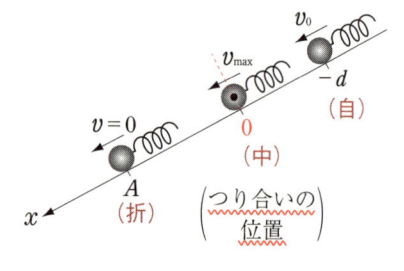

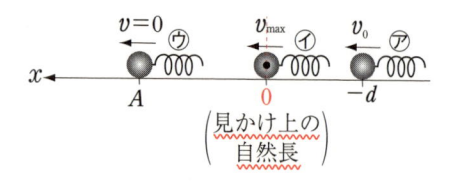

より，㋐，㋑，㋒での力学的エネルギーは

㋐ $\dfrac{1}{2}mv_0^2 + \dfrac{1}{2}kd^2$

㋑ $\dfrac{1}{2}mv_{max}^2$

㋒ $\dfrac{1}{2}kA^2$

㋐＝㋑の式より，
$$v_{max} = \sqrt{v_0^2 + \dfrac{k}{m}d^2} = \sqrt{v_0^2 + \dfrac{mg^2}{k}\sin^2\theta} \quad \cdots\cdots\text{答}$$
　　　　　　　　　　　　p.228の★

㋐＝㋒の式より，
$$A = \sqrt{\dfrac{m}{k}v_0^2 + d^2} = \sqrt{\dfrac{m}{k}\left(v_0^2 + \dfrac{mg^2}{k}\sin^2\theta\right)} \quad \cdots\cdots\text{答}$$
　　　　　　　　p.228の★

> これまた，p.229・230と比べて計算がダンゼン速い!

チェック問題 ③ 単振動で時間を問う問題　やや難 20分

傾き θ のなめらかな斜面上で，ばね定数 k のばねの先に質量 m の物体Pがつけられ，その上に質量 m の物体Qがのせられている。はじめ，ばねは自然長より d だけ縮んだ状態でつり合っている。この位置を原点にした x 軸を図のようにとる。ここで，P，Qを $x=2d$ まで押し下げて静かに手放したところ，やがて，$x=-d$ の自然長の位置でQはPから離れていった。手を放した時刻を $t=0$ とする。

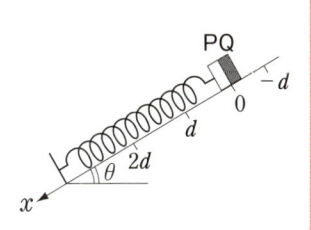

(1) 振動の周期 T および角振動数 ω を k と m を用いて求めよ。
(2) QがPから離れる時刻 t_1 を k と m を用いて求めよ。
(3) $0 \leq t \leq t_1$ までのPの座標 x を d，k，m，時刻 t を用いて求めよ。
(4) $t=t_1$ でのPの速さ v_1 を d，k，m を用いて求めよ。
(5) PとQが再び接触する前に，Pが達する最高点の座標 x_1 を d を用いて求めよ。

解説　(1) 《単振動の解法》(p.224)で解く。

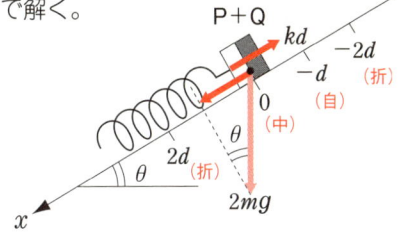

Step1　$x=0$ でつり合う（❶振動中心）ので，図aで，P，Q全体に着目して力のつり合いの式を立てると，

$$kd = 2mg \sin\theta \quad \cdots ★$$

よって，$d = \dfrac{2mg}{k} \sin\theta$

この★式は，今後の式変形でフル活用することになるね。

図a

Step2　「$x=2d$ で静かに手放す」とあるので，この点が1つの❷折り返し点(折)となる。もう1つの(折)は，(中)$x=0$ に関して対称になる $x=-2d$ にある（ただし，これはPとQが一体のままであると仮定したときの話）。

Step 3 本問も，(ばねの弾性力)＋(一定の力$2mg\sin\theta$)なので，即，❸周期は，

$$T = 2\pi\sqrt{\frac{2m}{k}} \cdots ① \quad \cdots\cdots \text{答}\quad (\text{注PとQ全体で質量}2m)$$

角振動数 ω (対応する円運動の1秒あたりの回転角)は，

$$\omega\text{[rad/s]} = \frac{2\pi\text{[rad]}}{T\text{[s]}} = \sqrt{\frac{k}{2m}} \cdots ② \quad \cdots\cdots\text{答}$$

①より

となる。これで，「3つのデータ」(p.218)がすべて出そろったね。

(2) 要は，$x=2d$ から $x=-d$ までの時間 t_1 を求めればいいね。
じゃあ，やってみて。

> えーと，図bみたいに数えていくと，全部で8コのうち3コ分だけ移動しているので，
> $t_1 = \frac{3}{8} \times$(周期T)だ！

図b

ププー！引っかかったね。単振動は真ん中で速く，両端では遅いんだぞ。
　だから，単純に移動距離で考えちゃダメだよ。
　単振動は，等速何運動を真横から見たものだったかな？

> 等速円運動です。……
> あ，そうか！図cのように等速円運動に対応させて，t_1 秒間で全体360°のうち，ちょうど120°回転したから……

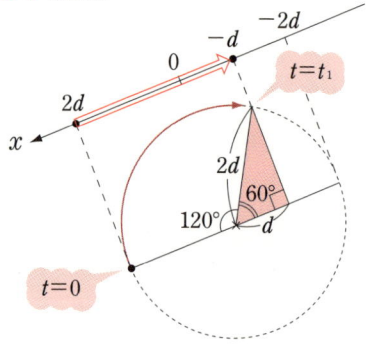

すると，

$$t_1 = \frac{120°}{360°} \times (\text{周期}T) = \frac{1}{3} \times (\text{周期}T)$$

$$= \frac{2\pi}{3}\sqrt{\frac{2m}{k}} \quad\cdots\cdots\text{答}$$

①より

図c

> **POINT 2 単振動と時間**
>
> 単振動で時間を問われたら，対応する等速円運動に戻り，
>
> $$\text{時間}=\frac{(\text{回転角})°}{360°}\times(\text{周期 }T)$$
>
> で求める。

(3) これも時間に関する問題だから，対応する等速円運動で考えよう。

図dで，時刻 t までに円運動では，角度 ωt だけ回転しているね。

この点Pに対応する，単振動の点P′の x 座標は図dより，

$$x = 2d\cos\omega t$$
$$= 2d\cos\sqrt{\frac{k}{2m}}\,t \cdots\cdots\text{答}$$

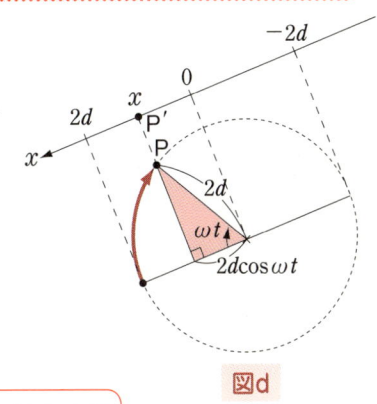

②より

図d

単振動で時間ときたら，対応する等速円運動で考える習慣ですね。

そのとおりだよ。

(4) 速さを問うのでエネルギーで解こう。

そして，「ウラワザ」（p.234）を使おう。斜面上のばね振り子の力のつり合いの位置Oを，見かけ上の自然長の位置Oにとった水平ばね振り子におきかえる（図e）。

この水平ばね振り子での
《力学的エネルギー保存則》より，

　前　速さ0，見かけ上縮み $2d$
　後　速さ v_1，見かけ上伸び d

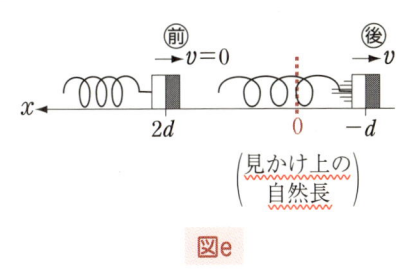

図e
（見かけ上の自然長）

したがって，

$$\underbrace{\frac{1}{2}k(2d)^2}_{前} = \underbrace{\frac{1}{2}\times 2mv_1^2 + \frac{1}{2}kd^2}_{後}$$

よって，$v_1 = \sqrt{\dfrac{3k}{2m}} \times d \cdots ③$ ……**答**

(5) Pのみが単独で $x=-d$ から速さ v_1 でスタートし，$x=x_1$ で折り返すとしよう。では「ウラワザ」(p.234)を使ってみて。

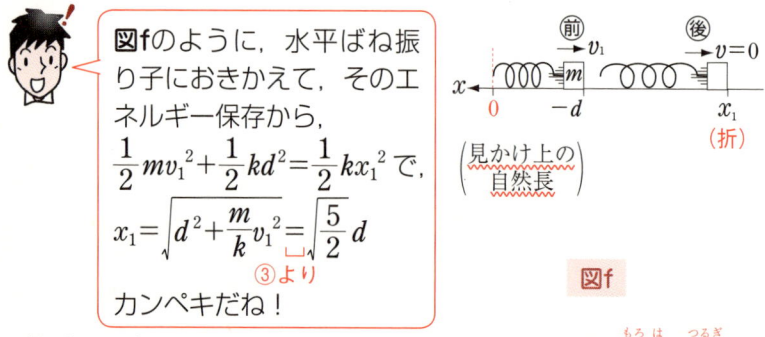

> 図fのように，水平ばね振り子におきかえて，そのエネルギー保存から，
> $$\frac{1}{2}mv_1^2 + \frac{1}{2}kd^2 = \frac{1}{2}kx_1^2$$ で，
> $$x_1 = \sqrt{d^2 + \frac{m}{k}v_1^2} \underset{③より}{=} \sqrt{\frac{5}{2}}d$$
> カンペキだね！

図f

何がカンペキじゃ！　いいかい。この「ウラワザ」は「両刃の剣」なんだ。注意して使わないと，イタイ目にあうぞ。「ウラワザ」の最も大切なポイントは，

> 「力のつり合いの位置」を「見かけ上の自然長の位置」とする

ところだったね。そして，本問では，どこがこの「力のつり合い位置」かな？

> (4)でやった $x=0$ で……，いや，今Qは離れてP単独の単振動になっている。すると，力のつり合い点は，$x=0$ ではないなっ。

気づいたようだね。(4)では，P+Qの力のつり合い点だったから，$x=0$ でよかったんだ。でも，Qが離れたあとのP単独での力のつり合いの位置は，軽くなった分 $x=0$ よりも上にあるはずだよね。
　その位置は図gより $x=-\dfrac{d}{2}$ にあることが見えるね。

> そうか，しっかりと，各問いごとに力のつり合いの位置を調べていく必要があるんですね。

図g（P+Q(2m)の力のつり合い，P単独(m)の力のつり合い，$-\dfrac{d}{2}$，$-d$，自然長）

そうだよ。正しく「ウラワザ」を使うと，**図h**のように $x=-\dfrac{d}{2}$ を新しい見かけ上の自然長の位置として，

- 📖 速さ v_1，見かけ上の伸び $\dfrac{d}{2}$
- 後 速さ 0，見かけ上の伸びは

$$-\dfrac{d}{2}-x_1 \text{ より，}$$

大きい座標 $-\dfrac{d}{2}$ から小さい座標 x_1 を引いた

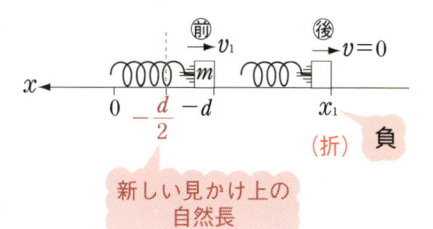

図h（新しい見かけ上の自然長）

$$\underbrace{\dfrac{1}{2}mv_1^2+\dfrac{1}{2}k\left(\dfrac{d}{2}\right)^2}_{\text{前}}=\underbrace{\dfrac{1}{2}k\left(-\dfrac{d}{2}-x_1\right)^2}_{\text{後}}$$

$$-\dfrac{d}{2}-x_1=\sqrt{\left(\dfrac{d}{2}\right)^2+\dfrac{m}{k}v_1^2}\underset{\text{③より}}{=}\dfrac{\sqrt{7}}{2}d$$

よって，$x_1=-\dfrac{d}{2}\left(1+\sqrt{7}\right)$ ……**答**

参考 自然長の位置で，PとQが離れる理由

　自然長ではばねの力がないので，**図i**より，PとQの運動方程式は，それぞれ

　　P：$ma=N+mg\sin\theta$
　　Q：$ma=-N+mg\sin\theta$

以上より，$N=0$ で，PとQは離れるね。

　この結果は θ によらず，必ず成り立つので，「**自然長で離れる**」と覚えてしまっていいよ。

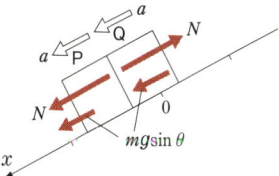

図i

第18章　単振動の応用

● 第18章 ●
ま と め

1 単振動のエネルギー計算を楽にするための「ウラザ」
（どのような単振動であっても）
力のつり合いの位置を**見かけ上の自然長**の位置に対応させると，見かけ上の水平ばね振り子としてエネルギー計算が楽にできる。

2 単振動で時間を問われたら
対応する等速円運動の(回転角)°を考えて

$$時間 = \frac{(回転角)°}{360°} \times (周期 T)$$

3 時刻 t での座標 x の求め方
たとえば
㋐から，x の正の向きに
スタートすれば，
　$x = A\sin\omega t$
㋑からスタートすれば，
　$x = -A\cos\omega t$

$\left(\omega = \sqrt{\dfrac{K}{m}}\right)$

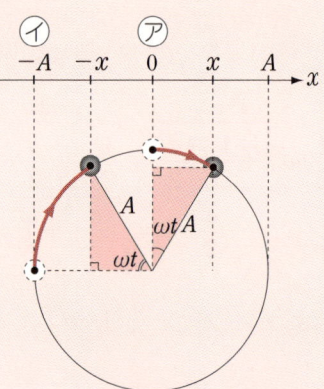

物理基礎の熱力学

第19章 熱と温度

第19章 熱と温度

▲比熱によって熱の出入りを自由に扱う

Story ① 温度と比熱

▶(1) 絶対温度って何？

　物質をつくっている分子や原子などは，目には見えないランダムな運動をしている。この運動のことを**熱運動**という。その激しさの度合いを表すのが**温度**だ。温度をどんどん下げていくと，熱運動はおだやかになっていき，とうとう－273.15℃に達すると，熱運動が止まる。よって，この温度より低い温度は存在しない。そこで，この－273.15℃を基準の温度と定め，**絶対零度**：0 K(ケルビン)と約束するんだ。

　この0Kから摂氏1℃上昇するごとに1Kずつ上昇するとして決めた温度のことを**絶対温度**という。絶対温度は，熱運動のエネルギーにそのまま比例するので，摂氏温度よりも「物理的」な温度になるね。

　これから，単に「温度」といえば，それは「絶対温度」を表すからね。

> **POINT1** 絶対温度
> - 物質をつくる原子・分子1個あたりのもつ平均の運動エネルギーに比例
> - 絶対温度 T〔K〕＝摂氏温度 t〔℃〕＋273.15
>
> 熱運動止まる　−273.15℃　氷　0℃　水　100℃　水蒸気　熱運動激しい
> 0K　　　　　273.15K　　　373.15K
> 絶対零度

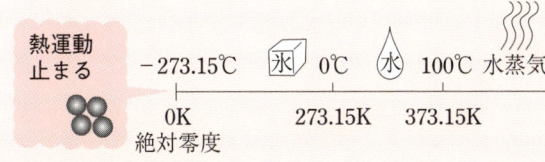

▶(2) 熱量とは

物体をあたためると温度（物体のもつ熱運動のエネルギー）が上昇する。つまり，物体に熱を与えるというのは，熱運動のエネルギーを与えることになるんだ。この与えたエネルギーのことを**熱量**（または単に**熱**）Q〔J〕という。

▶(3) 比熱は定義が命

> 比熱という言葉自体が難しく感じるんですが……

たしかに。でもそういうときこそ，言葉の定義に戻って考えるんだ。じゃあ，比熱の定義を言ってごらん？

> え〜と，え〜公式みたいな，$Q = c \times m \times \varDelta T$ は覚えているんですが……

やっぱり，そうかと思ったよ。いいかい，物理の勉強でいちばん大切なのは，公式なんかじゃなくて，言葉の定義なんだよ。自分の言葉でシンプルに分かりやすく定義する。それさえできれば，いくらでも公式なんて導くことができるんだから。

第19章　熱と温度

いいかな。比熱の定義は，**図1**のように，

> 物質**1g**を**1K**温度上昇させるのに必要な熱量を，その物質の**比熱**c〔**J/(g·K)**〕という。

1g
1K 温度上昇させるのに
熱量c〔J〕要する

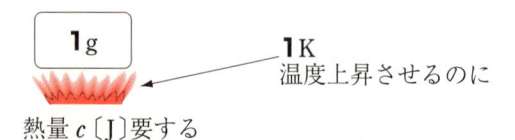

図1　比熱の定義

ここで大切なのは「**2つのイチ**」，つまり，**1g**，**1K**だ。イチイチイチイチイチイチ……**1**が命。何度もしつこいけど，比熱の定義を言ってみて！

> **1g**を**1K**温度上昇させるのに要する熱です。
> （イチ　イチ）

OK！　比熱がcの物質2gを3K上昇させるのに要する熱は？

> **1g**を**1K**でc〔J〕だから，2gを3Kでは，その2×3倍で，そう，$c×2×3$〔J〕です。

その調子！　では，一般に比熱がcの物質m〔g〕をΔT〔K〕上昇させるのに要する熱量Qは？

> **1g**を**1K**でc〔J〕だから，m〔g〕をΔT〔K〕では，……その$m×\Delta T$倍で，そう，$Q=c×m×\Delta T$〔J〕です。

合格！　ほら，いつの間にか，公式$Q=c×m×\Delta T$が導けたでしょ。

POINT 2　比熱の定義

1gを**1K**温度上昇させるのに要する熱量

2つのイチが命！

246　物理基礎の熱力学

▶(4) 熱容量とは

(3)で導いた比熱 c の式　$Q = c \times m \times \Delta T$
で，$c \times m$ を1つの文字 C によっておきかえて

$$\begin{array}{ccc} c & \times \quad m & = \quad C \\ [\text{J}/(\text{g}\cdot\text{K})] & [\text{g}] & [\text{J}/\text{K}] \end{array}$$

とおくと，
　　　　　$Q = C \times \Delta T$　と書けるね。

> C には直接，温度変化 ΔT をかける

この C のことを熱容量という。つまり，ある物体を1K温度上昇させるのに要する熱量のことを，その物体の熱容量という。

POINT 3　比熱と熱容量

$$Q = c \times m \times \Delta T = C \times \Delta T$$

▶(5) 水の比熱は異常に大きい

水の比熱は $c = 4.2 \text{J}/(\text{g}\cdot\text{K})$ で異常に大きいんだ。

> 異常にですか。他の物質はどうなっているんですか？

異常だよ。たとえば，鉄の比熱は約 $0.45\text{J}/(\text{g}\cdot\text{K})$ しかないのに，水は，その10倍近く比熱が大きいんだ。じゃあ，水と鉄，どっちがあたたまりやすい？　比熱の定義に戻って，考えてみて。

> う〜ん，1gを1K温度上昇させるのに，水は4.2Jも熱が必要。一方，鉄は，たったの0.45Jで済むのか。これはダンゼン鉄の方が温度上昇しやすいや。

いいねえ，ちゃんと比熱の定義に戻って考えるクセがついているぞ。
つまり，水というのは異常にあたたまりにくく，逆にさめにくい物質なんだ。たとえば，生物の体や，地球表面が水を多く含むことは，その温度の安定にとても役立っているんだ。この水の比熱の値 $4.2\text{J}/(\text{g}\cdot\text{K})$ は

第19章　熱と温度

覚えておこう。ときどき入試にノーヒントで問われるときがあるから。

> どうやって覚えるんですか？

「水がなければ，死に(4.2)ますよ」と覚えてね(笑)。

POINT 4　比熱の大小とあたたまりやすさ

比熱が大きい→あたたまりにくく，さめにくい。
└ 1gを1K上昇させるのに大きな熱が必要になってしまう。

Story 2　比熱の問題の解法

▶(1)　熱量保存の法則の使い方

　高温の物体Aと，低温の物体Bとを接触させておくと，やがて全体の温度は中間的な温度に近づく（**図2**）。この状態を**熱平衡状態**という。

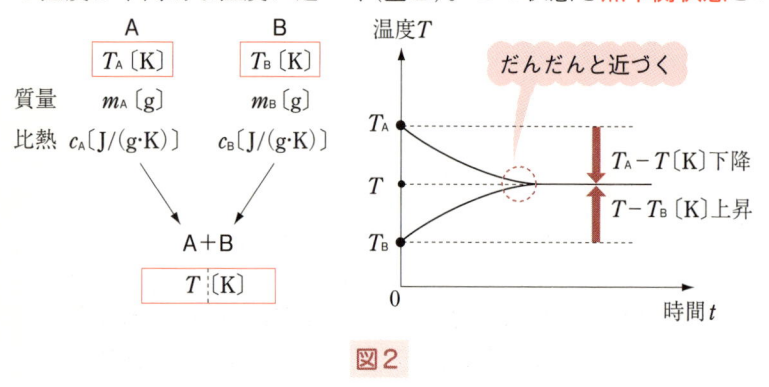

	A	B
	T_A〔K〕	T_B〔K〕
質量	m_A〔g〕	m_B〔g〕
比熱	c_A〔J/(g・K)〕	c_B〔J/(g・K)〕

↓　↓
A+B
T〔K〕

温度 T

だんだんと近づく

$T_A - T$〔K〕下降
$T - T_B$〔K〕上昇

時間 t

図2

このとき，「熱を失った」のはA，Bどっちのほう？

> Aは温度が下がっているぞ，Aのほうです。

じゃあ，具体的にいくら失った？　**比熱の定義**に戻って考えて。

> $1\,$gを$1\,$K温度下げるのにc_Aの熱を奪い去る必要がある。m_A〔g〕が$T_A - T$〔K〕下がっているから，その$m_A \times (T_A - T)$倍の$c_A \times m_A \times (T_A - T)$〔J〕だ。

いいぞぉ！　比熱の定義に戻って考えれば，単なるかけ算の問題にすぎないんだよ。では，Bのほうは，いくら熱を得た？

> $1\,$gを$1\,$K温度上げるのにc_Bの熱を加える必要がある。m_B〔g〕が$T - T_B$〔K〕上がっているから，その$m_B \times (T - T_B)$倍の$c_B \times m_B \times (T - T_B)$〔J〕です。

よし！　じゃあ，Aが失った熱とBが得た熱の間には，どんな関係があるかい。

> ハイ！　Bが得た熱というのは，もともとAが失った熱だったから，等しくなります。

そうだ。これを**熱量保存の法則**という。式で表すと，
$$c_A m_A (T_A - T) = c_B m_B (T - T_B)$$
となるよ。

▶(2)　比熱の解法パターン

以上を解法にまとめると，

POINT 5　比熱の解法

Step 1　各物体の温度変化の図（**温度図**）を書く。

Step 2　$Q = c \times m \times \Delta T = C \times \Delta T = q \times m$
　　　　（m：質量，ΔT：温度変化，c：比熱，C：熱容量，q：融解(気化)熱）
　　　　の式で，各物体が吸収した熱Q_{in}，放出した熱Q_{out}を求める。

Step 3　① 「**あたため系**」（ヒーターなどで）の問題なら，
　　　　　　Q_{in}＝投入熱
　　　　② 「**混合系**」の問題なら，$Q_{in} = Q_{out}$
　　　　　　で未知数を出す。

チェック問題 ①　比熱と熱容量　　標準 **7**分

電力600W（1秒間に600Jの熱を投入できる）のヒーターを入れた容器の中に200gの水が入っており，その温度が0℃になっている。いまヒーターで80秒間加熱したところ，温度は50℃になった。水の比熱を4.2J/(g·K)とする。

(1) 容器の熱容量C〔J/K〕を求めよ。
(2) その後，0℃，100gの金属球を入れたところ，全体の温度は48℃になった。この金属の比熱c〔J/(g·K)〕を求めよ。
(3) この金属球と容器の材質が同じものであるとき，容器の質量m〔g〕を求めよ。

解説　(1) 《比熱の解法》(p.249)で解く。

Step 1　中の水だけでなく周りの容器まで一緒に温度上昇していることに注意して，図aのように「温度図」を書くね（湯のみにお茶を入れたらその湯のみまで熱くなるでしょ）。

Step 2　水と容器が吸収した熱の和は，
$$Q_{in} = \underbrace{4.2 \times 200 \times 50}_{水} + \underbrace{C \times 50}_{容器} \text{〔J〕}$$

一方，600W（ワット）（＝1秒間に600Jの熱を投入する）のヒーターを80秒間使ったので，
　　投入熱＝600×80〔J〕

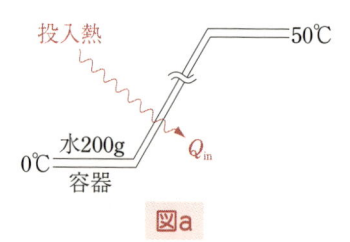

Step 3　本問はヒーターを使った「あたため系」なので，Q_{in}＝投入熱より，

$$4.2 \times 200 \times 50 + C \times 50 = 600 \times 80$$

よって，$C=120$J/K……**答**
となる。

(2) **Step1** 今回は水，容器，金属球の3つの物体が温度変化しているね。水と容器の温度は下がり（冷やされ），金属球の温度は上がった（あたためられた）ので，**図b**のような「温度図」になる。

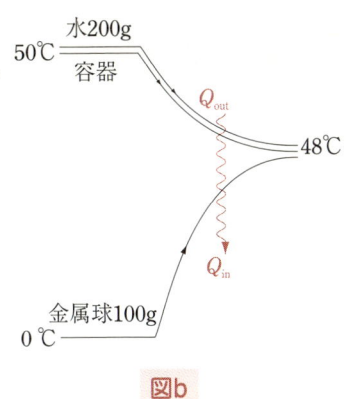

Step2 水と容器が失った熱の和は，
$$Q_{out} = \underbrace{4.2 \times 200 \times 2}_{水} + \underbrace{120 \times 2}_{容器} (J)$$

金属球が得た熱は，
$$Q_{in} = c \times 100 \times 48 (J)$$

Step3 本問は「混合系」なので，$Q_{out} = Q_{in}$ より，
$$4.2 \times 200 \times 2 + 120 \times 2 = c \times 100 \times 48$$
よって $c = 0.4 \, J/(g \cdot K)$ ……**答**

(3) 比熱 c と熱容量 C の間には
$$c \times m = C$$
の関係があるので，
$$m = \frac{C}{c} = \frac{120}{0.4} = 300 \, g \cdots\cdots 答$$
となる。

> $c \times m$ を1つの大きな文字で C とおいたんだ（それが熱容量の定義）

> 「温度図」を書いて，何があたたまって何が冷えたかに注目するんだ！

第19章 熱と温度

チェック問題 2 融解熱　　標準 7分

水の比熱を4.2J/(g·K)，氷の融解熱(1g融かすのに要する熱)を336J/gとする。また容器の熱容量は無視できるものとする。

(1) 温度80℃のお湯に温度20℃の水を加えて，30℃の水6.0Lをつくるには，それぞれの温度の水を何Lずつ混ぜればよいか。

(2) (1)でできた水に0℃の氷を入れたら，20℃になった。氷の質量は何kgあったか。

解説　(1)《比熱の解法》(p.249)で解く。

Step 1 図aのように，質量 m_1〔g〕，m_2〔g〕を仮定し，「温度図」をつくる。容器の熱容量は無視するので，容器の熱の出入りは考えてはいけないよ。

Step 2 吸収熱，放出熱は，
$$Q_{in} = 4.2 \times m_1 \times (30-20)$$
$$Q_{out} = 4.2 \times m_2 \times (80-30)$$

Step 3 「混合系」なので，$Q_{in} = Q_{out}$ より，
$$4.2 \times m_1 \times 10 = 4.2 \times m_2 \times 50$$
一方，$m_1 + m_2 = 6000$g と合わせて，
$$m_1 = 5000\text{g} = 5.0\text{kg}, \quad m_2 = 1000\text{g} = 1.0\text{kg}$$
よって，20℃の水は5.0L，80℃の水は1.0L……**答**

図a

(2) **Step 1** 図bのように，質量 m〔g〕の氷は，まず㋐溶ける。次に，㋑20℃まで上昇する。もちろん容器の熱の出入りは無視できる。

Step 2 氷が得た熱の和は，
$$Q = \underbrace{336 \times m}_{㋐} + \underbrace{4.2 \times m \times 20}_{㋑}$$

1g溶かす熱　　氷が溶けたら水の比熱になるので

水が失った熱は，
$$Q_{out} = 4.2 \times 6000 \times (30-20)$$

Step 3 「混合系」で $Q_{in} = Q_{out}$ より，
$$336 \times m + 4.2 \times m \times 20 = 4.2 \times 6000 \times 10$$
よって，$m = 600\text{g} = 0.60\text{kg}$……**答**

図b

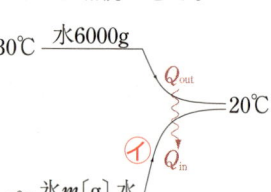

チェック問題 3　エネルギーの変換　　易　4分

落差60mのダムを落下してきた1m^3の水が，下の貯水池で静止したものとする。このときの水の温度上昇はいくらか。水の比熱は$4.2\text{J}/(\text{g}\cdot\text{K})$，密度は$1\text{g}/\text{cm}^3$とする。

解説　《比熱の解法》(p.249)で解こう。

Step1　求める温度上昇を$\varDelta t$℃とする。
水1m^3は$1000\text{kg}=1\times 10^6\text{g}$となることに注意（単位はgに直す）。

Step2　水の吸収熱は，
$$Q_\text{in}=\underset{[\text{J}/(\text{g}\cdot\text{K})]}{4.2}\times\underset{[\text{g}]}{1\times 10^6}\times\underset{[\text{K}]}{\varDelta t} \quad \leftarrow\text{単位は}[\text{J}]$$

Step3　これは一種の「あたため系」の問題とみて……

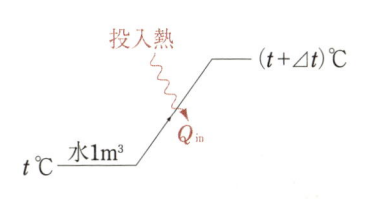

❓「ヒーターも何もないのにどうして『あたため系』なの？」

たしかにそうだね。でも，水が失った**重力による位置エネルギーがすべて熱エネルギーに変わり**，この熱によって水があたためられたと考えればいいんだよ。つまり，

　　　投入熱＝水が失った位置エネルギー
　　　　　　$=1\times 10^3 \text{kg}\times 9.8\text{m/s}^2\times 60\text{m}$　←単位は$[\text{J}]$

ここで，$Q_\text{in}=$投入熱より，
　　　$4.2\times 10^6\times\varDelta t=1\times 10^3\times 9.8\times 60$
よって，$\varDelta t=0.14\text{K}$……**答**

😊「ごくわずかな温度上昇ですね。」

それだけ，水の比熱が異常に大きいということだよ。

● 第19章 ●
ま と め

1 絶対温度 T 〔K〕の定義
物質をつくる原子・分子 1 個あたりのもつ平均の運動のエネルギーに比例する量

2 比熱は定義が命
比熱 c 〔J/(g·K)〕：**1g** を **1K** 温度上昇させるのに要する熱量

2つのイチ！

3 比熱 c と熱容量 C の関係
$$Q = c \times m \times \Delta T = C \times \Delta T \quad (c \times m = C \text{ とおく})$$

4 比熱の解法の流れ
Step 1 各物体の温度変化の図「温度図」を書く。
Step 2 出入りした熱量を
$$Q = c \times m \times \Delta T = C \times \Delta T = q \times m$$
　　　　　　　　　　　　　　　　　融解熱（気化熱）

の式で求めておく。

Step 3 ① 「あたため系」なら　$Q_{in} =$ 投入熱 の式
② 「混合系」なら　$Q_{in} = Q_{out}$ の式
　　　　　　　　　　熱量保存則

で，未知数を求める。

物理の熱力学

- 第20章 気体の状態変化
- 第21章 気体分子運動論
- 第22章 熱力学
- 第23章 熱力学の応用

第20章 気体の状態変化

▲ 気体はマッハ２という弾丸並みのスピードをもつ

Story ① 気体の状態方程式

▶(1) 気体のイメージ

さあ，これから気体の話に入るよ。おや，何かさえない顔してるね。

> 気体って目に見えないし，やたら，P, V, n, Tとか，記号ばっかり出てきてイメージしづらいんですよね〜。

ミクロの目で見たらどうだろう。**図1**のように，気体分子の１粒１粒を「ボール」と見なして，それが大集団（〜10^{23}個ぐらい）で猛スピード（マッハ２ぐらい）で飛び回っているものとイメージしようよ。

私は気体分子の「ボール」です

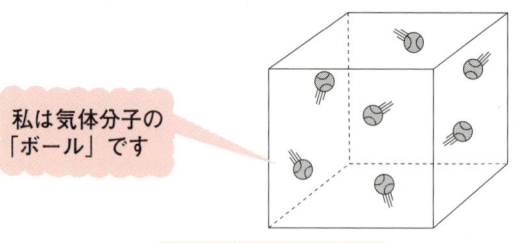

図1　分子＝ボール

256　物理の熱力学

▶(2) 気体の状態は4つの量 P, V, n, T で決まる

キミが友達の情報をメモ帳に書き込むときには，何を書く？

> まず，「氏名」，「住所」，「電話番号」，あとは「メアド」ですね。

その4つだけで，きちんと友達の情報がつかめたことになるね。同じように，気体の状態というのは，次の4つの量のみで決まってしまうんだ。

① **圧力 P**, ② **体積 V**, ③ **物質量（モル数）n**, ④ **絶対温度 T**

大切なのは，それぞれの量はすべて，気体分子の「ボール⚫」のイメージと結びついた量ということなんだ。それを次に見ていこう。

① 圧力 P〔N/m²〕＝〔Pa〕（パスカル）

図2のように，容器の中を飛び回っている気体分子の「ボール⚫」が，容器の壁に「バシバシバシ……」と衝突をくり返している。そのときに壁 **1m²あたり** を平均として押す力を，その気体の **圧力** P〔N/m²〕という。もし，面積 $2\,\mathrm{m}^2$ の壁なら2倍の $P\times 2$〔N〕で，$3\,\mathrm{m}^2$ の壁なら $P\times 3$〔N〕で……。一般に S〔m²〕の壁なら，P の S 倍の $F=P\times S$〔N〕で押すね。

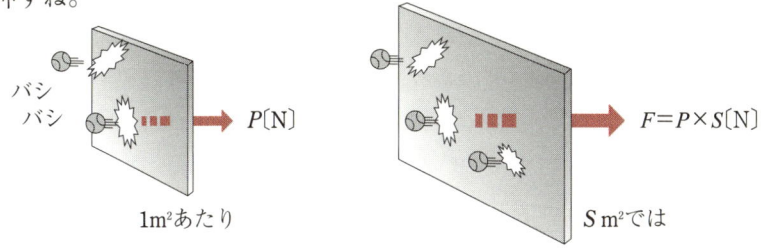

図2 圧力のイメージ

POINT! 圧 力

圧力 P〔N/m²〕＝気体分子の「ボール」が壁 **1m²あたり** を押す力

第20章　気体の状態変化

② **体積 V〔m³〕**

ひと言でいえば，容器の体積のこと。

③ **物質量（モル数）n〔mol〕**

「化学でモルにいじめられた〜」とトラウマな人は多いね。でもね，物理のモル数はカンタンだよ。要は，気体分子の「ボール⚾」の数のことだ。ただし，そのままナマの数だと602000000000000000000000個みたいに，莫大な数になって扱いづらいので，次のように，〔mol〕（モル）という個数の単位を使うね。

$$6.02 \times 10^{23} \text{個} = 1\,\text{mol とする。}$$

（アボガドロ数という）

すると，莫大な分子の数も 2 mol とか 5 mol とか，扱いやすい数に落ち着くでしょ。鉛筆の本数を12本＝1ダースで数えるのと同じ感覚だよ。

POINT 2　物質量（モル数）

物質量（モル数）n〔mol〕 $\underset{\text{比例}}{\Longleftrightarrow}$ 気体分子の「ボール」の数

---

④ **絶対温度 T〔K〕**

p.244で学習したように，気体分子の「ボール⚾」1個あたりのもつ平均の運動エネルギーに比例する量だ。「今日は暑いねえ〜」という日は，⚾がビュンビュン「元気いっぱい」に飛び回っているのだ（図3）。「今日は寒い〜」という日は⚾が「ヘロヘロ状態」でゆっくり動いているのだ（図4）。よって，分子の運動エネルギーが大きいほど高温になる。

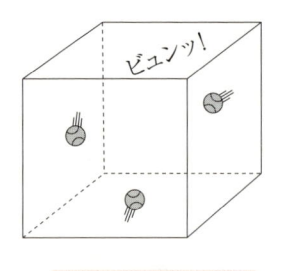

図3　高温の気体

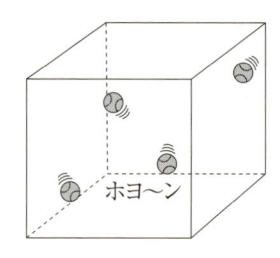

図4　低温の気体

▶(3) 「いつも心に」状態方程式を

(2)で見てきた4つの量P, V, n, Tの間には，互いに何か関係があるんですか？

とてもいい質問だ。じつは，いつでも成り立つ密接な関係があるんだよ。結果からいくぞ。これは実験から得られた実験式なんだ。

$$P \times V = n \times R \times T$$

この式を**状態方程式**といい，理想気体（分子「ボール⚾」の大きさをほぼ0とみなせる気体）のときは，必ず無条件で，いつでも成り立つ式だ。この式の中のR〔J/(mol·K)〕は気体定数とよばれる量で，具体的には$R=8.31$J/(mol·K)となる（化学でやったRとは値が異なるのは単位の違いによるものだ）。

ボイル・シャルルの法則というのもあると聞いたんですが？

そうか。じつは，この状態方程式の中にボイル・シャルルの法則はすべて含まれてしまっているんだよ。次に，それを見ていこうね。

① ボイルの法則

上の状態方程式で，温度Tを一定にすると，もともとnは一定だから，右辺のnRTも一定になるよね。よって，左辺のPとVの積$P \times V$も一定になる。

$$\underbrace{P \times V}_{一定} = \underbrace{n \times R \times T}_{一定}$$

よって

積が一定ということは圧力Pが2倍，3倍，4倍，……と大きくなっていくと体積Vは逆に$\frac{1}{2}$倍，$\frac{1}{3}$倍，$\frac{1}{4}$倍，……と圧縮されてしまう（自転車の空気入れと同じだ）。つまり，

> T が一定なら P と V は反比例する

これを**ボイルの法則**という。

② **シャルルの法則**

　もし，状態方程式 $PV=nRT$ で，左辺の圧力 P を一定にすると，残された左辺の V と右辺の T とは比例関係になるね。

$$\underset{一定}{P} \times \underset{比例}{V} = nRT$$

よって

　つまり，温度 T を2倍，3倍，4倍，……と上昇させると，体積 V も2倍，3倍，4倍，……と膨張していく（つぶれたピンポン玉を膨らませるにはお湯につけるといいんだよね）。つまり，

> P が一定なら，V と T は比例する

これを**シャルルの法則**という。

　う〜。このボイル・シャルルの法則も使いこなさなきゃならないの？　いちいち，T が一定とか P が一定とか，条件の判定がメンドウだな〜。

　いやいや，全然必要ないよ。だって，全部状態方程式の中に含まれているんだから。しかも，状態方程式は無条件でいつでも成り立つ。だから，いちいち条件を判定しなくてもいいから楽なんだ。

POINT3　状態方程式

気体ときたら，圧力 P，体積 V，モル数 n，温度 T を求め，
　　　　　$P \times V = n \times R \times T$　と書く。
① いつでも成立する（「いつも心に」状態方程式を！）。
② ボイルの法則，シャルルの法則をすでに含んでいる。

▶(4) 気体の解法パターン

気体の問題を解くときの基本的な解法をまとめておこう。

> **POINT 4 気体の解法**
>
> **Step 1** 各気体の圧力 P, 体積 V, モル数 n, 温度 T を図示する。分からないものも一応未知の数として**勝手に仮定**して, 下線をつけておく。
>
> **Step 2** ピストンにかかる力を図示し, ピストンの力のつり合いの式を書く。そして圧力 P を求める。圧力 P はピストンのみで決まる。
>
> **Step 3** 「いつも心に」状態方程式 $PV=nRT$ を立てて, 未知数を求める。

チェック問題 1 気体の解法 標準 8分

質量 M, 断面積 S のピストンで, ある量の気体を封じ込めた。このとき気体の温度は T_0, ピストンの底からの高さは h であった (状態A)。大気圧は P_0, 重力加速度は g とする。

(1) はじめの気体の圧力はいくらか。

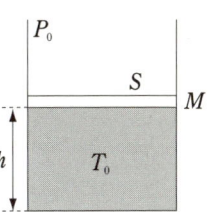

(2) 次に気体の温度をある温度にしたところ, ピストンの高さは $\dfrac{3}{2}h$ になった (状態B)。その温度を求めよ。

(3) さらに, 温度は一定に保ち, ピストンの上にある質量のおもりをのせたところ, ピストンの高さは h に戻った (状態C)。このときのおもりの質量を求めよ。

解説 (1) 《気体の解法》(p.261)で解く。

Step 1 はじめの圧力を P_1 と仮定，体積は hS，モル数は n と仮定，温度は T_0（図a）。

Step 2 ピストンにはたらく力を図示する。
ピストンの力のつり合いの式より，
$$P_0S + Mg = P_1S$$
よって，$P_1 = P_0 + \dfrac{Mg}{S}$ …① ……**答**

Step 3 $P_1 hS = nRT_0$ …②

図a 状態A（＝は未知数）

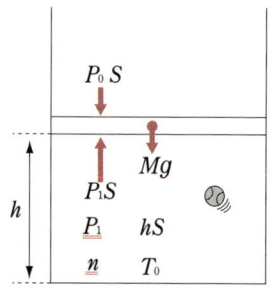

(2) **Step 1** 状態Bでの圧力を P_2 とし，体積は $\dfrac{3}{2}hS$ となり，モル数は n のまま，温度は T_1 とする（図b）。

Step 2 ピストンの力のつり合いより，
$$P_0S + Mg = P_2S$$
よって，$P_2 = P_0 + \dfrac{Mg}{S}$ …③

ここで，①，③式より，何と $P_2 = P_1$ で，全く圧力は変化しない。定圧変化だね。

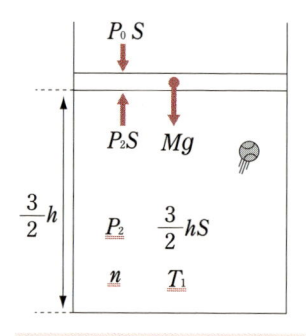

図b 状態B（＝は未知数）

> なんで，ピストンが持ち上がったのに，圧力は増えないんですか？

なるほどね。でもふつう熱力学での状態変化は，何も書いていなくても「ゆっくり」行われるのが前提なんだ。だから，持ち上がったとしても，**ゆっくりほぼつり合いを保って持ち上がる**から，例えば，下向きの力が 100Nのとき，上向きの力が 100.00001Nとなって，持ち上がる感じだ。

だから，はじめの状態からずーっと**つり合いを保ってほぼ一定の圧力**となるんだ。

物理の熱力学

Step 3 $\underline{\underline{P_2}} \times \dfrac{3}{2}hS = \underline{\underline{n}}R\underline{\underline{T_1}}\cdots ④$

ここで，辺々②÷④して，$P_2=P_1$を用いると，

$$\dfrac{2}{3}=\dfrac{T_0}{T_1}$$

よって，$T_1=\dfrac{3}{2}T_0 \cdots ⑤$ ……**答**

> 状態方程式は，辺々割るのが基本の式変形です♪

(3) **Step 1** 状態Cでの圧力をP_3，体積はhS，モル数はn，温度はT_1のままである（図c）。

Step 2 ピストンの力のつり合いより，
$$P_0S+Mg+mg=\underline{\underline{P_3}}S$$

よって，$P_3=P_0+\dfrac{M+m}{S}g \cdots ⑥$

Step 3 $\underline{\underline{P_3}}hS=\underline{\underline{n}}R\underline{\underline{T_1}}\cdots ⑦$

辺々②÷⑦して， （辺々割る♪）

$$\dfrac{P_1}{P_3}=\dfrac{T_0}{T_1}$$

①，⑤，⑥を代入して，

$$\dfrac{P_0+\dfrac{Mg}{S}}{P_0+\dfrac{M+m}{S}g}=\dfrac{2}{3}$$

$$3P_0S+3Mg=2P_0S+2(M+m)g$$

よって，$m=\dfrac{M}{2}+\dfrac{P_0S}{2g}$ ……**答**

図c　状態C（＝は未知数）

> 気体ときたら，いつも分子の「ボール●」のイメージをもってほしい。

第20章　気体の状態変化

Story ❷ $P-V$グラフ

▶(1) $P-V$グラフから読みとれることは何か？

イキナリ質問！　図5の圧力P−体積Vグラフ上に表される同じ量の気体の3つの状態A，B，Cの温度T_A，T_B，T_Cを，温度の高い順に並べよ。

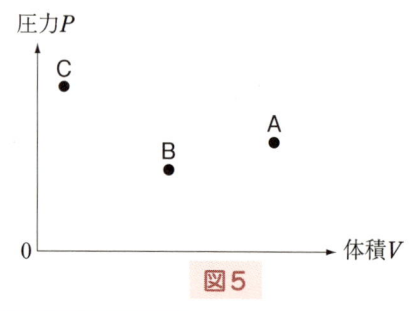

図5

> え〜と，まず，AのほうがBより圧力も体積も大きいから，$T_A>T_B$だ。そして……あれ，CはBより体積小さいけど，圧力はかなり大きいぞ……。

じつは，一発で温度を判定できる便利なウラワザがあるんだ。それは，図6の面積に注目すること。この面積が大きいほど温度は高い。

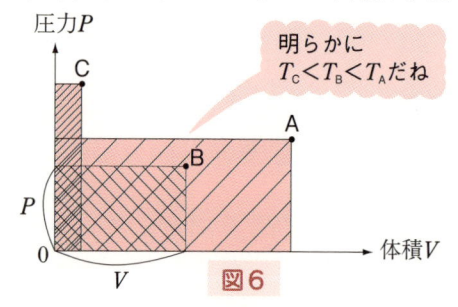

> 明らかに$T_C<T_B<T_A$だね

図6

> どーして，この面積なんかで，温度の大小関係が分かるの？

それはね，状態方程式を見ると分かるんだよ。

$$P\times V=n\times R\times T \iff T$$

長方形の面積　　　比例

この式の左辺は$P \times V$で，これはまさに$P-V$グラフの張る長方形の面積だ。それが右辺のnRTに等しい，つまり，温度Tに比例することが分かるね。よって，

> $P-V$グラフの縦軸，横軸で囲まれる長方形の面積
> (これを$P-V$グラフの「張る」面積という)は温度Tに比例する。

だから，$P-V$グラフから一瞬で，温度の関係が見てとれるんだ。

▶ (2) 等温変化の$P-V$グラフ

では，(1)の結果を使って，等温(Tは一定)変化の$P-V$グラフを描いてもらおう。

> 温度Tが一定ということは，面積一定。ということは……
> あ！反比例のグラフになるね（図7）。

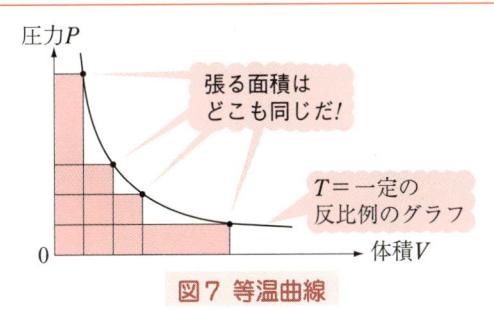

張る面積はどこも同じだ！

$T=$一定の反比例のグラフ

図7 等温曲線

そのとおり。この反比例の$P-V$グラフは，熱力学でも一番出てくる$P-V$グラフで，**等温曲線**とよばれている。

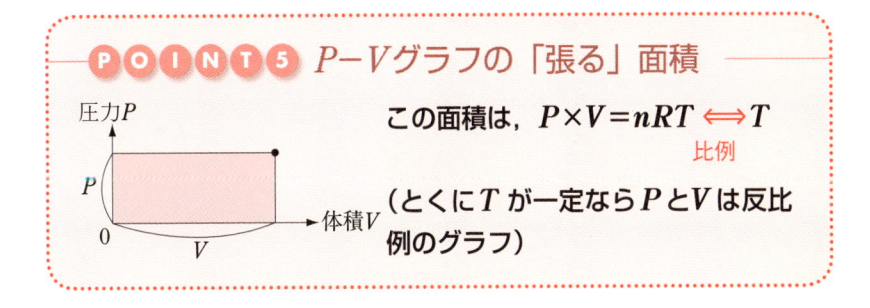

POINT 5 $P-V$グラフの「張る」面積

この面積は，$P \times V = nRT \iff T$ 比例

(とくにTが一定ならPとVは反比例のグラフ)

第20章 気体の状態変化

チェック問題 2　P−Vグラフ　　やや難　10分

1モルの理想気体を，図のように，A→B，B→Cと状態変化させた。次の(1)，(2)を，Aでの温度をT_Aとして，T_Aを用いて求めよ。

(1) 各変化での温度変化。
(2) B→Dと直線的に変化させたとき，その途中での最高温度。

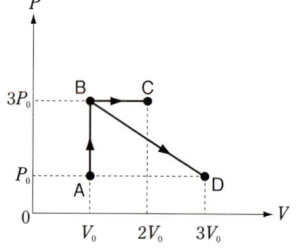

解説　(1) 《気体の解法》(p.261)で解く。

Step 1　各状態の温度をT_A，T_B，T_C，T_Dとする。
Step 2　ピストンはないので今回はパス。
Step 3　「いつも心に」状態方程式より，

A：$P_0V_0=1RT_A$ …①　　　B：$3P_0V_0=1RT_B$ …②
C：$3P_0\times 2V_0=1RT_C$ …③　　D：$P_0\times 3V_0=1RT_D$ …④

辺々①÷②して，$\dfrac{1}{3}=\dfrac{T_A}{T_B}$　∴　$T_B=3T_A$

辺々①÷③して，$\dfrac{1}{6}=\dfrac{T_A}{T_C}$　∴　$T_C=6T_A$

辺々①÷④して，$\dfrac{1}{3}=\dfrac{T_A}{T_D}$　∴　$T_D=3T_A$

> 状態方程式どうし辺々割る♪のが基本の式変形

よって，求める温度変化は，A→Bで，$T_B-T_A=3T_A-T_A=2T_A$ ……**答**
B→Cで，$T_C-T_B=6T_A-3T_A=3T_A$ ……**答**

別解　**POINT 5**の$P-V$グラフの「張る」面積を用いると，

T_A ： T_B ： T_C
 1　：　3　：　6

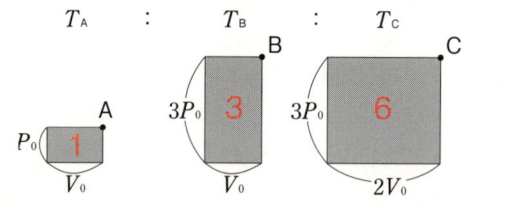

よって，
$T_B=3T_A$
$T_C=6T_A$
とすぐに分かる。

(2) 
> Bの温度は$T_B=3T_A$，Dの温度も$T_D=3T_A$で，同じだから，BからDまで，ずーと同じ温度じゃないんですか。

そうかい。でもね。等温変化は直線じゃなくて，反比例の曲線のグラフで表されるんだったよね。だから直線BD上では等温変化じゃないんだよ。

ここでは，グラフを使って解いてみよう。まず，図aで，点Bと点Dでの張る面積はどちらも$3P_0 \times V_0$と$P_0 \times 3V_0$で同じだから，点Bと点Dでは同じ温度だね。

しかし，点Bと点Dの間には，BやDの面積よりも大きな面積を張る点があるね。

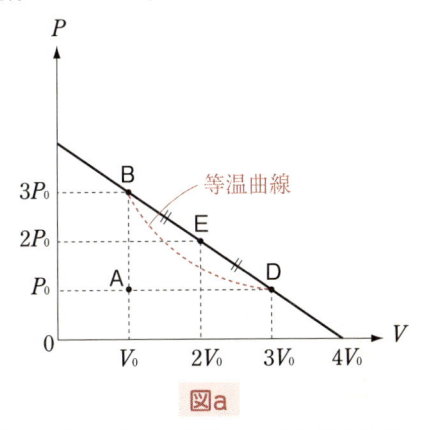

張る面積が最大となるのは，対称性よりBDの中点（Eとする）の状態だ。そこで張る面積は，何と，$2P_0 \times 2V_0 = 4P_0V_0$で，点Bや点Dの面積$3P_0V_0$より明らかに大きい。これは，点Aの張る面積$P_0V_0$の4倍あるので，$4T_A$……答

図a

別解 直線BDのグラフを1次関数$y=ax+b$の形の式にすると，切片$4P_0$で，傾き$-\dfrac{P_0}{V_0}$より，

$$P = -\frac{P_0}{V_0}V + 4P_0 \cdots ⑤$$

よって，BD間での温度をTとすると，状態方程式より$PV=1RT$で，

$$T = \frac{PV}{1R} \underset{⑤より}{=} \frac{1}{R}\left(4P_0V - \frac{P_0}{V_0}V^2\right)$$

このTをVの2次関数としてグラフにする。

図bより，$T_{max} = \dfrac{4P_0V_0}{R}$

$\phantom{T_{max}}= 4T_A$……答
（①より）

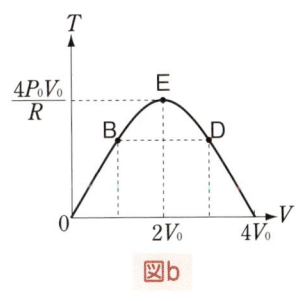

図b

● 第20章 ●
ま と め

1 気体の状態は P, V, n, T で決まる。

2 「いつも心に」状態方程式を！
$$PV=nRT$$

3 気体の解法

Step 1 各気体の P, V, n, T を仮定。

Step 2 ピストンのつり合いの式より，圧力 P を求める。

Step 3 状態方程式 $PV=nRT$ で未知数を求める。
↓
式変形の基本は辺々割る。

4 $P-V$ グラフの活用法
① $P-V$ グラフの**張る**面積は，
$P \times V = nRT \Longleftrightarrow$ 温度 T
　　　　　　比例
② 等温変化は，
$P \times V = nRT =$ (一定) で，
P と V の**反比例**のグラフになる(等温曲線)。

第21章 気体分子運動論

▲お約束のストーリーがある

Story 1 気体分子運動論

▶ この問題が解ければ勝ち！

　この章は，はっきりいって楽勝だ。だって，テストに出ることが決まっているんだから。

　　オイシイですね♪　ところで，何が出てくるんですか？

　それは，ズバリ，次の問題なんだ。この問題を何も見ないで解けるようになれば，キミは，確実に合格点を取れるだろう。

　　この本でしっかり勉強すれば，試験ではおつりがくるくらい高得点が取れるよ！

《気体分子運動論のそのまま出る問題》

次の (1)～(8) をうめよ。

一辺の長さが L の立方体容器に，1個の分子の質量が m の単原子分子が n モル入っている。いま，図の壁Aに速度の x 成分が v_x の1個の分子が完全弾性衝突をしたとすると，壁Aは $I=$ (1) の大きさの力積を受ける。この分子は，1秒間に壁Aとは合計 (2) 回衝突するから，壁Aがこの1個の分子から平均として受ける力 f は， (3) となる。

ここで全分子にわたる v_x^2 の平均を $\overline{v_x^2}$ とし，アボガドロ数を N_A とすると，壁Aが全分子から受ける力の総和 F は (4) である。一方，分子は x, y, z 方向にランダムな運動をしているので，分子の速さの2乗（v^2）の全分子にわたる平均値を $\overline{v^2}$ とすると，$\overline{v_x^2}$ は $\overline{v^2}$ を用いて，$\overline{v_x^2}=$ (5) $\times \overline{v^2}$ と書ける。よって，気体の圧力 P は $\overline{v^2}$ と気体の体積 $V=L^3$ を用いて，$P=$ (6) と書ける。

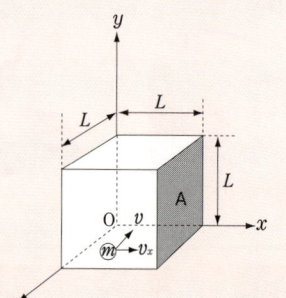

ここで，状態方程式 $PV=nRT$ より，分子1個あたりのもつ平均の運動エネルギー $\frac{1}{2}m\overline{v^2}$ は，ボルツマン定数 $k_B=\frac{R}{N_A}$ を用いて，$\frac{1}{2}m\overline{v^2}=$ (7) と書ける。よって，この気体分子全体のもつ運動エネルギーの総和 U は，R, n, T を用いて，$U=$ (8) と書ける。この U を内部エネルギーという。

ヒエ～，ずいぶんと長い問題ですね～。

そうなんだ。だから，次の8つの〔手順〕で解くことにしよう。

〔手順1〕 1個の分子の1回の衝突

(1) **図1**のように，単原子分子の「ボール」の壁Aとの衝突をx軸上で見てみよう。衝突後の分子の速度は完全弾性衝突（$e=1$）なので，xの負の向きにv_xとなる。力積を求めるので，
《力積と運動量の関係》(p.137)より，

$$\underbrace{mv_x}_{前} + \underbrace{(-I)}_{中 \atop -x向き} = \underbrace{-mv_x}_{後 \atop -x向き}$$

よって，$I = 2mv_x \cdots ①$　……**答**

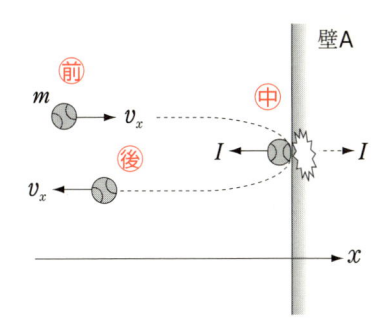

図1　1分子の1回の衝突

これは，作用・反作用の法則より，壁Aが受ける力積とも見なせるね。

〔手順2〕 1秒あたりの衝突回数を求める。

(2) **図2**のように，1個の分子のx軸方向の動きを追っていくと，

㋐　**往復$2L$〔m〕走るごとに，壁Aと1回衝突**していることが分かるね。

㋑　一方，分子は，**1秒間で全長 $v_x \times 1$秒間＝v_x〔m〕** 走っているね。

すると，分子は1秒間に，合計何回壁Aと衝突しているかな？

う～ん，え～と～？

㋐ 往復$2L$走るごとに1回壁Aと衝突

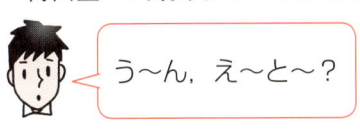

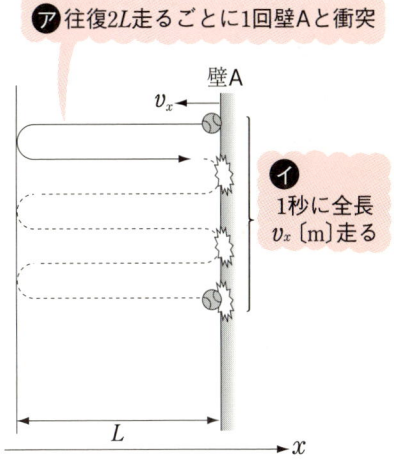

㋑ 1秒に全長 v_x〔m〕走る

図2　1秒あたりの衝突回数

じゃあ、たとえば、2m走るごとに1回衝突する分子が、全長1000m走ったとしたら、その間の衝突回数は何回かな？

> カンタン。1000mを2mで割って、1000÷2＝500回です！

すると、同じように、❹全長v_x〔m〕を、❼往復2L〔m〕で割って、$v_x÷2L$、つまり、壁Aと1秒に合計$\frac{v_x}{2L}$回衝突するね。

よって、$\frac{v_x}{2L}$回…②　……**答**

〔手順3〕　**一定の力 f に換算する。**

(3)　図3(i)のように1個の分子が壁Aにバシバシバシ……と衝突をくり返している。このとき壁Aに与える力を、図3(ii)のように、一定の手の力で押しているものとして、一定の力 f に換算する。いったい、いくらの力 f で押していることになるのだろうか？

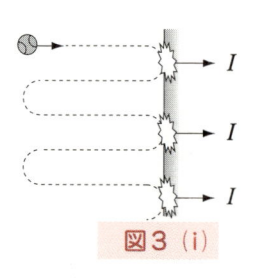

図3 (i)

> (i)と(ii)、どうやって比べるの？

図3 (ii)

たしかに、似てはいないね。でも、これらを比べるいい方法があるんだ。

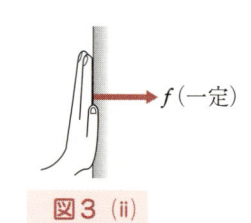

それは、ズバリ！　**1秒あたりに与える力積どうしを比べる**んだ。

まず、図3(i)のとき、

$$1秒あたりに与える力積 = \underbrace{2mv_x}_{\substack{1回の衝突あた\\りの力積（①式）}} \times \underbrace{\frac{v_x}{2L}}_{\substack{1秒あたりの\\衝突回数（②式）}} = \frac{mv_x^2}{L}$$

一方，図3(ii)のとき，

　　1秒あたりに与える力積 ＝ $\underbrace{f}_{力}$ × $\underbrace{1秒間}_{時間}$

> これは力積の定義そのものだね

両者を比べると，$f = \dfrac{mv_x^2}{L}$ …③　……答

　ここで，注意したいのは，v_x^2は各分子ごとにいろいろな値をもっていることだ。たとえば，図4で，

- ㋐の分子のv_x^2は大きい。
- ㋑の分子のv_x^2は小さい。
- ㋒の分子のv_x^2は0。

このように，v_x^2の値は，1つひとつの分子によって異なるというイメージは，今後重要になるよ。

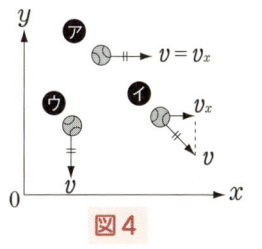

図4

〔手順4〕　全分子から受ける力の和Fを求める。

(4)

> カンタン，カンタン♪　nモルだから全分子数Nはアボガドロ数を使って，$N = n \times N_A$個。よって，$F = f \times N$個 $= f \times nN_A$

　ブブー！　違うぞ〜。いいかい，たとえば，日本人の年収の総和を求めるときに，もし，ヒルズ族の年収1億円に日本人の全人口を掛けたら大きすぎるでしょ。逆に，ビンボーバトルな人の年収に全人口を掛けたら小さすぎるでしょ。正しくは，日本人の年収の平均値を出して，その平均値に全人口を掛けるべきだよね。全く同じように，力fというのは各分子によっていろいろな値をとるから，fの総和Fを求めるときには，全分子にわたる力fの平均値$\overline{f}$（エフバーと読む）を求めて，その$\overline{f}$に全分子数$N = nN_A$を掛けるべきだよね。つまり，

$$F = \overline{f} \times N = \overline{f} \times nN_A \cdots ④$$

が正しい式だ。この④式に③式を代入し，v_x^2の平均値を$\overline{v_x^2}$として，

$$\overline{f} = \frac{m\overline{v_x^2}}{L} \text{ を用いると}$$

$$F = \frac{m\overline{v_x^2}}{L} \times nN_A \cdots ⑤ \quad \text{……答}$$

第21章　気体分子運動論

〔手順5〕 $\overline{v_x^2} \to \overline{v^2}$ へおきかえる。

(5) いま，**図5**のように，分子は実際には斜めの速度$\vec{v}$をもっていて，そのx, y, z成分をv_x, v_y, v_zとしたんだったね。

まず，**図5**の直方体の三平方の定理より，
$$v_x^2 + v_y^2 + v_z^2 = v^2$$

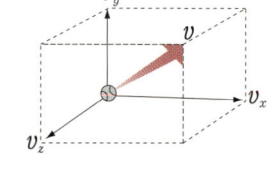

ここで，この式はすべての分子について成り立つので，結局平均をとっても成り立つから，
$$\overline{v_x^2} + \overline{v_y^2} + \overline{v_z^2} = \overline{v^2} \cdots ⑥$$

図5 速度のx, y, z成分

次に，各分子は全くランダムな方向に走っているから，平均として考えれば，どの方向の動きも平等であり，速度のx, y, z成分の2乗v_x^2, v_y^2, v_z^2の平均値には差がないので，

$$\overline{v_x^2} = \overline{v_y^2} = \overline{v_z^2} \cdots ⑦$$

⑥，⑦より，
$$\overline{v_x^2} = \overline{v_y^2} = \overline{v_z^2} = \frac{1}{3}\overline{v^2} \cdots ⑧ \quad よって，\frac{1}{3} \cdots\cdots \boxed{答}$$

〔手順6〕 圧力Pを求める。

(6) (4)で求めたFは，壁Aの$L \times L = L^2 [\text{m}^2]$全体として受ける力だったね。ここでは，圧力つまり$1\,\text{m}^2$あたりが受ける力を求めるよ（**図6**）。$F$を$L^2 [\text{m}^2]$で割って，

$$P = \frac{F}{L^2}$$
$$= \frac{m\overline{v_x^2}}{L^3} \times nN_A \quad ⑤$$
$$= \frac{m\overline{v^2}}{3L^3} \times nN_A \quad ⑧$$
$$= \frac{mnN_A\overline{v^2}}{3V} \cdots ⑨ \quad \cdots\cdots \boxed{答}$$

$L^3 = V$ より

図6

〔手順7〕 状態方程式に代入し，分子1個のエネルギーを求める。

(7) ⑨の式を，状態方程式 $PV=nRT$ に代入して，

$$\frac{mnN_A\overline{v^2}}{3V} \times V = nRT$$

よって，$\overline{v^2} = \dfrac{3RT}{N_A m}$ …⑩

> 状態方程式は無条件でいつでも成り立つから，イキナリ使うことができるよ

よって，気体分子1個あたりの平均の運動エネルギー $\dfrac{1}{2}m\overline{v^2}$ は，

$$\frac{1}{2}m\overline{v^2} = \frac{3}{2} \times \frac{R}{N_A} \times T \text{…⑪}$$

⑩より

ここで，ボルツマン定数 k_B を，

$$k_B = \frac{R}{N_A}$$

> この式は与えられていないことがあるので覚えよう。
> 覚え方は，
> ボルツマンをなぶる（N_A分のR）
> ボルツマンは頭の固いほかの科学者からいじめられていたらしい

とすると，⑪式は，

$$\frac{1}{2}m\overline{v^2} = \frac{3}{2}k_B T \text{…⑫} \quad \text{……答}$$

と書けるね。

> この式が，まさに「絶対温度 T は気体分子1個あたりのもつ平均の運動エネルギーに比例する」ことを意味しているんですね。

まさに，そうなんだ。これが，今まで私たちが温度と呼んできたものの正体なんだ。

> 長いストーリーもあとひといきだ。ガンバレ！

第21章 気体分子運動論

〔手順8〕 内部エネルギー U を求める。

(8) 内部エネルギー U（詳しい解説はp.278〜279）というのは，ある容器内を飛んでいる気体分子1個1個の運動エネルギーを全分子にわたって足していった，その総和のことだ。つまり，

$$U = \underbrace{\frac{1}{2}m\overline{v^2}}_{\text{1分子あたりの平均の運動エネルギー}} \times (\text{全分子数 } nN_A)$$

$$= \underbrace{\frac{1}{2}m \times \frac{3RT}{N_A m}}_{\text{⑩より}} \times nN_A$$

$$= \underbrace{\frac{3}{2}R}_{} \times nT \cdots ⑫ \quad \cdots\cdots 答$$

U は $n \times T$ に比例しているよ

この比例定数を単原子分子気体の定積モル比熱 C_V という

> **POINT1** 単原子分子気体の定積モル比熱
> $$C_V = \frac{3}{2}R$$

ホントに，テストにそっくり出るから，ここまで自力で解けるようにね。

何度もくり返し紙に書いて，何も見ないで自力でストーリーを展開できるようにしていこうね！

● 第21章 ●
まとめ

1 **そのまま出る問題**を 8 つの手順で解けるように

手順	テーマ	導く式
〔手順1〕	1 分子の 1 回の衝突	$I = 2mv_x$
〔手順2〕	1 秒あたりの衝突回数	$\dfrac{v_x}{2L}$〔回/s〕
〔手順3〕	一定の力 f に換算する	$f = \dfrac{mv_x^2}{L}$
〔手順4〕	全分子から受ける力の総和 F	$F = \dfrac{m\overline{v_x^2}}{L} \times nN_A$
〔手順5〕	$\overline{v_x^2} \to \overline{v^2}$ へおきかえる	$\overline{v_x^2} = \dfrac{1}{3}\overline{v^2}$
〔手順6〕	圧力 P を求める	$P = \dfrac{mnN_A\overline{v^2}}{3V}$
〔手順7〕	分子 1 個あたりのエネルギーを求める	$\dfrac{1}{2}m\overline{v^2} = \dfrac{3}{2}k_B T$
〔手順8〕	内部エネルギー U を求める	$U = \dfrac{3}{2}RnT$

2 **1** の結果より，単原子分子気体（各分子を質点と見なせる気体）では，$U = \dfrac{3}{2}R \times nT \iff n \times T$ となる。
（比例）

この比例定数 $\dfrac{3}{2}R$ を，単原子分子気体の定積モル比熱 C_V という。

第21章　気体分子運動論

第22章 熱力学

▲エンジンはまさに熱力学の応用だ

Story ① 内部エネルギー

たとえば，キミが学校で募金を集めているとしよう。集まった金額の総和 S は，

（お金の総和 S）＝（集める人数）×（1人あたりのお金）……★

となるね。

一方，p.276で見たように，理想気体の内部エネルギー U〔J〕というのは，気体分子1個のもつ運動エネルギーを，全分子にわたって集めていった総和だったね。だから，上の★式と同じようにして，

内部エネルギー U〔J〕
 ＝（気体分子のもつ運動エネルギーの総和）
 ＝（気体分子の個数）×（分子1個あたりの運動エネルギー）
　　　　　★より

となるね。

ここで，p.258とp.275でやったように，

（気体分子の個数） ⟺ （モル数 n） ← p.258
　　　　　　　　　比例

（分子1個あたりの運動エネルギー） ⟺ （絶対温度 T） ← p.275
　　　　　　　　　　　　　　　　比例

なので，

$$（内部エネルギー U）\underset{比例}{\Longleftrightarrow}（モル数 n）×（絶対温度 T）$$

となるね。つまり，U は $n×T$ に比例するんだ。

よって，気体の種類のみで決まる比例定数を C_V として，

$$\boxed{U = C_V × nT}$$

と書ける。この比例定数 C_V のことを**定積モル比熱**という。

ここで注意したいのは，C_V はあくまでも，気体の種類（その気体が何原子分子か）によってのみ決まる比例定数だということ。だから，**内部エネルギーときたら，どんな変化**（定積，定圧，等温，断熱……）**であろうと，必ず C_V を使う**んだ。

とくに，**単原子分子**（分子を点と見なせる気体）では，p.276 より，

$$\boxed{C_V = \frac{3}{2} R}$$

になることは，気体分子運動論で証明したね（自力で証明できるかい？）。

実際，問題文に「単原子分子」，「気体定数 R」とあったら，パッと，$C_V = \frac{3}{2} R$ が出るようにしたい。それ以外では，$C_V = \frac{3}{2} R$ は使ってはいけないよ。たとえば，2原子分子では，$C_V = \frac{5}{2} R$ となってしまうからね。

POINT1 　内部エネルギー U

$U =$（気体分子のもつ運動エネルギーの総和）
　$= C_V × nT$

注 　C_V は気体の種類（何原子分子か）のみで決まる比例定数
　　　とくに 　単原子分子のときのみ $C_V = \frac{3}{2} R$

第22章　熱力学

Story ② 熱力学第一法則

▶(1) もらったお年玉をどう使うのか？

　たとえば，もしキミがお年玉を100万円（リッチ！）もらったと考えよう。まずは，60万円を貯金箱に入れたら，残りいくら使えるかな？

> まだ40万円も使えますよ〜♡

$$\begin{pmatrix} 100万円 \\ おこづかいをもらう \end{pmatrix} = \begin{pmatrix} 60万円 \\ 貯金を増やす \end{pmatrix} + \begin{pmatrix} 残りの40万円 \\ 使う \end{pmatrix}$$

　この当たり前の話が，よ〜く，次の熱力学第一法則に通じるんだ。

▶(2) もらった熱 Q_{in} をどう使うのか？

　図1で，断面積 S のピストンつきシリンダーの中にモル数 n の気体が圧力 P の状態で入っている。このシリンダーに，外部から Q_{in}〔J〕の熱を投入すると，気体にはどのような変化が起こるだろうか。

> (注) Q_{in} の「in」とは「投入する」ということ。たとえば，$Q_{in}=80J$ なら，80Jの熱を投入したこと，$Q_{in}=-20J$ となると，−20J投入，つまり，20J放出することになる。熱力学でも**符号が命**！

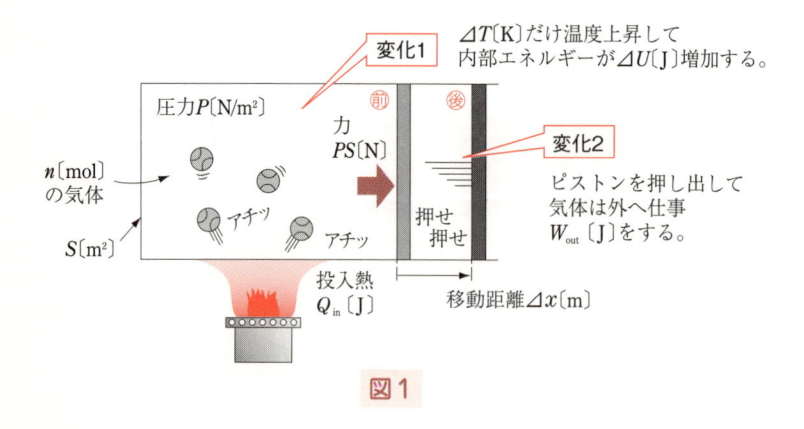

図1

変化1：ΔT〔K〕だけ温度上昇して内部エネルギーが ΔU〔J〕増加する。

変化2：ピストンを押し出して気体は外へ仕事 W_{out}〔J〕をする。

圧力 P〔N/m²〕
n〔mol〕の気体
S〔m²〕
力 PS〔N〕
投入熱 Q_{in}〔J〕
移動距離 Δx〔m〕

280　物理の熱力学

変化1 内部エネルギーが ΔU だけ増加する。

いま，**図1**のように，気体があたたまって温度が ΔT [K] 上昇したとする。ということは，内部エネルギー（＝気体分子のもつ運動エネルギーの総和）も増加することになるね。その増加分を ΔU [J] としよう。

> 注　ΔU の「Δ」とは，「増加分」ということ（$\Delta U = U_{後} - U_{前}$）。
> たとえば，$\Delta U = 20$ J というのは，20 J の増加であるが，$\Delta U = -50$ J というのは，50 J の減少ということになる。やっぱり，符号が大切だよ。

変化2 気体は外へ仕事 W_{out} する。

あたたまると気体は膨張するね。ということは，ピストンを押し出して外へ仕事（＝力×距離）をする。この気体が外へした仕事を W_{out} [J] としよう。

> 注　W_{out} の「out」とは，「外へした」ということ。たとえば，$W_{\text{out}} = 40$ J というのは，ピストンを押し出して外へ 40 J の仕事をしたことになる。
> 一方，$W_{\text{out}} = -30$ J とあれば，ピストンは「グシャッ！」と外から押し込まれてしまって，30 J の仕事をされてしまったことになる。

以上の間には，(1) で見たキミがもらったおこづかいの関係式

$$\begin{pmatrix} 100万円 \\ おこづかいをもらう \end{pmatrix} = \begin{pmatrix} 60万円 \\ 貯金を増やす \end{pmatrix} + \begin{pmatrix} 残りの40万円 \\ 使う \end{pmatrix}$$

と同様に，気体については，

$$\begin{pmatrix} Q_{\text{in}}\,[\text{J}] \\ 熱エネルギーをもらう \end{pmatrix} = \begin{pmatrix} \Delta U\,[\text{J}] \\ 内部エネルギーを増やす \end{pmatrix} + \begin{pmatrix} 残りの W_{\text{out}}\,[\text{J}] \text{の分} \\ 外へ仕事をする \end{pmatrix}$$

という関係が成り立つ。この関係を，**熱力学第一法則**というんだ。

とくに，「もらう」とか「増やす」とか，「外へする」とか，エネルギーの出入りする方向に注意してね。

> **POINT 2** 熱力学第一法則

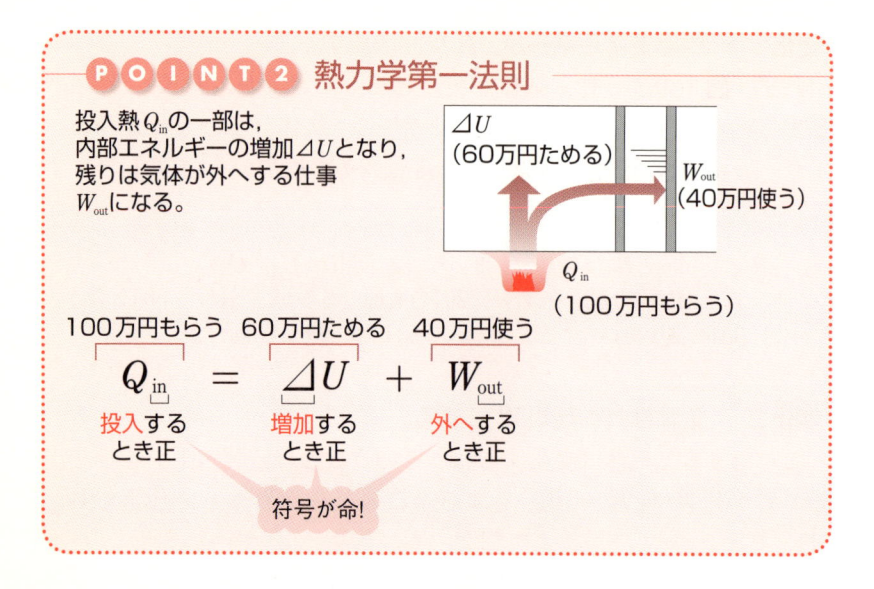

投入熱 Q_{in} の一部は，内部エネルギーの増加 ΔU となり，残りは気体が外へする仕事 W_{out} になる。

ΔU（60万円ためる）
W_{out}（40万円使う）
Q_{in}（100万円もらう）

100万円もらう　60万円ためる　40万円使う

$$Q_{in} = \Delta U + W_{out}$$

投入するとき正　増加するとき正　外へするとき正

符号が命！

▶(3)　ΔU，W_{out}，Q_{in} は，どうやって求めるのか？

次は，(2)で見てきた ΔU，W_{out}，Q_{in} の具体的な求め方だ。

① ΔU の求め方は，n と ΔT で，

n モルの気体がはじめ $T_{前}$ の温度であったとし，そして変化後 $T_{後}$ の温度になったとすると，そのときの内部エネルギーの増加 ΔU は，

$$\Delta U = U_{後} - U_{前}$$
$$= C_V n T_{後} - C_V n T_{前}$$
$$= C_V n (T_{後} - T_{前})$$
$$= C_V n \Delta T$$

Δ ＝後－前より

p.279の内部エネルギーの式 $U = C_V n T$ より

Δ ＝後－前より

つまり，ΔU は，モル数 n と温度の変化 $\Delta T = T_{後} - T_{前}$ のみで決まる。

② W_out の求め方は P-V のグラフで。

p.280の**図1**のように，ほぼ一定の圧力 P のまま，ピストンが微小距離 Δx だけ動いたとする。このとき，気体がした仕事 W_out は，

$W_\text{out} = (力 PS) \times (移動距離 \Delta x)$　仕事の定義だね

$\phantom{W_\text{out}} = P \times S\Delta x$

体積増加 $\Delta V = \underset{断面積}{S} \times \underset{移動距離}{\Delta x}$ より

$\phantom{W_\text{out}} = \boxed{P \times \Delta V}$

一方，この変化を P-V グラフ上に表すと，**図2**のようになる。

図2　P-V グラフの下の面積

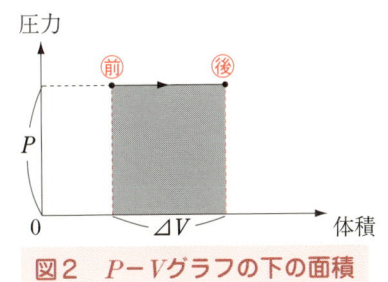

図2のグラフのある部分の面積が，ちょうど上で求めた $\boxed{W_\text{out} = P \times \Delta V}$ と等しくなっているけど，どこか分かるかい？

> えーと，**図2**をよく見ると，グラフと横軸とで囲まれる長方形の面積が(高さ P)×(底辺 ΔV)となって，W_out と等しいぞ！

そのとおり。つまり，まとめると，

$$W_\text{out} = \pm (P\text{-}V \text{グラフの下の面積})$$

> どーして，マイナスの符号もついてるの？

よく気づいたね。それは，もし次のページの**図3**のように体積が減ってピストンが押し込まれていたら，気体は外へ仕事をしてる？それとも外から仕事されてる？

第22章　熱力学

> 外から押されているから仕事を**され**ています。

そうだね。この場合，下の面積は，気体が外から**された**仕事を表すんだ。たとえば，面積が20の場合，$W_{out}=-20$Jとなって，面積にマイナスをつけなくてはならないんだ。だから，ピストンの動きには十分に注意して，W_{out}の符号を判定してほしいんだ。

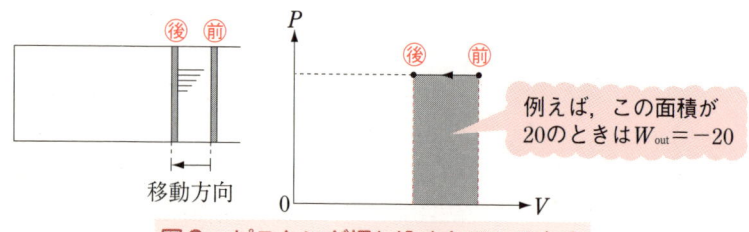

図3 ピストンが押し込まれているとき

例えば，この面積が20のときは$W_{out}=-20$

移動方向

③ Q_{in}の求め方は，基本的に熱力学第一法則で。

Q_{in}はどうやって求めるかい？

> えー！ Q_{in}の求め方ですか……

じつは，もうすでに求まっているんだよ。①でΔU，②でW_{out}を出したでしょ。

> あ！ そうか。熱力学第一法則で，$Q_{in}=\Delta U + W_{out}$で求まる。

そうだ。普通Q_{in}はΔUとW_{out}を求めたあとに，最後にそれらをたし合わせることによって求めるんだよ。以上をまとめると，

POINT 3 $\Delta U, W_{out}, Q_{in}$の求め方

① $\Delta U = U_{後} - U_{前} = C_V n \Delta T$
② $W_{out} = \pm (P-V\,グラフの下の面積)$
③ $Q_{in} = \Delta U + W_{out}$ （モル比熱で求める方法は次章で）

物理の熱力学

▶(4) 熱力学の解法は完全にワンパターン

　熱力学では，定積変化，定圧変化，等温変化，断熱変化……いろいろな変化があるね。でも，それぞれの変化ごとに，いちいち解法を変えていたのでは大変めんどうだね。

　そこで，どんな問題やどんな変化でも同じように解けてしまう「ハメ技」を紹介するよ。

POINT 4　熱力学の解法

Step 1　各状態の圧力 P，体積 V，モル数 n，温度 T を求める。

　▶問題文に与えられている文字についてはそのまま用い，与えられていない文字については勝手に仮定しておく。とにかく，P, V, n, T がそろわないことには先に進めないからね。

　▶そして，① 「いつも心に」状態方程式 $PV = nRT$
　　　　　　② ピストンがあるときはピストンの力のつり合いの式

　を使って，未知数を求めておこう。

　じつは，ここまではp.261の《気体の解法》と同じなんだ。

Step 2　P-V グラフを描く。

　▶**Step 1** の結果，各状態の P, V が分かったね。あとはそれを，P-V グラフ上に点としてとって，結んでグラフをつくろう。

Step 3　各変化の熱力学第一法則を表にまとめる。
　　　　$Q_{in} = \Delta U + W_{out}$

　① $\Delta U = U_{後} - U_{前} = C_V n \Delta T$ は，**Step 1** の n, T から求まる。
　② $W_{out} = \pm(P\text{-}V\text{グラフの下の面積})$ は，**Step 2** から求まる。

　さっそく，この解法をバリバリ使っていくぞ！

チェック問題 ① P–Vグラフ（定積，定圧） 標準 10分

n〔mol〕の単原子分子を次のように1サイクルさせたとき，各過程での熱力学第一法則の表を完成させよ。（P, Vを用いてうめよ）

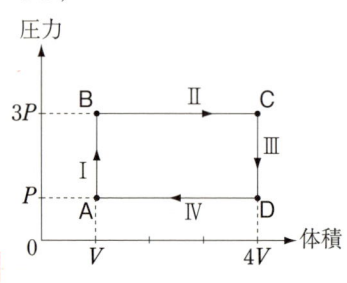

	Q_{in} =	ΔU +	W_{out}
Ⅰ			
Ⅱ			
Ⅲ			
Ⅳ			

解説 このような問題でどんどん熱力学の解法を鍛え上げていこう。《熱力学の解法》（p.285）でいくぞ！

Step1 まだ与えられていない未知の数である温度T_A, T_B, T_C, T_Dを図aのように下線を引いて仮定する。

未知数の数は4個。よって，4つの式を立てれば求まるね。

状態方程式より（気体定数はR）

A：$PV = nRT_A$ …①
B：$3PV = nRT_B$ …②
C：$3P \times 4V = nRT_C$ …③
D：$P \times 4V = nRT_D$ …④

この4つの式で未知数はすべて求まった。

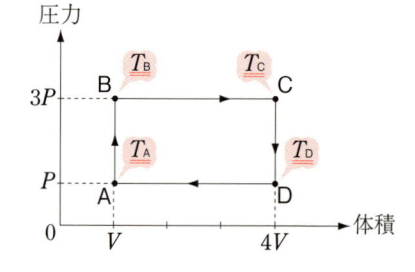

図a（＝は未知数）

Step2 すでにP–Vグラフは与えられている。

Step3 熱力学第一法則の表のうち，Q_{in}, ΔU, W_{out} のうち先にどこから攻める？

> 別に，どこからでもいいんじゃないですか？

いやー，必ず何よりも先にうめてほしいのはΔUなんだ。ΔUは，$\Delta U = C_V n \Delta T$の式から機械的にうまるでしょ。

本問の気体は**単原子分子**だから，$C_V = \dfrac{3}{2}R$ となることと，
$\Delta T = （後の温度）－（前の温度）$ に注意してうめていくと，

	Q_in	$=$	$\Delta U \left(= \dfrac{3}{2} Rn \Delta T \right)$	$+$	W_out
Ⅰ			$\dfrac{3}{2}Rn(T_\text{B}-T_\text{A}) \underset{\text{①, ②より}}{=} 3PV$		
Ⅱ			$\dfrac{3}{2}Rn(T_\text{C}-T_\text{B}) \underset{\text{②, ③より}}{=} \dfrac{27}{2}PV$		
Ⅲ			$\dfrac{3}{2}Rn(T_\text{D}-T_\text{C}) \underset{\text{③, ④より}}{=} -12PV$		
Ⅳ			$\dfrac{3}{2}Rn(T_\text{A}-T_\text{D}) \underset{\text{①, ④より}}{=} -\dfrac{9}{2}PV$		

ここで，未知数 T_A，T_B，T_C，T_D は解答に使えないので，①〜④式を代入して，もともと与えられている記号 P，V でおきかえたよ。

次に攻めたいのは W_out だ。
W_out は P–V グラフの下の面積 で決まるからね。

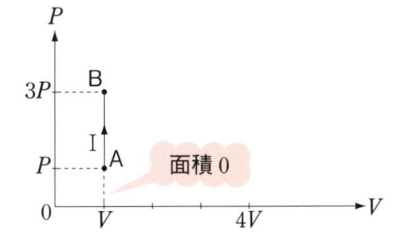

もう一度 P–V グラフを見てみよう。すると各変化で，

Ⅰ　P–V グラフの A 〜 B 間の下の面積はつぶれていて 0
　　よって，$W_\text{out}=0$
ピストンが動かなきゃ仕事できるわけないよね。

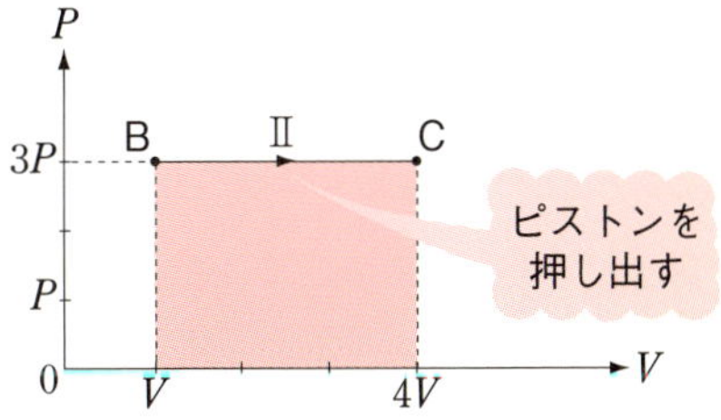

Ⅱ　P–V グラフの B 〜 C 間の下の面積は，図の長方形の
　　$\underset{\text{高さ}}{3P} \times \underset{\text{底辺}}{(4V-V)} = 9PV$
いま，体積が増えてピストンは押し出されているので，$W_\text{out} > 0$
　　よって，$W_\text{out} = +9PV$

Ⅲ　P–VグラフのC〜D間は，A〜B間と同様に下の面積はつぶれている。よって，$W_{out}=0$
つまり，

> 定積変化は$W_{out}=0$

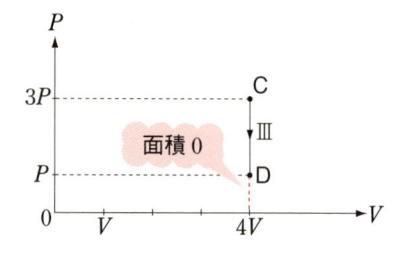

面積0

Ⅳ　P–VグラフのD〜A間の下の面積は右図の長方形の
$$P \times (4V-V) = 3PV$$
（高さ）（底辺）

ただし，体積が減ってピストンは押し込まれているので，外から仕事されていて$W_{out}<0$
よって，$W_{out}=-3PV$

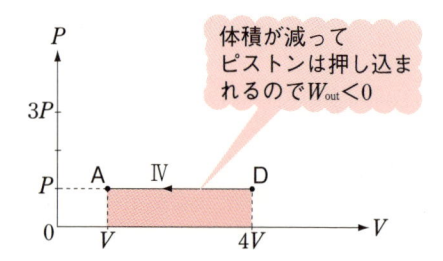

体積が減ってピストンは押し込まれるので$W_{out}<0$

以上より，表の右側がうまった。

	Q_{in} =	ΔU	+	W_{out} （$=\pm P$–Vグラフの下の面積）
Ⅰ		$3PV$		0
Ⅱ		$\dfrac{27}{2}PV$		$+9PV$
Ⅲ		$-12PV$		0
Ⅳ		$-\dfrac{9}{2}PV$		$-3PV$

最後に，Q_{in}を求めよう。Q_{in}は，どうやって求めるかな。

> $Q_{in}=\Delta U+W_{out}$です。すると，あ！　表の真ん中のΔUと右側のW_{out}を足せば左側のQ_{in}になるぞ！

そうなんだ。だからこの表は便利なんだよ。和を求めると，

物理の熱力学

	Q_{in}	=	ΔU	+	W_{out}
Ⅰ	$3PV+0=3PV$		$3PV$		0
Ⅱ	$\dfrac{27}{2}PV+9PV=\dfrac{45}{2}PV$		$\dfrac{27}{2}PV$		$+9PV$
Ⅲ	$-12PV+0=-12PV$		$-12PV$		0
Ⅳ	$-\dfrac{9}{2}PV-3PV=-\dfrac{15}{2}PV$		$-\dfrac{9}{2}PV$		$-3PV$

足すと

……答

ここで，表のⅢとⅣのQ_{in}がマイナスになっているのはどういうこと？

> $Q_{in}<0$ ということは，「熱を投入」の逆で，熱を放出しています。

そうだね。Ⅲでは熱を$12PV$放出，Ⅳでは熱を$\dfrac{15}{2}PV$放出しているね。

これで，表のうめ方のコツをつかんでくれたかな。

POINT 5　熱力学第一法則の表のうめ方

① まず何よりも先に公式より，
　$\Delta U = C_V n(T_後 - T_前)$ をうめる。
② 次に，P–Vグラフの下の面積より，
　W_{out} をうめる（ピストンの動きによって符号に気をつける）。
③ 最後に，表の真ん中と右側を足して左側にあるQ_{in}を求める。定積変化と定圧変化に限っては，モル比熱からQ_{in}を求める方法もあるが，その方法については次の章(p.298)で見る。いまは，$Q_{in} = \Delta U + W_{out}$に忠実に求めよう。

チェック問題 2　$P-V$グラフ（断熱変化）　標準 8分

n [mol] の単原子分子を次のように1サイクルさせたときの熱力学第一法則の表を完成させよ（P, Vを用いてうめよ）。

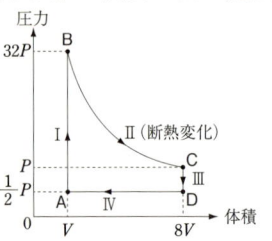

	Q_{in} =	ΔU +	W_{out}
I			
II			
III			
IV			

（図：圧力-体積グラフ。A(V, $\frac{1}{2}P$)→B(V, $32P$)定積、B→C($8V$, P)断熱変化(II)、C→D($8V$, $\frac{1}{2}P$)定圧、D→A定積）

解説　《熱力学の解法》(p.285)で攻めつづけよう。

Step 1　P, V, n, Tのうちまだ与えられていない各状態の温度T_A, T_B, T_C, T_Dを未知数として仮定する。未知数は4つなので、状態方程式を4つ立てる。気体定数をRとする。

A：$\frac{1}{2}PV = nRT_A$ …①　　B：$32PV = nRT_B$ …②

C：$P \times 8V = nRT_C$ …③　　D：$\frac{1}{2}P \times 8V = nRT_D$ …④

Step 2　すでに$P-V$グラフは与えられている。

Step 3　まず$\Delta U = \frac{3}{2}Rn(T_後 - T_前)$を求め、表にする。そして、①〜④式を使って$P$, Vのみで表す。

	Q_{in} =	ΔU	+ W_{out}
I		$\frac{3}{2}Rn(T_B - T_A) \underset{①,②より}{=} \frac{189}{4}PV$	
II		$\frac{3}{2}Rn(T_C - T_B) \underset{②,③より}{=} -36PV$	
III		$\frac{3}{2}Rn(T_D - T_C) \underset{③,④より}{=} -6PV$	
IV		$\frac{3}{2}Rn(T_A - T_D) \underset{①,④より}{=} -\frac{21}{4}PV$	

次に，W_{out}を$P-V$グラフを用いて求めるけど，ここで，大問題が発生するのだ。

> あちゃ〜。B〜C間の曲線の下の面積は，求まんないよ〜！ 積分するわけにもいかないし〜。

そうだね。じゃあ，とりあえず保留してあと回しにしたらどうだい。

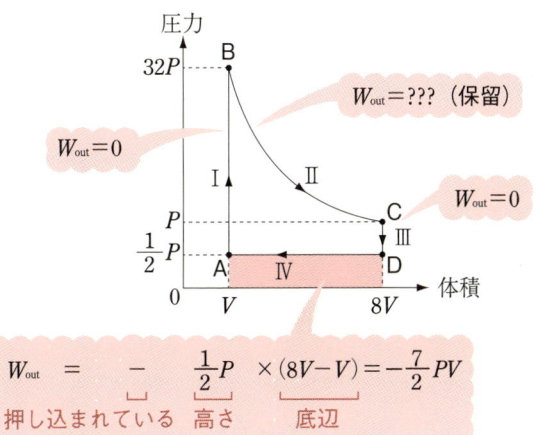

圧力のグラフ：
- B点：$32P$
- C点：P
- A点：$\frac{1}{2}P$（体積V）
- D点：$\frac{1}{2}P$（体積$8V$）
- I：A→B（$W_{out}=0$）
- II：B→C（$W_{out}=???$（保留））
- III：C→D（$W_{out}=0$）
- IV：D→A

$$W_{out} = \underbrace{-}_{押し込まれている} \underbrace{\frac{1}{2}P}_{高さ} \times \underbrace{(8V-V)}_{底辺} = -\frac{7}{2}PV$$

最後に，Q_{in}をΔUとW_{out}を足して求めると，

		Q_{in}	=	ΔU	+	W_{out}
I	投入	$+\frac{189}{4}PV$		$\frac{189}{4}PV$		0
II		？？？？		$-36PV$		？？？
III	放出	$-6PV$		$-6PV$		0
IV	放出	$-\frac{35}{4}PV$		$-\frac{21}{4}PV$		$-\frac{7}{2}PV$

> ゲゲ！ IIのQ_{in}はW_{out}が分からないから，求めようがないですよ！

でも，与えられた問題文の図の中のB〜C間の条件をよ〜く見て，

> あ！ 断熱変化，つまり$Q_{in}=0$だ！ 逆にW_{out}も求まっちゃうぞ。

そうだ！ とくにⅡでは，

	Q_{in}	=	ΔU	+	W_{out}
Ⅱ	0 断熱より		$(-36PV)$		？？？

ここから，？？？$=36PV$……**答** と，分かってしまうね。
何と，積分しなくても曲線の下の面積が分かってしまったのだ。

POINT 6 断熱変化の表のうめ方

$Q_{in}=\Delta U+W_{out}$ で
$0=C_V n\Delta T+S$（$P-V$グラフの下の面積）とする。
　まず断熱より　公式より

ここで，$S=-C_V n\Delta T$　と逆算で求める。

> 表をつくるのに，まだ少し時間がかかるんですけれど……

いいんだ。コツコツ表のつくり方を練習していけば，だんだんスピードが上がっていくから。まずは，いちいち表を書く習慣をつけよう。
　この　**表がつくれる＝熱力学が解ける**　だからね。

> 今は時間がかかってもこの表をつくる練習を積んで，熱力学の解法の型をつくっておこう。

チェック問題 ③ ばねつきピストン　　標準 10分

図のように，ばね定数 k のばねにつけた，断面積 S のピストンで封じ込めた n [mol] の単原子分子理想気体がある。はじめ，ばねは自然長 l であった。ここで，気体を加熱したところ，ばねの伸びが $\frac{1}{2}l$ になった。このときの投入熱 Q を P_0，S，k，l を用いて求めよ。ただし，気体定数を R とし，外部は大気圧 P_0 の大気とする。

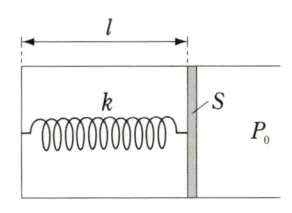

解説　《熱力学の解法》(p.285) で解くのみ。

Step 1　P，V，n，T のうち，未知数には下線を引いて仮定する。

ここで，図aの前は，ばねの伸びは0なので，内気圧は外気圧と同じ P_0 であった。

また図bの後は，ピストンにはたらく力のつり合いの式より，

　　(後)　$P_1 S = k \times \frac{1}{2}l + P_0 S$ …①

状態方程式より，

　　(前)　$P_0 S l = n R T_0$ …②

　　(後)　$P_1 S \times \frac{3}{2}l = n R T_1$ …③

Step 2　前と比べると，後の圧力・体積はともに増えたので，まずは，図cのように，点をとることができるね。では，これらの前，後の点を結んでみてね。

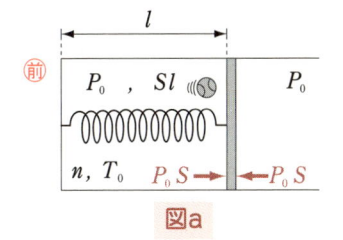

図a 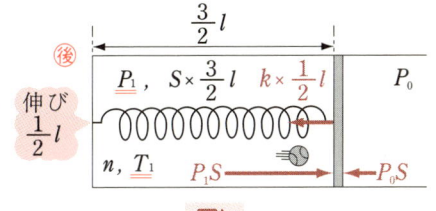 / 図b 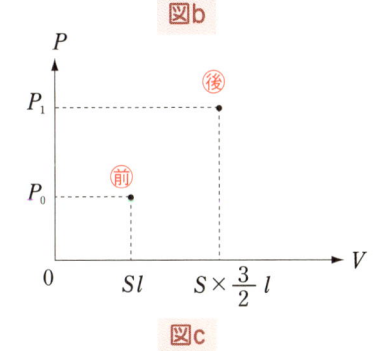 / 図c

「できました，図dです。」

「よし。答えは当たっている。じゃあ，このグラフを直線にした理由は何だい？」

「何となく直線かなって……。」

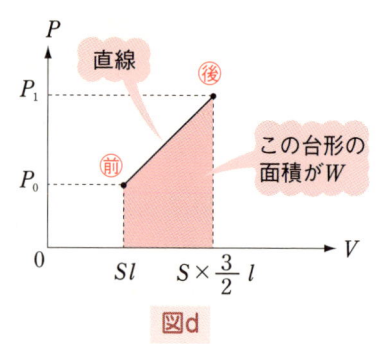

図d: 直線、この台形の面積が W、前、後、P_1、P_0、Sl、$S \times \frac{3}{2}l$

そうか。理由はね，①式なんだ。①式で，一般にばねの伸びを x として，そのときの圧力を P とすると，
$$PS = kx + P_0 S$$

（圧力はピストンのつり合いの式だけで決まる）

となって，P は x の1次式になるでしょ。だから，直線になるんだね。また，このグラフの下の台形の面積は，このとき気体が外へした仕事 W_out で，
$$W_\text{out} = \frac{1}{2}(P_1 + P_0) \times S \times \frac{1}{2}l \cdots ④$$

となるね。

Step 3 熱力学第一法則より，
$$Q_\text{in} = \Delta U + W_\text{out}$$

$$Q = \frac{3}{2}Rn(T_1 - T_0) + \frac{1}{2}(P_1 + P_0) \times S \times \frac{1}{2}l \quad （④式より）$$

$$= \frac{3}{2}(P_1 S \times \frac{3}{2}l - P_0 Sl) + \frac{1}{4}(P_1 + P_0)Sl$$

②, ③より

$$= \frac{5}{2}P_1 Sl - \frac{5}{4}P_0 Sl$$

$$= \frac{5}{4}kl^2 + \frac{5}{4}P_0 Sl \cdots \boxed{答}$$

①より

POINT 7　ばねつきピストンの $P-V$ グラフ

圧力 P は，ばねの伸びの1次式になるので，直線の $P-V$ グラフになる。

● 第22章 ●
ま と め

1 内部エネルギー U〔J〕

$U=$（気体分子のもつ運動エネルギーの総和）
  $=C_V \times nT$
（単原子分子のみ $C_V=\dfrac{3}{2}R$）

2 熱力学第一法則

$Q_{in}=\varDelta U+W_{out}$

└─符号に注意─┘

3 熱力学の解法

Step 1 各状態の P, V, n, T を仮定し，
$\begin{cases} ① \quad PV=nRT \\ ② \quad ピストンのつり合いの式 \end{cases}$
で P, V, n, T を求める。

Step 2 P-V グラフを作図する。

Step 3 $Q_{in}=\varDelta U+W_{out}$
$\begin{cases} \varDelta U=C_V n\varDelta T \\ W_{out}=\pm(P\text{-}V\text{グラフの下の面積}) \end{cases}$

この章でしっかりとつくり上げた解法の土台に，次の章では応用テクニックを乗せていく。ますます得意になるよ！

第23章 熱力学の応用

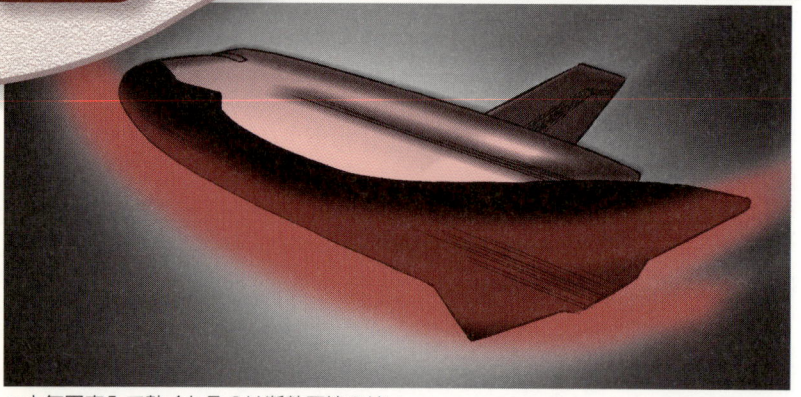

▲大気圏突入で熱くなるのは断熱圧縮のせい

Story ① 定積モル比熱と定圧モル比熱

▶(1) モル比熱って何？

　第19章でやった比熱の定義をもう一回言ってごらん。

> 物質 **1g** を **1K** 温度上昇させるのに要する熱量を，その物質の比熱 c〔J/(g·K)〕と言いました。

そうだったね。ポイントは「2つのイチ」だね。
全く同じように，気体の**モル比熱**を次のように定義するよ。

> 気体 **1mol** を **1K** 温度上昇させるのに要する熱量をその気体のモル比熱 C〔J/(mol·K)〕という。

　ここでもやはり「2つのイチ」が大切なんだ。ただし，気体の場合はその量をグラム〔g〕で計るのは難しいので，より計りやすいモル〔mol〕という単位を使うだけなんだ。比熱は定義が命だよ。

296　物理の熱力学

▶(2) 定積モル比熱 C_V, 定圧モル比熱 C_P は定義が命！

気体は固体とは違って，同じあたためるといっても，定積変化，定圧変化……など，様々なあたため方があったね。だから，同じ 1 mol を 1 K 温度上昇させるといっても，そのあたため方によって要する熱量(モル比熱)が変わってくるんだ。大切なのは，次の2つの**定義**だ。

① 定積モル比熱 C_V

> 体積を一定に保ったまま 1 mol を 1 K 温度上昇させるのに要する熱量をその気体の定積モル比熱 C_V〔J/(mol・K)〕という。

② 定圧モル比熱 C_P

> 圧力を一定に保ったまま 1 mol を 1 K 温度上昇させるのに要する熱量を，その気体の定圧モル比熱 C_P〔J/(mol・K)〕という。

しっかりと定義して，聞かれたらすぐに言えるようにしておこう。

> 等温モル比熱 C_T ってないんですか？

オイオイ，等温じゃあ温度上昇できないでしょ。矛盾している。存在しないよ。

POINT1 定積モル比熱 C_V, 定圧モル比熱 C_P

- 一定の体積 V (圧力 P) で 1 mol を 1 K 温度上昇させるのに要する熱量が C_V (C_P)

  2つのイチ！

- よって，一般に n〔mol〕を ΔT〔K〕だけ一定の体積(圧力)で上昇させるのに要する熱量は
  $$Q_{in} = C_V(C_P)n\Delta T$$

第23章 熱力学の応用

チェック問題 ① 定圧モル比熱　　標準 8分

ピストンつきシリンダー内に定積モル比熱が C_V で，n [mol] の理想気体が封入されている。気体定数を R とする。はじめ，温度は T_0 で圧力は P_0 であった。次に，この圧力を一定に保ち温度を T_1 まで上昇させた。

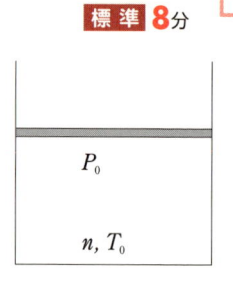

(1) このとき投入された熱 Q を求めよ。
(2) (1)の結果を用いてこの気体の定圧モル比熱 C_P を C_V，R で表せ。

解説　(1)《熱力学の解法》(p.285)で解くのは何ら変わらないよ。

Step1　図aのように，あたためる前，後での P, V, n, T を図示する。状態方程式より，

前　$P_0 V_0 = nRT_0$ …①
後　$P_0 V_1 = nRT_1$ …②

未知数2個で式2つだから，解けたことになるね。これで，

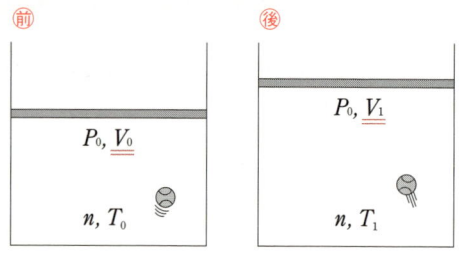

Step2　図bのように，$P-V$ グラフを作図。

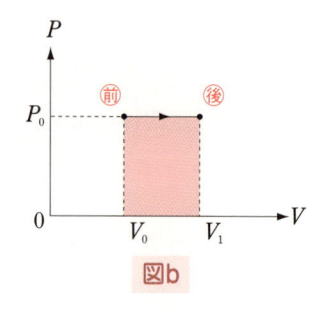

Step3　熱力学第一法則は，
$Q_{in} = \Delta U + W_{out}$
$Q = C_V n (T_1 - T_0) + P_0 (V_1 - V_0)$
　　$\Delta U = C_V n \Delta T$ より　　$P-V$ グラフの下の面積より
　　$= C_V n (T_1 - T_0) + nR(T_1 - T_0)$
①, ②より
　　$= (C_V + R) n (T_1 - T_0)$ …③　……**答**
共通項をくくると

図a (＝は未知数)
図b

(2) ここで確認。しつこいけど，定圧モル比熱の定義を言ってみて。

> ハイ。一定の圧力のまま，気体 $1\,\mathrm{mol}$ を $1\,\mathrm{K}$ 温度上昇させるのに要する熱量です。

そのとおり。大切なのは「2つのイチ」$1\,\mathrm{mol}$ あたりを $1\,\mathrm{K}$ というところだね。

では，本問では，(1)の結果 Q は，一定の圧力で何 mol を何 K 上昇させるのに要した熱量かな？

> えーと，たしか $n\,[\mathrm{mol}]$ を $(T_1-T_0)\,[\mathrm{K}]$ 上昇させるのに要した熱量でした。

すると，それを $1\,\mathrm{mol}$，$1\,\mathrm{K}$ あたりに直すにはどうするかな。

> それには，Q を n で割って $1\,\mathrm{mol}$ あたりにし，さらに (T_1-T_0) で割って $1\,\mathrm{K}$ あたりに直します。

そうだ。すると，それが定義から定圧モル比熱 $C_P\,[\mathrm{J/(mol\cdot K)}]$ となるんだね。

$$C_P = \frac{Q \text{ を}}{n(T_1-T_0) \text{ で割る}}$$

$$= \frac{(C_V+R)n(T_1-T_0)}{n(T_1-T_0)} \quad \text{③より}$$

$$= C_V + R \quad \cdots\cdots \text{答}$$

ここで得られた結果

$$\boxed{C_P = C_V + R}$$

は，**マイヤーの式**とよばれる重要な関係式で，どんな種類の気体（単原子分子，2原子分子，……）であろうと成立する。この式自体を証明させる大学も多いから，ぜひ本問をくり返して，自力で証明できるようにしておこうね。マーイーヤなんて放っておかないように（笑）。

Story ② 熱効率

▶(1) 熱効率って何？

　キミは，車のマフラーから出る排気ガスをさわったことがあるかい。かなり熱いよね。このように，車のエンジンのようなピストンを往復させる**熱機関**というのは，1サイクル運動させるときに，中の気体を冷やして（つまり熱を放出して），ピストンを元の位置に戻すという作業がどうしても1サイクルの中に必要なんだ。このときに放出する熱を**廃熱**という。

　図1のように，熱機関では，1サイクルのうちで投入した熱Q_1〔J〕のうち，一部を廃熱Q_2〔J〕として外へ捨てて，残りが，外へした**正味**の仕事Wになれるんだ。

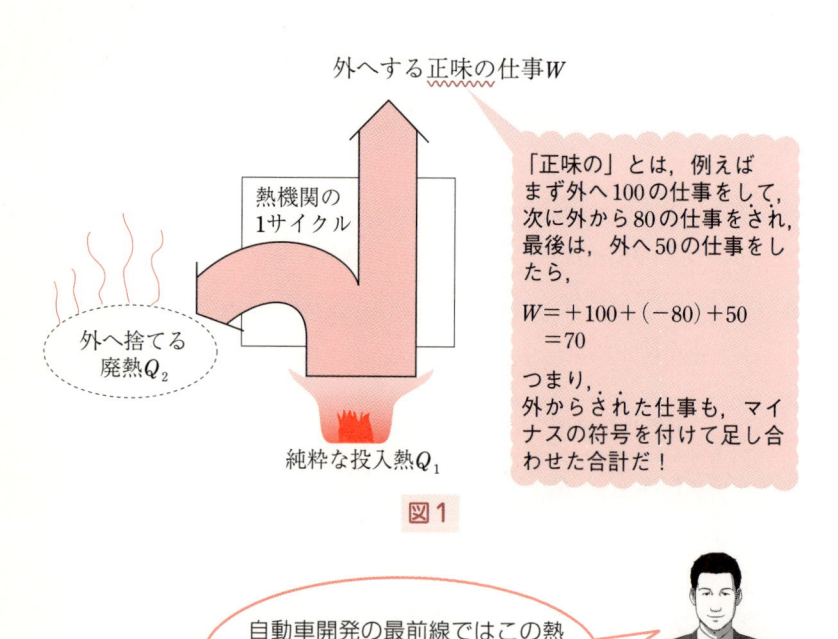

外へする正味の仕事W

熱機関の
1サイクル

外へ捨てる
廃熱Q_2

純粋な投入熱Q_1

図1

「正味の」とは，例えばまず外へ100の仕事をして，次に外から80の仕事をされ，最後は，外へ50の仕事をしたら，

$W = +100 + (-80) + 50$
　　$= 70$

つまり，
外からされた仕事も，マイナスの符号を付けて足し合わせた合計だ！

自動車開発の最前線ではこの熱効率をいかに上げるか，日々研究が進められているんだ。

図1より，これらの間には$W=Q_1-Q_2$の関係があることが分かるね（たとえば，$Q_1=100$，$Q_2=20$なら$W=100-20=80$）。

ここで，この熱機関の**熱効率**を次のように定義する。

$$\text{熱効率 } e = \frac{\text{外へした正味の仕事 } W}{\text{純粋な投入熱 } Q_1}$$

> 投入したうち，ムダな廃熱にならずに，きちんと仕事になったものの割合だね

この式に，$W=Q_1-Q_2$の式を代入して，

$$e = \frac{Q_1-Q_2}{Q_1} = 1 - \frac{Q_2}{Q_1}$$

となる。ということは，熱効率$e=1$(100%)にはなれるかな？

> 必ず廃熱は出る($Q_2>0$)から，必ず$e<1$で熱効率は100%になんかなれません。

そうだね。**熱効率$e=1$(100%)の熱機関は存在しない**ことが分かるね。このことを**熱力学第二法則**というんだ。

POINT 2 熱効率 e

熱機関の1サイクルで，

$$\text{熱効率 } e = \frac{\text{外へした正味の仕事 } W}{\text{純粋な投入熱 } Q_1} < 1$$

$\begin{cases} W = W_\text{out}\text{の総和（符号まで含めた和）} \\ Q_1 = Q_\text{in} > 0\text{ のみの和}(Q_\text{in} < 0\text{ は含めない}) \end{cases}$

> 夢のような100%の熱効率のエンジンや永久機関は不可能なんだよね～

第23章　熱力学の応用

チェック問題 ❷ 熱効率　　標準 5分

p.286でやったチェック問題❶の1サイクルについてつくった次の表から、熱効率 e を求めよ。

	Q_{in}	$=$	ΔU	$+$	W_{out}
Ⅰ	$3PV$ ㋐		$3PV$		0
Ⅱ	$+\dfrac{45}{2}PV$		$\dfrac{27}{2}PV$		$+9PV$
Ⅲ	$-12PV$ ㋑		$-12PV$		0
Ⅳ	$-\dfrac{15}{2}PV$		$-\dfrac{9}{2}PV$		$-3PV$

㋒

解説

㋐　$Q_{in} > 0$ のみの和＝純粋な投入熱 Q_1
$$Q_1 = 3PV + \frac{45}{2}PV = \frac{51}{2}PV$$

㋑　$Q_{in} < 0$ のみの和の大きさ＝廃熱 Q_2
$$Q_2 = 12PV + \frac{15}{2}PV = \frac{39}{2}PV$$

㋒　W_{out} の総和＝外へした正味の仕事 W
$$W = 0 + 9PV + 0 + (-3PV) = 6PV$$

$W = Q_1 - Q_2$ をみたしているね

ここで熱効率 e の定義より、

$$e = \frac{\text{外へした正味の仕事 } W \text{ ㋒}}{\text{純粋に投入した熱 } Q_1 \text{ ㋐}}$$

$$e = \frac{6PV}{\dfrac{51}{2}PV} = \frac{12}{51} = \frac{4}{17} (\fallingdotseq 24\%) \cdots\cdots \text{答}$$

ホントに、この表って便利ですね。熱効率も一目で分かります。

Story ③ 等温変化と断熱変化

等温変化(p.265)とは温度を一定に保ったままの変化。断熱変化(p.292)とは外部との熱の出入りがない状態での変化だったね。

> 等温変化と断熱変化の違いがいまいち分からないです……。

じゃあ，これから，例として等温膨張と，断熱膨張の違いを❶，❷，❸，❹の4つのポイントで区別するぞ。

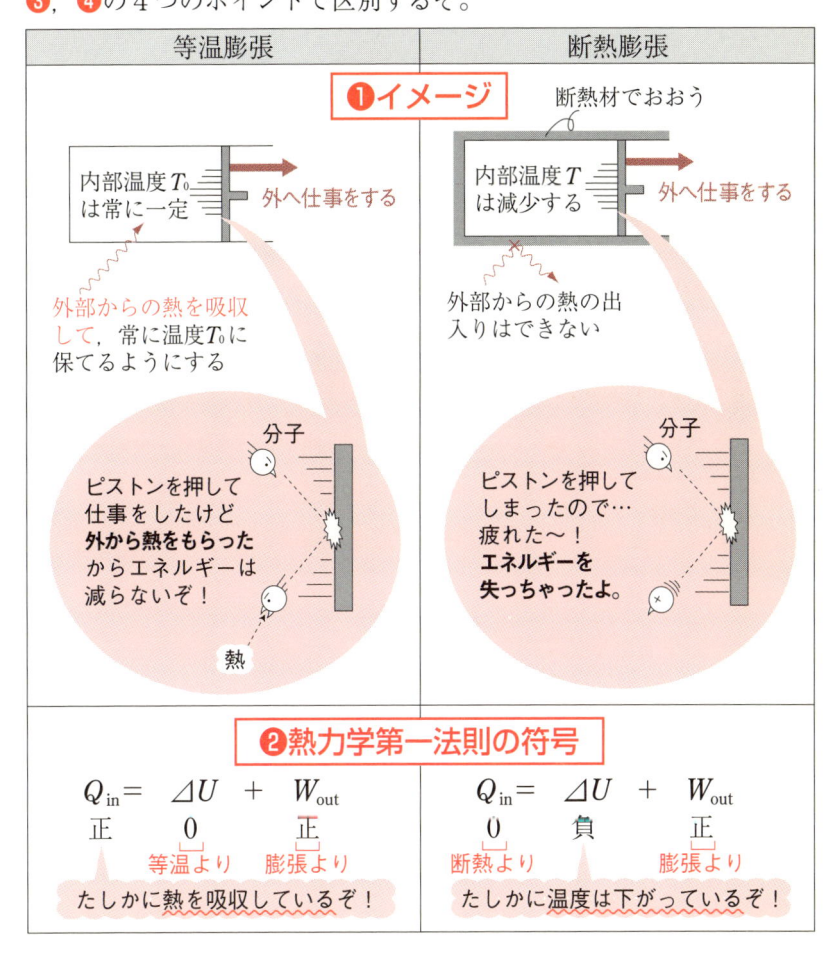

等温膨張	断熱膨張
❶イメージ	
内部温度T_0は常に一定 → 外へ仕事をする	断熱材でおおう／内部温度Tは減少する → 外へ仕事をする
外部からの熱を吸収して，常に温度T_0に保てるようにする	外部からの熱の出入りはできない
ピストンを押して仕事をしたけど**外から熱をもらった**からエネルギーは減らないぞ！（分子・熱）	ピストンを押してしまったので…疲れた〜！**エネルギーを失っちゃったよ。**（分子）
❷熱力学第一法則の符号	
$Q_{in} = \Delta U + W_{out}$ 正　　0　　正 　　等温より　膨張より たしかに熱を吸収しているぞ！	$Q_{in} = \Delta U + W_{out}$ 0　　負　　正 断熱より　　膨張より たしかに温度は下がっているぞ！

第23章　熱力学の応用

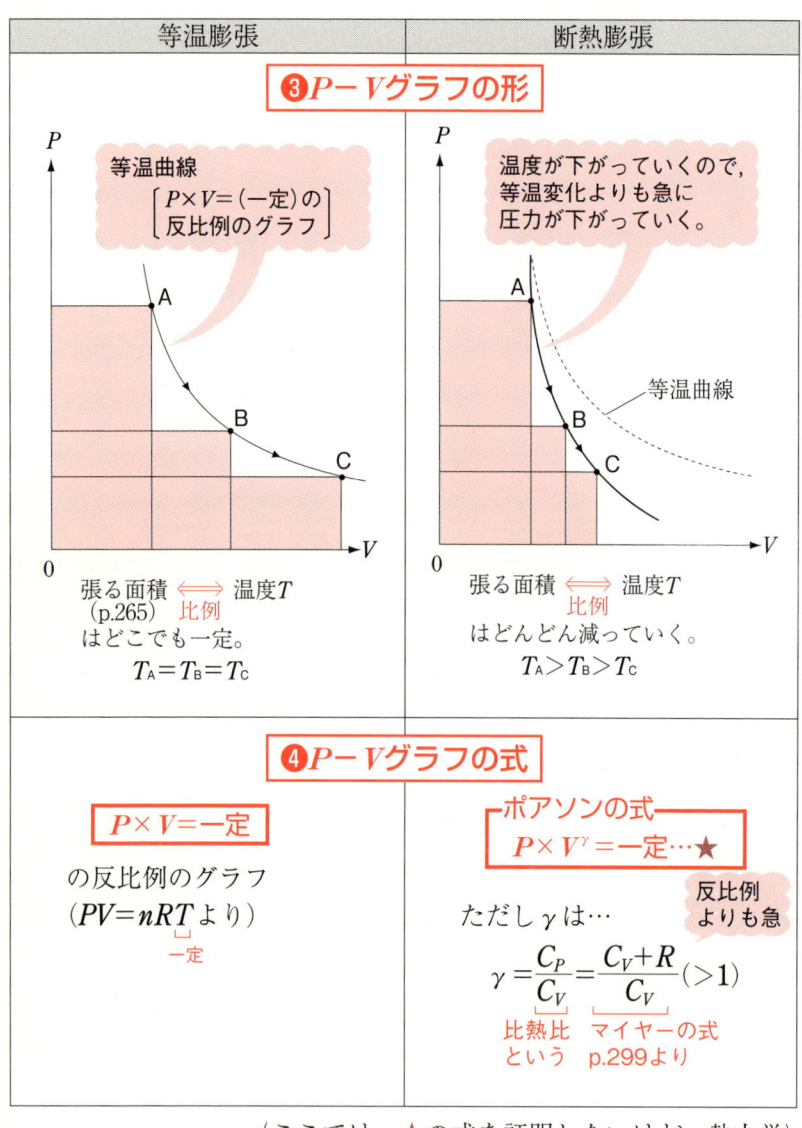

等温膨張	断熱膨張
❸ P−Vグラフの形	
等温曲線 $[P \times V =(一定)の 反比例のグラフ]$ A, B, C 上の点	温度が下がっていくので，等温変化よりも急に圧力が下がっていく。A, B, C 等温曲線（破線）
張る面積 ⟺ 温度T（比例）はどこでも一定。$T_A = T_B = T_C$	張る面積 ⟺ 温度T（比例）はどんどん減っていく。$T_A > T_B > T_C$
❹ P−Vグラフの式	
$P \times V = 一定$ の反比例のグラフ（$PV = nRT$ より）一定	ポアソンの式 $P \times V^\gamma = 一定 \cdots ★$ 反比例よりも急 ただし γ は… $\gamma = \dfrac{C_P}{C_V} = \dfrac{C_V + R}{C_V} \; (>1)$ 比熱比という　マイヤーの式 p.299より

（ここでは，★の式を証明しないけど，熱力学第一法則と状態方程式を用いて導けるよ。）

POINT 3 等温膨張と断熱膨張の違い

等温膨張	断熱膨張
温度一定	温度下がる
熱吸収	熱の出入りなし
P-Vグラフは反比例 $P \times V =$一定	P-Vグラフは反比例より急 $P \times V^{\gamma} =$一定 ($\gamma > 1$)

> しつこくてごめんなさい。でも断熱膨張って，どうして温度が下がるんですか？ だって，断熱ですから外へ熱を全く奪われることはないんでしょ？

OK！ 何度でも説明するぞ。いいかい。そもそも温度とは，分子の運動エネルギーのことだったよね。

だから，全く熱を奪われなくても，分子の運動エネルギーさえ減らしちゃえば，温度は下がるんだよ。

> 熱を奪わずに，どうやって分子の運動エネルギーを減らすの？

それはね。気体分子にピストンを押すなどの外への仕事をさせてしまえばいいんだよ。仕事をすると，その分だけ分子の運動エネルギーは減るでしょ。

> あっ，そうか！ ゴハン食べないで，ずっと仕事ばかりしてたら，エネルギーが減ってフラフラになっちゃうもんね。

そういうこと。気体分子の「ボール」1個1個の「気持ち」になって考えると分かりやすいよね。

> 等温変化と断熱変化の違いが分かったかい！

第23章 熱力学の応用

チェック問題 3　等温変化と断熱変化　やや難　15分

n〔mol〕の単原子分子理想気体があり，はじめ圧力P_0，体積V_0，温度T_0の状態Aにあった。気体定数をRとする。ここからスタートした次の異なる2つの過程を考える。

　　過程Ⅰ：等温変化で体積$8V_0$まで膨張させ状態Bにする。
　　過程Ⅱ：断熱変化で体積$8V_0$まで膨張させ状態Cにする。

過程Ⅰで，気体が外へした仕事がWであり，過程Ⅱでの気体の圧力と体積の間には$P \times V^{\frac{5}{3}} =$一定の関係があるものとして，次の問いに（　）内の記号を用いて答えよ。

(1)　状態Bの圧力を求めよ。（P_0）
(2)　状態Cの圧力を求めよ。（P_0）
(3)　状態Cの温度を求めよ。（T_0）
(4)　過程ⅠのP-Vグラフの概形をかけ。
(5)　過程ⅡのP-Vグラフの概形をかけ。
(6)　過程Ⅰで気体が吸収した熱を求めよ。（W）
(7)　過程Ⅱで気体が外へした仕事を求めよ。（n, R, T_0）

解説　(1)　いつものように《熱力学の解法》(P.285)でいくぞ。

Step1　各状態のP, V, n, Tを仮定し，未知数に下線を引いて作図する。
（図a，b，c）状態方程式より，
　　A：$P_0 V_0 = nRT_0$ … ①
　　B：$\underline{P_1} \times 8V_0 = nRT_0$ … ②
　　C：$\underline{P_2} \times 8V_0 = nR\underline{T_1}$ … ③
ここで，辺々①÷②より，　辺々割る♪
$$\frac{P_0}{8P_1} = 1 \quad \therefore \quad P_1 = \frac{1}{8}P_0 \cdots\cdots \text{答}$$

図a　A：P_0, V_0, n, T_0

図b　B：$\underline{P_1}$, $8V_0$, n, T_0（等温）

図c　C：$\underline{P_2}$, $8V_0$, n, $\underline{T_1}$

(2) ③の式には未知数が2つも入っていて，どうしても解けないね。式があと1つほしいね。何か他に立てられる式があるかな？

> あ！ 過程Ⅱでは $P \times V^{\frac{5}{3}} =$ 一定の関係があります。でも，どーやってこの式を使ったらいいんですか？

そうだね。この式はね，**まずは枠だけつくっておくんだ。**

$$\square \times \square^{\frac{5}{3}} = \square \times \square^{\frac{5}{3}}$$

そして，過程Ⅱの状態Aと状態CのPとVを入れてごらん。

$$\underbrace{P_0 \times V_0^{\frac{5}{3}}}_{A} = \underbrace{P_2 \times (8V_0)^{\frac{5}{3}}}_{C}$$

これで完成だ。コツはつかめたかな？ この式で $8^{\frac{5}{3}} = 2^{3 \times \frac{5}{3}} = 2^5 = 32$ だから，

$$P_0 \times \cancel{V_0^{\frac{5}{3}}} = P_2 \times \cancel{V_0^{\frac{5}{3}}} \times 32$$

よって，$P_2 = \dfrac{1}{32} P_0$ …④ ……**答**

(3) 辺々①÷③して 〈辺々割る♪〉

$$\dfrac{P_0}{P_2 \times 8} = \dfrac{T_0}{T_1} \quad よって，T_1 = \dfrac{8P_2}{P_0} T_0 = \dfrac{1}{4} T_0 \text{…⑤} \quad ……答$$

（④より）

(4) **Step2** 等温変化では，$P-V$ グラフは**反比例**なので，**図d**になる。……**答**

また，このとき気体が外へした仕事 W は，図のピンク色の部分の面積になる。

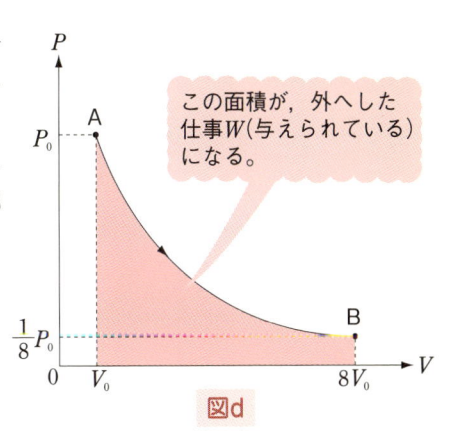

> この面積が，外へした仕事 W（与えられている）になる。

図d

(5) 断熱変化の$P-V$グラフは，反比例より急な傾きなので，**図e**になる。……**答**

このグラフの式は，与式より
$$P \times V^{\frac{5}{3}} = 一定$$
となっている。

また，このグラフの下の面積が，気体が外へした仕事になるが，直接計算することは難しい。

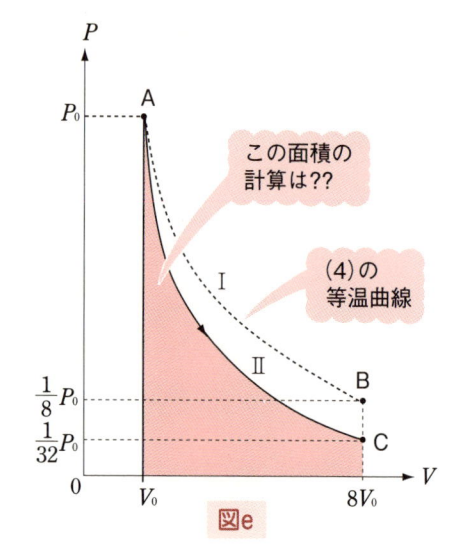

図e

(6) **Step1** まず$\Delta T = 0$より$\Delta U = 0$となることに注意して，

	Q_{in}	=	ΔU	+	W_{out}
I	W となる		0 等温より		W グラフの下の面積より（与えられている）

よって $Q_{in} = W$ ……**答** となる。

(7) まず，p.292のように，$Q_{in} = 0$となることに注意して，

	Q_{in}	=	ΔU	+	W_{out}
II	0 断熱より		$\frac{3}{2}Rn(T_1 - T_0)$ $= -\frac{9}{8}nRT_0$ ⑤より		？？

この式を逆算して
$$W_{out} = Q_{in} - \Delta U = \frac{9}{8}nRT_0 ……答$$

Story ④ 真空容器への膨張

図2のように、ピストンでシリンダーを仕切って、左側には気体を詰め込み、右側は全くの空っぽ（真空）にしておく。そして、いま図3のように、真ん中の仕切り板に小さな穴を空けると、プシュ〜！と、気体が穴から右側の部屋に噴出するよね。

このとき、噴出後の気体の温度は噴出前に比べて、
㋐上がっている ㋑下がっている ㋒変わらない　のうちどれだと思う？　ただし、周囲とは、一切の熱の出入りが無いものとする。

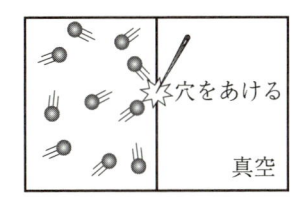

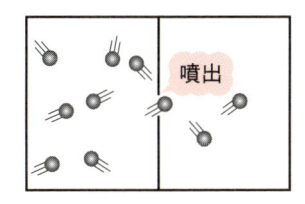

図2　　　　　　　　　　図3

> 断熱でしかも膨張だから、p.303でやったように、断熱膨張で温度は下がってま〜す。だから、㋑です。

そうか。やっぱりそう選んじゃうよね。でも、じつは正解は、㋒の変わらないなのだ。

> でも〜、断熱で膨張、何か間違ってますか〜？

いいかい。じゃあ、逆に聞くけど、どうしてp.303の断熱膨張では温度が下がったんだっけ？

> 気体分子がピストンを押して「疲れた〜」ということで、エネルギーを失ったからです。

じゃあ、いまの場合、真空容器へ出ていった気体分子は何かピストンを押し出したり、仕事をしているかい？

あれ！ピストンを押していないぞ。あ！だから，気体はエネルギーを失わない。つまり，温度は変わらないんだ。

そのとおり。気体分子の「気持ち」になると，図4のようになるね。

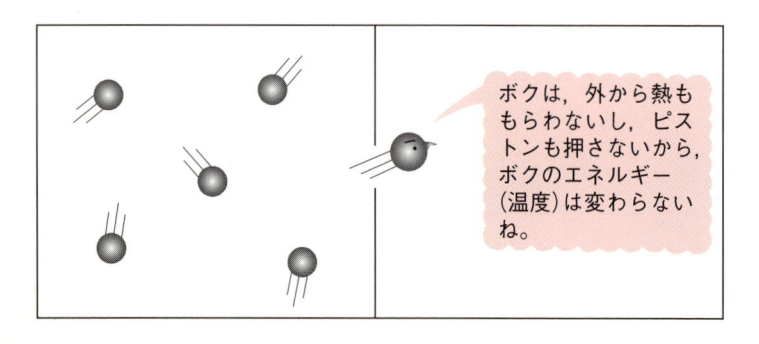

ボクは，外から熱ももらわないし，ピストンも押さないから，ボクのエネルギー（温度）は変わらないね。

図4

POINT 4 真空容器への膨張

① 気体が外部との熱や仕事のやりとりをせず，単純に真空容器内に噴出するときには，気体の温度は変化しない。

② 断熱膨張と真空膨張の違い

断熱膨張	真空膨張
ピストンを押し出して外へ仕事をする分温度は下がってしまう	ピストンを押し出さず外へ仕事もしないので温度は変わらない

自分が気体分子になったつもりで考えてみよう。

チェック問題 4　真空膨張　やや難 12分

図のように，質量 M で断面積 S のピストンが断熱性のシリンダーの中央部に固定されている。ピストンの上部には n [mol] の単原子分子理想気体があり，その圧力は P_0，体積は hS になっている。下部は体積 hS の真空となっている。気体定数を R，重力加速度を g とする。ここで，ピストンに小さな穴をあけて十分時間が経ったとき，次の (1)，(2) それぞれの条件の下での気体の温度を求めよ。

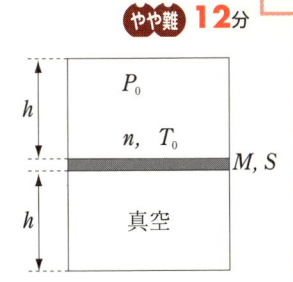

(1) ピストンを固定したままのとき（T_0 を用いて）。
(2) ピストンを自由に動けるようにし，ピストンが底についたとき（T_0, M, g, h, R を用いて）。

解説
いつものように《熱力学の解法》(p.285) でいくのみ！

(1) **Step 1** 気体は外部と熱や仕事のやりとりをしない状態で真空膨張したので，その温度は変わらない。

よって，変化後の温度も T_0 ……**答**
のままとなるぞ。

図aのように未知数は圧力 P_1 だけとなる。この圧力を求めてみよう。

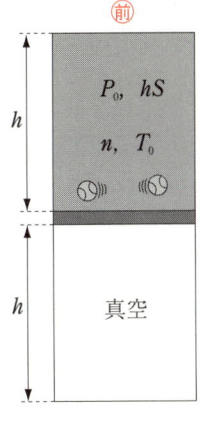

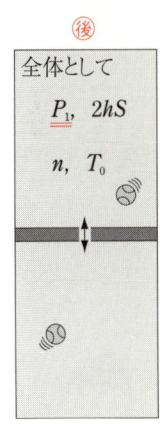

状態方程式より，
- 前　$P_0 \times hS = nRT_0$ …①
- 後　$P_1 \times 2hS = nRT_0$ …②

辺々 ① ÷ ② して　辺々割る♪
$$\frac{P_0}{2P_1} = 1$$
よって，$P_1 = \frac{1}{2} P_0$
となる。

図a

(2) **Step 1** じつは，(2)では気体の<u>温度が上昇してしまう</u>。

> え！ 真空膨張では温度は変わらないのでは？

(1)の真空膨張では，なぜ温度が変わらなかったんだっけ？

> それは，(1)では気体分子が外部と熱もそして仕事もやりとりをしないからですよ。

でも，(2)ではピストンが動いていて，明らかに気体分子はピストンと仕事のやりとりをしているよね。そう，<u>いくら真空膨張でも，ピストンが動いてしまうと温度は変化</u>しちゃうんだよ。

よって，**図b**のように圧力P_2，温度T_1と仮定するね。

状態方程式より，

㊢′ $P_2 \times 2hS = nRT_1$ …③

未知数は2つあるので，もう1つ式がほしいね。

Step 2 本問ではP-Vグラフはかけないんだ。

> どうしてですか？

なぜなら，ピストンが落下中のとき，気体の圧力にはムラ(場所によって高かったり低かったりする。ピストンによって中の気体がかきまぜられているためである)があって，きちんとした圧力が定義できないからなんだよ。だから，㊤の(P_0, hS)，㊢′の$(P_2, 2hS)$の点はとれても，その間のグラフがかけないんだ。

図b: $P_2, 2hS$ / n, T_1

> すると，次の **Step 3** のW_{out}はどうするんですか？ P-Vグラフの下の面積が使えないじゃないですか。

そうなんだ。だから，ある工夫が必要になる。それは次の **Step 3** で見ていこう。

Step 3 熱力学第一法則は,
$$Q_{in} = \Delta U + W_{out}$$
$$0 = \frac{3}{2}Rn(T_1 - T_0) + ???$$
　　└─断熱─┘　└─P-Vグラフの下の面積不明─┘

> やっぱり，W_{out}の計算はムリですね。P-Vグラフがかけないんだから……。

そこで，W_{out}の定義に戻って考えるよ。いま，ピストンにはどんな力が外部からはたらいている？

> 地球が引っぱる力，つまり重力Mgですよ。

そう，その重力がピストンを通して気体に外部から仕事をしていると言えるね。すると，

W_{out} = (気体が外部へした仕事)
　　　 = −(気体が外部(重力)からされた仕事)
　　　 = −Mg × h　←図cより
　　　　　└力┘　└距離┘

となる。よって，
$$Q_{in} = \Delta U + W_{out}$$
$$0 = \frac{3}{2}Rn(T_1 - T_0) + (-Mgh)$$

ゆえに　$T_1 = T_0 + \dfrac{2Mgh}{3nR}$ ……**答**

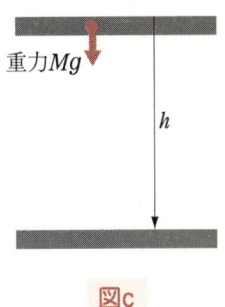

別解　(内部エネルギー $\dfrac{3}{2}RnT$) + (ピストンの位置エネルギー Mgh) が保存すると見て，

　　　　　　前　　　　　　後
$$\underbrace{\frac{3}{2}RnT_0 + Mgh}_{\text{重力による位置エネルギ}} = \underbrace{\frac{3}{2}RnT_1 + Mg \times 0}$$

よって　$T_1 = T_0 + \dfrac{2Mgh}{3nR}$ ……**答**

図c

● 第23章 ●
ま と め

1 定積モル比熱 C_V，定圧モル比熱 C_P

一定の体積（圧力）で
1 molを**1 K**上昇させるのに要する熱量が$C_V(C_P)$
よって，定積(圧)変化なら$Q_{in}=C_V(C_P)n\varDelta T$で
Q_{in}を求めてもよい。

2 熱効率 e

熱機関の1サイクルで，

$$e = \frac{外へした正味の仕事 W}{純粋な投入熱 Q_1}$$

　　($W = W_{out}$の総和)
　　($Q_1 = Q_{in} > 0$のみの和)

3 等温変化と断熱変化

等温膨張

　　$Q_{in} = \varDelta U + W_{out}$　→温度下がらない，熱吸収する
　　　正　　　0　　正

　　$P \times V = $ 一定（$P-V$グラフは反比例）

断熱膨張

　　$Q_{in} = \varDelta U + W_{out}$　→温度下がる，熱吸収しない
　　　0　　　負　　正

　　$P \times V^\gamma = $ 一定（$P-V$グラフは反比例より急）

4 真空膨張

気体が外部と熱や仕事をやりとりしないで，真空容器に膨張しても気体の温度は変わらない。

漆原晃の POINT索引

第1章　速度・加速度
- 速度 …… 9
- $x-t$ グラフと $v-t$ グラフ …… 10
- 負の速度の運動 …… 10
- 速さ …… 11
- 加速度 …… 12
- 負の加速度運動の2つのパターン …… 12
- $v-t$ グラフの2とおりの読み方 …… 13

第2章　等加速度運動
- 等加速度運動の［公式ア］ …… 17
- 等加速度運動の［公式イ］ …… 18
- 等加速度運動の［公式ウ］ …… 19
- 等加速度運動の解法 …… 21
- 座標と移動距離 …… 26

第3章　落体の運動
- 自由落下，鉛直投げ上げ運動 …… 29

第4章　力のつり合い
- 力の書き方 …… 36
- 摩擦力の向きの決め方 …… 39
- 摩擦力の大きさの決め方 …… 41
- 弾性力 …… 43
- 水圧の公式 …… 48
- 浮力の公式（アルキメデスの原理） …… 49

第5章　運動方程式
- 慣性の法則 …… 53
- 運動方程式 …… 55
- 運動方程式の立て方 …… 56
- 運動方程式 $m\vec{a}=\vec{F}$ の3つの落とし穴 …… 57

第6章　運動方程式の応用
- 等加速度運動の予言法 …… 66

第7章　仕事とエネルギー
- 仕事の5大ポイント …… 78
- エネルギー E の定義 …… 81
- 力学的エネルギー E の「3要素」 …… 85
- 高さ h についての注意点 …… 85

第8章　仕事とエネルギーの関係
- 仕事とエネルギーの関係 …………………………………… 89
- 力学的エネルギー保存則 …………………………………… 91
- エネルギーによる解法はいつ使うのか …………………… 92

第9章　放物運動
- 放物運動の解法 ……………………………………………… 110

第10章　力のモーメントのつり合い
- 力のモーメントと剛体 ……………………………………… 118
- 平行でない3力のつり合い ………………………………… 127
- 倒れる直前 …………………………………………………… 129

第11章　力積と運動量
- 力　積 ………………………………………………………… 132
- 仕事と力積の違い …………………………………………… 134
- 運動量 ………………………………………………………… 134
- 運動量と運動エネルギーの違い …………………………… 136
- 力積と運動量の関係 ………………………………………… 137
- 運動量保存則 ………………………………………………… 139
- はね返り係数 ………………………………………………… 140
- はね返り係数の2つの落とし穴 …………………………… 142
- はね返り係数の3タイプ …………………………………… 145

第12章　種々の衝突
- 「バウンドルール」 ………………………………………… 152

第13章　2つの保存則
- 摩　擦　熱 …………………………………………………… 162
- 2つの保存則のシンプルな使い方 ………………………… 162
- 速さ，高さ，伸び縮み，距離の予言法マニュアル ……… 165

第14章　慣　性　力
- 慣　性　力 …………………………………………………… 175
- 「ナデ・コツ・ジュー」の力と慣性力 …………………… 176

第15章　円　運　動
- 角　速　度 …………………………………………………… 187
- 円運動の向心加速度ベクトル $\vec{a}$ ……………………………… 189
- 遠心力 f ……………………………………………………… 191
- 円運動の解法（「回る人」から見る） …………………… 191

第16章　万有引力
- 万有引力の法則 ……………………………………………… 198
- 地表上での万有引力＝重力 mg …………………………… 199

316　POINT索引

万有引力と重力mgの使い分け ……………………… 201
　万有引力による位置エネルギー U_G ……………… 204
　ケプラーの第二法則 …………………………………… 208
　ケプラーの第三法則 …………………………………… 210
　楕円運動の解法 ………………………………………… 212

第17章　単 振 動
　単振動の定義 …………………………………………… 216
　単振動の速度 v，加速度 a の空間分布 …………… 218
　単振動の「3つのデータ」……………………………… 218
　振動中心の求め方 ……………………………………… 218
　折り返し点の求め方 …………………………………… 219
　周期 T の求め方 ……………………………………… 222
　周期 T の求め方（速攻バージョン）………………… 223
　単振動の解法 …………………………………………… 224
　単振動でのつり合いの式 ……………………………… 225

第18章　単振動の応用
　見かけ上の水平ばね振り子（「ウラワザ」）………… 234
　単振動と時間 …………………………………………… 239

第19章　熱と温度
　絶対温度 ………………………………………………… 245
　比熱の定義 ……………………………………………… 246
　比熱と熱容量 …………………………………………… 247
　比熱の大小とあたたまりやすさ ……………………… 248
　比熱の解法 ……………………………………………… 249

第20章　気体の状態変化
　圧　　力 ………………………………………………… 257
　物質量（モル数）……………………………………… 258
　状態方程式 ……………………………………………… 260
　気体の解法 ……………………………………………… 261
　P–V グラフの「張る」面積 ……………………… 265

第21章　気体分子運動論
　単原子分子気体の定積モル比熱 ……………………… 276

第22章　熱 力 学
　内部エネルギー U …………………………………… 279
　熱力学第一法則 ………………………………………… 282
　ΔU, W_{out}, Q_{in} の求め方 ……………………… 284
　熱力学の解法 …………………………………………… 285
　熱力学第一法則の表のうめ方 ………………………… 289

断熱変化の表のうめ方 ……………………………………… 292
　　ばねつきピストンの$P-V$グラフ ………………………… 294
　第23章　熱力学の応用
　　定積モル比熱 C_V，定圧モル比熱 C_P ………………… 297
　　熱効率 e ……………………………………………………… 301
　　等温膨張と断熱膨張の違い ………………………………… 305
　　真空容器への膨張 …………………………………………… 310

重要語句の索引

あ行

(気体の)圧力………………… 257
アルキメデスの原理………… 49
(重力による)位置エネルギー… 82
(弾性力による)位置エネルギー… 82
(万有引力による)位置エネルギー… 202
運動の法則…………………… 53
運動方程式…………………… 54
運動量………………………… 134
運動量保存則………………… 139
$x-t$グラフ ………………… 9
$F-x$グラフ ………………… 76
円運動………………………… 186
遠心力………………………… 190
鉛直投げ上げ運動…………… 29
折り返し点…………………… 219

か行

外力…………………………… 139
角振動数……………………… 220
角速度………………………… 187
加速度………………………… 11
加速度ベクトル……………… 187
慣性の法則…………………… 52

慣性力………………………… 174
完全非弾性衝突……………… 145
気体分子運動論……………… 269
ケプラーの第一法則………… 207
ケプラーの第三法則………… 210
ケプラーの第二法則………… 207
向心加速度…………………… 188
剛体…………………………… 116
弧長公式……………………… 186

さ行

最大(静止)摩擦力…………… 40
作用線………………………… 34
作用点………………………… 34
仕事…………………………… 76
仕事率………………………… 78
質点…………………………… 116
斜方投射運動………………… 109
シャルルの法則……………… 260
周期…………………………… 220
重心…………………………… 123
自由落下……………………… 28
重力加速度…………………… 58
状態方程式…………………… 260
真空膨張……………………… 310

振動中心	218
水圧	47
水平投射運動	108
静止摩擦力	40
絶対温度	244
絶対零度	244
相対速度	32
速度	8

た行

楕円運動	212
単振動	216
(完全)弾性衝突	144
弾性力	42
断熱変化	303
力のモーメント	116
張力	36
定圧モル比熱	297
定積モル比熱	279, 297
等温変化	265
等加速度運動	16
動摩擦力	41

な行

内部エネルギー	278
内力	139
熱量保存の法則	248
熱運動	244
熱効率	300
熱容量	247
熱力学第一法則	280
熱力学第二法則	301

熱量	245

は行

はね返り係数	140
速さ	11
万有引力	198
万有引力定数	198
$P-V$グラフ	264
非弾性衝突	144
比熱	245
$v-t$グラフ	13
フックの法則	42
物質量	258
浮力	48
ポアソンの式	304
ボイルの法則	259
放物運動	107
ボルツマン定数	275

ま行

摩擦熱	160
摩擦力	39
見かけの重力	182
見かけの重力加速度	182
面積速度	208
モル比熱	296

ら行

力学的エネルギー	84
力学的エネルギー保存則	91
力積	132

この本を書くにあたり尽力いただきました㈱KADOKAWAの原賢太郎,山崎英知両氏,㈱エディットの清家和治氏に感謝いたします。

〔著者紹介〕

漆原　晃（うるしばら　あきら）

代々木ゼミナール物理科講師。東京大学大学院理学系研究科修了。

根本概念をわかりやすく説明し、明快な解法によって難問も基本問題と同じように解けてしまうことを実践する講義は、受講生の成績急上昇をもたらすと大人気。

著書に、本書の姉妹版である『大学入試　漆原晃の　物理基礎・物理［力学・熱力学編］が面白いほどわかる本』『大学入試　漆原晃の　物理基礎・物理［電磁気編］が面白いほどわかる本』、ハイレベル受験生用の参考書『難関大入試　漆原晃の　物理［物理基礎・物理］解法研究』（以上、KADOKAWA）、『大学受験Doシリーズ　漆原の物理　明快解法講座　三訂版』『新課程　Do漆原の物理　最強の88題　三訂版』（以上、旺文社）、『センター攻略　漆原晃の物理Ｉ』（あすとろ出版）、共著書として『改訂版　9割とれる　最強のセンター試験勉強法』（KADOKAWA）などがある。

大学入試　漆原晃の
物理基礎・物理［力学・熱力学編］が面白いほどわかる本(検印省略)

2014年1月24日　　第1刷発行
2015年12月17日　　第8刷発行

著　者　漆原　晃（うるしばら　あきら）
発行者　川金　正法

発　行　株式会社KADOKAWA
　　　　〒102-8177　東京都千代田区富士見2-13-3
　　　　03-3238-8521（カスタマーサポート）
　　　　http://www.kadokawa.co.jp/

落丁・乱丁本はご面倒でも、下記KADOKAWA読者係にお送りください。
送料は小社負担でお取り替えいたします。
古書店で購入したものについては、お取り替えできません。
電話049-259-1100（9：00〜17：00／土日、祝日、年末年始を除く）
〒354-0041　埼玉県入間郡三芳町藤久保550-1

DTP／エディット　印刷／新日本印刷　製本／三森製本所

©2014 Akira Urushibara, Printed in Japan.
ISBN978-4-04-600138-2　C7042

本書の無断複製（コピー、スキャン、デジタル化等）並びに無断複製物の譲渡及び配信は、著作権法上での例外を除き禁じられています。また、本書を代行業者などの第三者に依頼して複製する行為は、たとえ個人や家庭内での利用であっても一切認められておりません。